果园
新农药手册

侯慧锋　主编

化学工业出版社
·北京·

本书在简述农药使用基础知识与果园常用病虫草害发生特点等内容的基础上，按照果园常用杀虫剂、常用杀螨剂、常用杀菌剂、常用植物生长调节剂和常用除草剂五部分，依次介绍了100余种当前我国果园生产中广泛使用的主要农药品种，详细介绍了每个农药品种的结构（包括结构式、分子式、分子量和CAS登录号）、其他名称、主要剂型、毒性、作用机理、产品特点、应用技术及其注意事项，重点介绍了各品种的科学安全使用方法，具有很好的实用性和可操作性。

本书适合从事于林果业、卫生、环保、绿色食品生产、农药生产营销、植保等工作者阅读使用，也可供农业大专院校相关专业师生、果树爱好工作者参考。

图书在版编目（CIP）数据

果园新农药手册/侯慧锋主编. —北京：化学工业出版社，2016.10（2025.3重印）
ISBN 978-7-122-27882-1

Ⅰ.①果… Ⅱ.①侯… Ⅲ.①果树-农药施用-手册
Ⅳ.①S436.6-62

中国版本图书馆CIP数据核字（2016）第197534号

责任编辑：刘　军　　文字编辑：孙凤英
责任校对：宋　玮　　装帧设计：关　飞

出版发行：化学工业出版社（北京市东城区青年湖南街13号　邮政编码100011）
印　　装：涿州市般润文化传播有限公司
850mm×1168mm　1/32　印张8½　字数227千字
2025年3月北京第1版第9次印刷

购书咨询：010-64518888　　售后服务：010-64518899
网　　址：http://www.cip.com.cn
凡购买本书，如有缺损质量问题，本社销售中心负责调换。

定　　价：26.00元

本书编写人员名单

主　　编　侯慧锋

副 主 编　王海荣　刘慧敏

编写人员（按姓名汉语拼音排序）

侯慧锋（辽宁农业职业技术学院）

刘慧敏（塔里木大学）

田　野（辽宁农业职业技术学院）

王海荣（辽宁农业职业技术学院）

王　宁（辽宁农业职业技术学院）

席银宝（上海农林职业技术学院）

主　　审　陈杏禹（辽宁农业职业技术学院）

前言

我国水果种植面积占世界水果种植总面积的20%，水果总产量占世界总产量的28.3%。我国是世界第一水果生产大国。

水果产业是种植业中继粮食和蔬菜之后的第三大产业，是劳动密集型和技术密集型相结合的产业，也是我国农业中比较具有优势和国际竞争力的产业之一。2007年，果品业产值2797亿元，占农业总产值的5.7%，占种植业产值的11.3%。果业的发展，对发展现代农业，提高农民收入，建设新农村，都有着重要的作用和影响。

据《中国果树病虫志》第二版等材料记载，为害落叶果树的病害约600种，害虫和害螨约1800种，杂草约200种，捕食性和寄生性天敌约300种，每年因病虫害造成的损失约占产量的20%以上，而现在对病虫害的防治仍然以化学防治（即农药防治）为主，因此农药在果品生产中占有非常重要的地位。

本书的主要特点：

第一，简繁结合。本书的核心内容为农药的使用，但农药的正确使用必须建立在了解农药、懂得农药的基础之上，因此本书用了大量的文字叙述了农药使用中的一些基础知识，特别是对农药药械的种类和使用进行了详细的描述，而对病虫害的识别与诊断等知识基本没有涉及，这样使购买本书的读者更加有针对性。

第二，本书农药的种类避免出现多而全，坚持“够”“新”“合法”。农药的种类非常多，而在一线生产中大量使用的农药只占其中的一小部分，因此本书坚持不求最多只求够用；农药每年都会有一些新的种类被推向市场，而这些药由于病虫害还未产生耐药性，药效非常显著，本书尽可能收集一些现阶段比较新的药剂种类进行描述，将已经国家禁用的农药进行剔除，促进农药的合法使用。

由于编者水平所限，加之时间仓促，书中疏漏与不当之处在所难免，请读者批评指正。

编　者

2016 年 7 月

目 录

第一章　果园用药技术基础 / 1

第二章　果园常用杀虫剂 / 104

第三章　果园常用杀螨剂 / 159

第四章　果园常用杀菌剂 / 170

第一章 果园用药技术基础

第一节 果园用药的主要类别概述

一、杀虫剂

据《中国果树病虫志》第二版等材料记载，害虫和害螨约1800种，而现在对病虫害的防治仍然以化学防治（即农药防治）为主，因此杀虫剂在果品生产中占有非常重要的地位。我国杀虫剂的产量在各类农药中占首位。由于农药发展受到环境问题的严峻挑战，杀虫药剂向着高效（超高效）、安全、高纯度、非杀生性方向发展。今后较长时间内，化学杀虫剂仍然是农作物综合防治的重要手段。杀虫剂可按其来源和作用方式来分类。

1. 按来源分类

（1）植物性杀虫剂　以野生植物或栽培植物为原料，经过加工而成的杀虫剂。如除虫菊、鱼藤、烟草等。

（2）微生物杀虫剂　利用能使害虫致病的微生物（真菌、细菌、病毒等）制成的杀虫剂。如苏云金杆菌、白僵菌等。

（3）无机杀虫剂　有效成分为无机化合物或利用天然化合物中的无机成分来杀虫的，统称为无机杀虫剂。

(4) 有机杀虫剂 杀虫有效成分为有机化合物。可分为天然有机杀虫剂和合成有机杀虫剂，合成有机杀虫剂品种多，用途广，按其化学结构又划分为：

① 有机氯杀虫剂，如林丹等；

② 有机磷杀虫剂，如敌敌畏、毒死蜱等；

③ 有机氮杀虫剂，如氨基甲酸酯类抗蚜威、沙蚕毒类杀虫双等；

④ 拟除虫菊能类杀虫剂，如溴氰菊酯、高效氯氰菊酯等；

⑤ 其他合成杀虫剂，如吡虫啉、氟虫腈等。

2. 按作用方式分类

(1) 胃毒剂 药剂通过害虫的口器及消化系统进入体内，引起害虫中毒死亡。对刺吸口器害虫无效。

(2) 触杀剂 药剂通过接触害虫体壁渗入体内，使害虫中毒死亡。适用于各种口器的害虫，对于体表具有较厚蜡层保护物的害虫效果不佳。

(3) 熏蒸剂 药剂在常温常压下能气化或分解成有毒气体，通过害虫的呼吸系统进入，导致虫体中毒死亡。熏蒸剂一般应在密闭条件下使用，除非在特殊情况下，例如土壤熏蒸，否则在大田条件下使用效果不佳。

(4) 内吸杀虫剂 药剂通过植物的根、茎、叶或种子，被吸收进入植物体内，并在植物体内输导，害虫危害植物时取食而中毒死亡。仅能渗透植物表皮而不能在植物体内传导的药剂，不能称为内吸性药剂。

(5) 特异性杀虫剂 这类药剂不是直接杀死害虫，而是通过药剂的特殊性能，干扰或破坏昆虫的正常生理活动和行为以达到杀死害虫的目的，或影响其后代的繁殖，或减少适应环境的能力以达到防治目的。这类药剂按其不同的生理作用又可分为以下数类：

① 拒食剂 害虫取食后，拒绝取食而致饿死；

② 诱致剂 引诱害虫前来，再集中消灭；

③ 不育剂 破坏正常的生育功能，使害虫不能正常繁殖达到防治目的；

④ 昆虫生长调节剂　破坏害虫正常生理功能致使害虫死亡，包括保幼激素、脑激素、蜕皮激素、抗几丁质合成剂等；

⑤ 驱避剂　药剂不具杀虫作用，能使害虫忌避，以减少危害。

以上是按杀虫作用方式分类的，但许多杀虫剂兼有多种作用，如个别有机磷杀虫剂兼有胃毒、触杀、内吸和熏蒸几种作用。

二、杀螨剂

农业害螨已形成一大有害生物类群。据估计，在我国约有500余种害螨，其中成为全国性或局部性有严重危害的约40余种。农业害螨具有繁殖迅速、适应性强、易产生抗药性等特点。其中害螨抗药性问题，给化学防治带来麻烦。要保护农药品种、延长使用寿命应注意合理用药，轮换用药，使用混配农药。此外，在化学防治中还要注意保护环境和保护害螨的天敌。不过，最根本的还是采取科学的综合防治措施。

由于螨类的形状特征以及其独特的生活习性，许多杀虫剂对螨类无效。使用不当，不仅不能治螨，反而引起迅速蔓延。这是因为一般杀虫剂选择性不强，既杀死螨又将螨虫的天敌杀死，而大多数杀虫剂无杀卵作用，因而卵又很快孵化繁殖。更有甚者，不但对螨无效，而且还有刺激螨繁殖的作用。因此，寻找高效杀螨剂已成为化学防治的重要研究课题。

常见的杀螨剂按化学组成可分为：

(1) 有机锡杀螨剂，如三环锡、苯丁锡、三唑锡等；

(2) 有机氯杀螨剂，如三氯杀螨醇、三氯杀螨砜、杀螨酯等；

(3) 有机磷杀螨剂，如甲胺磷、甲拌磷、水胺硫磷、久效磷等。不少有机磷农药兼有杀螨作用；

(4) 脒类杀螨剂，如双甲脒、单甲脒等；

(5) 其他，如噻唑烷酮基化合物噻螨酮、环己基化合物快螨特、脲基化合物氟虫脲、哒嗪酮类化合物哒螨灵、吡唑类化合物唑螨酯等。

此外，菊酯类农药甲氰菊酯、三氟氯氰菊配、联苯菊酯，氨基甲酸酯类农药涕灭威等也有杀螨作用。

三、杀菌剂

杀菌剂是指对病原菌起抑制或杀灭作用的化学物质，具有杀死病菌孢子、菌丝体或抑制其发育、生长的作用。一种杀菌剂究竟是抑菌或杀菌作用，一般依赖于其施用浓度大小，两者界限有时不易分清。杀菌剂按防治对象不同可分为杀真菌剂、杀细菌剂、杀病毒剂、杀线虫剂、化学诱抗剂；按使用方法不同可分为种子处理剂、土壤消毒剂、茎叶喷洒剂；按作用方式不同可分为保护性杀菌剂、治疗性杀菌剂、内吸性杀菌剂，由于许多治疗性杀菌剂兼有内吸作用，其界限难以划分，故也常分为化学保护剂和化学治疗剂；按化学结构不同可分为无机杀菌剂、有机杀菌剂。

1. 按化学结构分类

（1）无机杀菌剂 如波尔多液、石硫合剂、硫黄等。硫黄、波尔多液是最古老的农用杀菌剂，由于其固有的优点，至今仍在使用。

（2）有机杀菌剂 有机杀菌剂是第二次世界大战后才得到较大发展的，大多数是保护性杀菌剂。但有机汞类杀菌剂由于残毒问题，使杀菌剂发展走过了曲折的道路。内吸性杀菌剂的出现使作物病害的化学保护出现崭新的面貌，但随后又出现病菌抗药性问题；最近一些具有双向传导作用的高效、超高效内吸性杀菌剂和麦角固醇合成抑制剂等新型药剂的出现，为内吸性杀菌剂的发展开拓了新的领域。但不论是品种、数量，还是产值，杀菌剂发展相对较缓慢。

按其化学结构不同又可分为若干类，主要有：

① 有机硫类，如代森锌、福美锌、乙蒜素等；

② 有机磷类，如三乙膦酸铝、异稻瘟净等；

③ 有机砷类，如福美胂等；

④ 有机氮类，如双胍辛胺等；

⑤ 取代苯类，如甲基硫菌灵、甲霜灵、百菌清等；

⑥ 有机杂环类，十三吗啉、叶枯净、腐霉利、多菌灵、菌核净等；

⑦ 其他杀菌剂，如溴硝醇、溴菌清等。

2. 按作用方式分类

（1）化学保护剂 化学保护剂（又称保护性杀菌剂），是指杀死各种病菌的孢子或抑制病菌侵入植物体的一类药剂。这类杀菌剂已有悠久的应用历史，具有生产方法简单、生产成本低廉、多数具广谱性、不易产生抗性、残毒可能性较小等优点。对于某些真菌所引起的病害，目前也只能用化学保护剂来防治，因此化学保护剂在作物的化学保护中占有一定的地位。其缺点是：只能防治植物的表面病害，对深入植物和种子胚内的病害无能为力；由于不能在植物体内传导，所以用药量较大；药效受环境气候影响较大。

化学保护剂主要有两种分类方法：一种是按作用方式分类；另一种是按化学结构分类。

按作用方式的分类，化学保护剂可分为接触杀菌剂和残效杀菌剂。接触杀菌剂是药剂直接喷洒在病原菌上，以达到抑制病菌繁殖、生长和毒杀作用。残效杀菌剂是将药剂喷洒在寄主表面，形成一层薄膜，使病菌菌丝或孢子接触时受毒杀死。

按化学结构分类并结合活性基因的不同，化学保护剂分为：

① 二硫代氨基甲酸盐类，如福美锌、代森锰锌等；

② 取代苯类，如百菌清、五氯硝基苯等；

③ 三氯甲硫基类，如克菌丹、灭菌丹等；

④ 有机磷类，如绿稻宁等；

⑤ 胍类，如双胍盐等；

⑥ 氨基磺酸类，如敌锈钠、敌磺钠等；

⑦ 二甲基亚苯胺类，如乙烯菌核利、纹枯利等；

⑧ 醌类，如四氯对醌、二氯萘醌等；

⑨ 杂环类，如叶枯净、哒菌清、拌种咯等；

⑩ 无机及其他类，如硫黄、有机金属类等。

（2）化学治疗剂 特别是内吸性杀菌剂，是继化学保护剂后发展起来的新型杀菌剂，它的出现使杀菌剂的进展出现重大突破。化学治疗剂与内吸性杀菌剂既有联系，又有区别。化学治疗剂的特征是在植物感病后施药，药剂从植物表皮渗入植物组织内部，又不在植物体内输导、扩散，可以杀死萌发的病原孢子，或抑制病原孢子的萌发，以消除病源，或中和病原物所产生的有毒代谢物，治疗已发病害；内吸性杀菌剂主要特征是内吸传导，药剂通过植物的叶、茎、根部吸收，进入植物体内，并在植物体内输导、扩散、存留或产生代谢物，以保护作物免受病原物的侵染，或治疗植物的病害。一般来说，一个化学治疗剂可以是内吸剂，也可以是非内吸剂；但一个内吸性杀菌剂一般应是化学治疗剂。还需强调的是目前应用的优良化学治疗剂多数是内吸剂。

内吸性杀菌剂可以防治一些侵染到作物体内或种子胚乳内非内吸性杀菌剂难以奏效的病害。这类药剂易被茎叶和根系吸收，可采用喷洒、灌浇的方法。同时，内吸性杀菌剂受环境气候影响较小，可充分发挥药剂的作用，一般用量较少。此外，内吸性杀菌剂对病害选择性较强，疗效较高。内吸性杀菌剂的主要缺点是：化学结构复杂、合成路线较长、成本相对较高；由于具有较强的选择性，使病菌容易产生抗性；大多数内吸性杀菌剂对藻菌纲类真菌防效不够理想。

内吸性杀菌剂大都是化学合成药剂，由于其渗透到植物体内并不是整个化学结构都起作用，而是一部分称为“活性基”的结构具有生物活性，因此，内吸性杀菌剂一般根据化学结构和在植物体内的作用方式进行如下分类：

① 三氮唑类，如三环唑，三唑酮等；

② 有机磷类，如异稻瘟净、三乙膦酸铝等；

③ 苯并咪唑类，如多菌灵等；

④ 丁烯酰胺类，如萎锈灵等；

⑤ 苯酰胺类，如甲霜灵等；

⑥ 三氟乙酰胺类，如三氟乙酰胺等；

⑦ 嘧啶类，如二嗪农、嘧啶醇等；

⑧ 吗啉类，如十三吗啉、烯酰吗啉等；

⑨ 吡啶类，如烟酸、烟酰胺、异烟酰肼等。

四、杀线虫剂

用于防治有害线虫的一类农药。线虫属于线形动物门线虫纲，体形微小，在显微镜下方能观察到。对植物有害的线虫约 3000 种，大多生活在土壤中，也有的寄生在植物体内。线虫通过土壤或种子传播，能破坏植物的根系，或侵入地上部分的器官，影响农作物的生长发育，还间接地传播由其他微生物引起的病害，造成很大的经济损失。使用药剂防治线虫是现代农业普遍采用的有效方法，一般用于土壤处理或种子处理。杀线虫剂有挥发性和非挥发性两类，前者起熏蒸作用，后者起触杀作用。杀线虫剂一般应具有较好的亲脂性和环境稳定性，能在土壤中以液态或气态扩散，从线虫表皮透入起毒杀作用。多数杀线虫剂对人畜有较高毒性，有些品种对作物有药害，故应特别注意安全使用。

杀线虫剂开始发展于20世纪40年代。大多数杀线虫剂是杀虫剂、杀菌剂或复合生物菌扩大应用而成。

（1）复合生物菌类 此类产品是最近兴起的最新型、最环保的生物治线剂，它对线虫（包括根结线虫）有很好的抑制杀灭作用。其主要作用机理是：生物菌丝能穿透虫卵及幼虫的表皮，使类脂层和几丁质崩解，虫卵及幼虫表皮及体细胞迅速萎缩脱水，进而死亡消解。该机理也确定了该类产品的使用时间可扩展至作物生长的各个阶段，但是对线虫的杀灭需要时间周期，不如化学药品那样速效。

（2）卤代烃类 是一些沸点低的气体或液体熏蒸剂，在土壤中施用，使线虫麻醉致死。施药后要经过一段安全间隔期，然后种植作物。此类药剂施药量大，要用特制的土壤注射器，应用比较麻烦，有些品种如二溴氯丙烷因有毒已被禁用，总的来说已渐趋淘汰。

（3）异硫氰酸酯类 是一些能在土壤中分解成异硫氰酸甲酯的土壤杀菌剂，以粉剂、液剂或颗粒剂施用，能使线虫体内某些巯基酶失去活性而中毒致死。

（4）有机磷和氨基甲酸酯类 某些品种兼有杀线虫作用，在土壤中施用，主要起触杀作用。

五、植物生长调节剂

植物生长调节剂是指通过化学合成和微生物发酵等方式研究并生产出的一些与天然植物激素有类似生理和生物学效应的化学物质。为便于区别，天然植物激素称为植物内源激素，植物生长调节剂则称为外源激素。两者在化学结构上可以相同，也可能有很大不同，不过其生理和生物学效应基本相同。有些植物生长调节剂本身就是植物激素。

目前公认的植物激素有生长素、赤霉素、乙烯、细胞分裂素和脱落酸五大类。油菜素内酯、多胺、水杨酸和茉莉酸等也具有激素性质，故有人将其划分为九大类。而植物生长调节剂的种类仅在园艺作物上应用的就达40种以上。如：植物生长促进剂类有复硝酚钠、DA-6（胺鲜酯）、赤霉素、萘乙酸、吲哚乙酸、吲哚丁酸、2，4-D、防落素、6-苄基氨基嘌呤、激动素、乙烯利、芸薹素内酯、三十烷醇、甲萘威等；植物生长抑制剂类有脱落酸、青鲜素、三碘苯甲酸等；植物生长延缓剂类有多效唑、矮壮素、烯效唑等。

六、除草剂

除草剂是指可使杂草彻底地或选择地发生枯死的药剂，又称除莠剂，是用以消灭或抑制植物生长的一类物质，按作用分为灭生性和选择性除草剂。选择性除草剂特别是硝基苯酚、氯苯酚、氨基甲酸的衍生物多数都有效。世界除草剂发展渐趋平稳，主要发展高效、低毒、广谱、低用量的品种，对环境污染小的一次性处理剂逐渐成为主流。

常用的品种为有机化合物，可广泛用于防治农田、果园、花卉苗圃、草原及非耕地、铁路线、河道、水库、仓库等地杂草、杂灌、杂树等有害植物。

除草剂可按作用方式、施药部位、化合物来源等多方面分类。

1. 根据作用方式分类

（1）选择性除草剂 不同种类的苗木对除草剂抗性程度也不同，此药剂可以杀死杂草，而对苗木无害。如高效氟吡甲禾灵（盖草能）、氟乐灵、扑草净、西玛津、乙氧氟草醚（果尔）等。

（2）灭生性除草剂 除草剂对所有植物都有毒性，只要接触绿色部分，不分苗木和杂草，都会受害或被杀死。主要在播种前、播种后出苗前、苗圃主副道上使用。如草甘膦等。

2. 根据除草剂在植物体内的移动情况分类

（1）触杀型除草剂 药剂与杂草接触时，只杀死与药剂接触的部分，起到局部的杀伤作用，植物体内不能传导。只能杀死杂草的地上部分，对杂草的地下部分或有地下茎的多年生深根性杂草，则效果较差。如除草醚、百草枯等。

（2）内吸传导型除草剂　药剂被根系或叶片、芽鞘或茎部吸收后，传导到植物体内，使植物死亡。如草甘膦、扑草净等。

（3）内吸传导、触杀综合型除草剂　具有内吸传导、触杀双重功能，如杀草胺等。

3. 根据化学结构分类

（1）无机化合物除草剂　由天然矿物原料组成，不含有碳素的化合物，如氯酸钾、硫酸铜等。

（2）有机化合物除草剂　主要由苯、醇、脂肪酸、有机胺等有机化合物合成。如醚类（乙氧氟草醚）、均三氮苯类（扑草净）、苯氧乙酸类（2甲4氯）、吡啶类（高效氟吡甲禾灵）、二硝基苯胺类（氟乐灵）、酰胺类［甲草胺（拉索）］、有机磷类（草甘膦）、酚类（五氯酚钠）等。

4. 按使用方法分类

（1）茎叶处理剂　将除草剂溶液兑水，以细小的雾滴均匀地喷洒在植株上，这种喷洒法使用的除草剂叫茎叶处理剂，如盖草能、草甘膦等。

（2）土壤处理剂　将除草剂均匀地喷洒到土壤上形在一定厚度的药层，当被杂草种子的幼芽、幼苗及其根系接触吸收而起到杀草作用，这种作用的除草剂，叫土壤处理剂，如西玛津、扑草净、氟乐灵等，可采用喷雾法、浇洒法、毒土法施用。

（3）茎叶、土壤处理剂　可作茎叶处理，也可作土壤处理，如莠去津等。

第二节　果园用药的剂型及使用方法

目前使用的农药大多数是有机合成农药。由工厂生产出来的未经加工的农药叫作原药（固体的叫原粉，液体的叫原油），其中具有杀虫、杀菌或杀草等作用的成分叫作有效成分。原药除少数品种（如液体熏蒸剂等）外，绝大多数不能直接在生产上使用。这是因为每亩地上每次施用的原药数量是很少的，要使少量的原药均匀地分散在大面积上，就必须在原药中兑入分散的物质，如水、粉等；而绝大多数原药又是不溶于水的。此外，施用的农药还应该良好地附着在病虫体上或植物体上，以充分发挥药效，但一般原药不具备这样的性能，所以在原药中还应该加入一些辅助剂。这样就需要将原药进行加工，制成一定的药剂形态，这种药剂形态就叫作剂型，如可湿性粉剂、乳油等。农药的加工对于提高药效，改善药剂性能，以及降低毒性，保障安全等方面都起着重要的作用。一个从工厂出厂的商品农药是一种复杂的混合物：

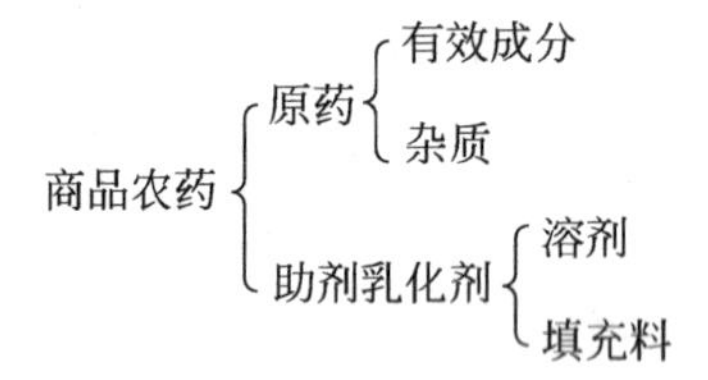

一、农药剂型

1. 粉剂

它是由原药加填充料，一同经过机械粉碎混合，制成的粉状制剂。粉粒细度要求95%通过200号筛目，直径在74μm以下。粉剂不易被水所湿润，不能分散和悬浮于水中，因此切勿兑水喷雾。

（1）优点　①容易制造和使用，成本低，不需用水，使用方便，喷施效率高。②在作物上吸附力小，因此在作物上残留较少，也不容易产生药害。

（2）缺点　①容易飘移，使用时，直径小于10μm的微粒受地面气流的影响容易飘失，特别是在航空喷撒粉剂时只有10%～40%的粉剂沉积在作物上，大部分农药被浪费。②对环境和大气污染大。③加工时粉尘多，制剂含量低，运输成本高。

2. 可湿性粉剂

它是由原药加填充料、悬浮剂或湿润剂，一同经过机械粉碎混合而制成的粉状制剂。粉粒细度要求 99.5%通过 200 号筛目，直径在 25μm 左右。可湿性粉剂由于加有湿润剂，粉粒又很细，在水中易被湿润、分散和悬浮，因此一般供喷雾使用。注意不要将可湿性粉剂当作粉剂去喷施，因为它的分散性差、浓度高，易使植物产生药害，而且它的价格也比粉剂贵。

（1）优点 ①价格相对便宜。②容易保存、运输和处理。③对植物的毒性风险比乳油等相对低。④容易量取与混配。⑤与乳油和其他液剂相比，不易从皮肤和眼渗透进入人体。⑥包装物的处理相对简单。

（2）缺点 ①如果加工质量差，粒度粗，助剂性能不良，容易引起产品黏结，不易在水中分解，造成喷洒不匀，甚至使植物局部产生药害。②悬浮率和药液湿润性，在经过长期存放和堆压后均会下降。③在倒取或混配时，容易喷出被施药者吸入。④对喷雾器的喷管和喷头磨损大，使喷管和喷头的寿命降低。

3. 乳油 (乳剂)

它是由原药加乳化剂、有机溶剂（或不用溶剂）后互溶制成的透明油状制剂，加水后变成不透明的乳状药水——乳剂。当乳剂被喷雾器喷出时，每个雾点含有若干个小油珠，落在虫体或植物表面上后，待水分蒸发，剩下的油珠随即展开形成一个油膜（比原来油珠直径大 10～15 倍的面积上）发挥作用。乳油的湿润性、展布性、附着力比可湿性粉剂高，比粉剂更高。

（1）优点 ①多数农药易溶于有机溶剂，并且在有机溶剂中较稳定。②乳油中有机溶剂对于昆虫和植物表面的蜡质层具有较好的溶解和吸附作用。③表面活性剂等具有良好的润湿和渗透作用，因此能够充分发挥农药的效果。④具有较长的残效期和耐雨水冲刷能力。⑤产品容易处理、运输和保存。

（2）缺点 ①高浓缩，容易因称量器具不准，导致过量使用或使用量不足。②对植物的毒性风险大。③容易通过皮肤渗透进入人体或动物体内。④溶剂可能使塑料或橡胶软管、垫圈、泵以及表面等损坏。⑤可能存在腐蚀性。⑥含有大量的有机溶剂，容易造成环境污染和浪费。

4. 颗粒剂

它是由原药或某种剂型加载体后混合制成的颗粒状制剂。颗粒的大小一般要求在30～60号筛目间，直径在250～600μm之间。常用的载体有黏土、炉渣、砖渣、细沙、玉米芯、锯末等。土法制造，将粉剂或可湿性粉剂或乳油按一定比例与载体混匀晾干而成。颗粒剂的残效长、使用方便，可以撒于植物心叶内（防治玉米螟等）、播种沟内（防治地下害虫等）、果树树冠下土壤中（防治桃小食心虫等）。

近年国内试验用聚乙烯醇（合成浆糊的原料）作缓释剂，加入颗粒中制成缓释颗粒剂，残效更长，值得推广。

颗粒剂具有如下特点：①使高毒农药低毒化；②可控制有效成分释放速度，延长持效期；③使液态药剂固态化，便于包装、储存和使用；④减少环境污染，减轻药害，避免伤害有益昆虫和天敌昆虫；⑤使用方便，可提高劳动工效。

5. 水剂(水溶液剂)

即将水溶性原药直接溶于水中制成水剂。用时加水稀释到所需浓度即可喷施。水剂的成本低。但它的缺点是：不耐储藏，易于水解失效；湿润性差，附着力弱，残效期也很短。

6. 悬浮剂

是指将固体农药原药以4μm以下的微粒均匀分散于水中的制剂，国际代号为SC。由于SC没有像可湿粉（WP）那样的粉尘飞扬问题，不易燃易爆，粒径小，生物活性高，相对密度较大，包装体积较小，相对其他农药剂型安全环保，因此，SC已成为水基化农药新剂型中吨位较大的农药品种。

（1）优点 ①粒子细，能够充分发挥农药的效果，性能上优于可湿性粉剂。②在残效期和耐雨水冲刷方面优于乳剂。③大多数的悬浮剂均采用水为分散剂。由于不采用有机溶剂，避免了有机溶剂对环境的污染和副作用，特别适合在蔬菜、果树、茶树等植物上使用，以及在卫生防疫中使用。

（2）缺点 ①加工过程较为复杂，一般需通过砂磨机研磨而成。②相对其他液剂，粒子较大，容易沉降分层析水，因此需要采用较复杂的助剂系统来保证制剂的稳定性。

7. 水分散性粒剂

又称干流动剂、水悬性颗粒剂。入水后，自动崩解，分散成悬浮液。它是在可湿性粉剂和悬浮剂的基础上发展起来的新剂型，它具有分散性好、悬浮率高、稳定性好、使用方便等特点，避开了可湿性粉剂产生粉尘，悬浮剂包装运输不便，且贮藏易产生沉淀、结块、流动性差、粘壁等缺点。

（1）优点 ①使用效果相当于乳油和悬浮剂，优于可湿性粉剂。②具有可湿件粉剂易于包装和运输的特点。③避免了在包装和使用过程中粉状制剂易产生粉尘的缺点，对环境污染小。

（2）缺点 加工过程复杂，加工成本较高。

8. 烟剂

由原药、燃料（木屑粉、淀粉等）、助燃剂（如氯酸钾、硝酸钾等）、阻燃剂（如陶土、滑石粉等）制成的混合物，块状。点燃后燃烧均匀，无明火，发烟率高。主要用于设施栽培（如温室、塑料大棚）作物病害的防治。

烟剂有如下优点：①施用工效高，不需任何器械，不需用水，简便省力，药剂在空间分布均匀；②由于不用水，避免了喷药后导致棚内湿度高、易发病的缺点；③易点燃，而不易自燃，成烟率高，毒性低，无残留，对人无刺激，没有令人厌恶的异味。

9. 熏蒸剂

由易挥发性药剂、助剂及填充料按一定比例混合制成的用于熏蒸的药剂。熏蒸剂常见剂型为固体，少数品种为液体。

10. 胶悬剂

将原药超微粉碎后分散在水、油或表面活性剂中，形成的黏稠状可流动的液体制剂即为胶悬剂（FC）。较耐雨水冲刷。胶悬剂长时间放置后会发生沉淀，一般不影响药效，使用时摇匀即可。常用于喷雾。

11. 微乳剂

以水为连续相，有效成分及少量溶剂为非连续相构成的透明或半透明的液体剂型。它可以溶解在水中，形成透明或半透明的分散体系，所以微乳剂又称为可溶化乳油。微乳剂的透明性可以因温度的改变而改变，因此，它实际上是一种热力学稳定的均相体系。

（1）优点 ①以水为主要溶剂，有机溶剂大大减少，对环境的污染比乳油小。②粒子超细，容易穿透害虫和植物的表皮，农药的效果得到充分的发挥。③避免了乳油中有机溶剂的一些副作用、药害、水果上蜡质层溶解等。④产品精细，其商品价值得到提高。

（2）缺点 ①由于水分的大量存在，对农药稳定性有一定的影响。②在水中容易分解的药剂不宜加工成微乳剂。

12. 水乳剂

国际代号 EW，曾称浓乳剂，是将液体或与溶剂混合制得的液体农药原药以 0.5～1.5μm 的小液滴分散于水中的制剂，外观为乳白色牛奶状液体。分为水包油（O/W）和油包水（W/O）两种类型。

（1）优点 ①无着火危险，无难闻的有毒气体味，对眼睛刺激小。②减少了对环境的污染。③以廉价水为基质，乳化剂用量低，对温血动物的毒性大大降低，对植物比乳油安全。④与其他农药或肥料的可混性好。

（2）缺点 ①乳液不稳定。②有效成分不稳定，配制更加困难。

此外，尚有超低容量制剂气雾剂、片剂等农药剂型。

二、农药的使用方法

1. 喷粉法

喷粉是利用机械所产生的风力将低浓度或用细土稀释好的农药

粉剂吹送到作物和防治对象表面上，它是农药使用中比较简单的方法。但要求喷撒均匀、周到，使农作物和病虫草的体表上覆盖一层极薄的粉药。用手指轻摸叶片能看到有点药粉沾在手指上为宜。

（1）喷粉法的优点 ①操作方便，工具比较简单。②工作效率高。③不需用水，可不受水源的限制，就可做到及时防治。④对作物一般不易产生药害。但也有一定的缺点：①药粉易被风吹失和易被雨水冲刷，因此，药粉附着在作物表体的量减少，缩短了药剂的残效期，降低了防治效果。②单位耗药量要多些，在经济上不如喷雾来得节省。③污染环境和施药人员的本身。

（2）喷粉法的操作技术 ①喷粉前认真检查喷粉器，如是否漏粉、堵塞，摇杆是否灵活等。喷药人员要戴好保护衣、帽、口罩、手套、风镜等。②选择适宜的天气：一般夏季在微风晴天的上午8时前，下午4时后作业喷粉，风力超过3级（即每秒风速5.3m以上）应停止作业。③依据作物长势确定单位面积的喷粉药量。一般幼苗期每亩喷1～1.5kg（15～22.5kg/hm^2），成株期1.5～2.5kg（22.5～35kg/hm^2）。④手摇喷粉时喷嘴应放在行间，在植株的中部向左右喷，不要超过植株。要从上风头向下风头喷粉。喷粉摇杆转的速度要一致，不要忽快忽慢，要喷得均匀，否则喷粉不均匀，既影响效果，又会造成植株药害。⑤作业时不准吃食物、吸烟。工作人员不能连续喷粉8h以上，作业完毕后，更换衣物，清洗手、脸或洗澡。

2. 喷雾法

将乳油、乳粉、胶悬剂、可溶性粉剂、水剂和可湿性粉剂等农药制剂，兑入一定量的水混合调制后，即能成均匀的乳状液、溶液和悬浮液等，利用喷雾器使药液形成微小的雾滴。其雾滴的大小，随喷雾水压的高低、喷头孔径的大小和形状、涡流室大小而定。通常水压愈大、喷头孔径愈小、涡流室愈小，则雾化出来的雾滴直径愈小，雾滴覆盖密度愈大；且由于乳油、乳粉、胶悬剂和可湿性剂等的展着性、黏着性比粉剂好，不易被雨水淋失，残效期长，与病虫接触的药量的机会增多，其防效也会愈好。20世纪50年代前，主要采用大容量喷雾，每亩每次喷药液量大于50L，但近10多年来喷雾技术有了很大的发展，主要是超低容量喷雾技术在农业生产上得到推广应用后，喷药液量便向低容量趋势发展，每亩每次喷施药液量只有0.1～2L。目前国外工业比较发达的国家，多采用小容量喷雾方法。

（1）喷雾法分类 喷雾法又通常分为常量喷雾、低容量喷雾、超低容量喷雾3种。

① 常量喷雾又称高容量喷雾，采用液力雾化进行喷雾，常用压力在0.3～0.4MPa，施药液量一般在450～1500L/hm^2，雾滴直径在150～1200μm之间。我国普遍使用的手动喷雾器、压缩式喷雾器等，均采用常量喷雾技术。此外，利用喷杆喷雾机喷洒化学除草剂、土壤处理剂，以及利用机动远射程喷雾机对水稻、麦、棉等大面积农作物和高大果树林木进行病虫害防治时，也采用常量喷雾技术。常量喷雾技术具有目标性强、穿透性好、农药覆盖性好、受环境因素影响小等优点，但单位面积上施用药液量多，农药利用率低，药液易流失浪费，污染土壤和环境。

② 低容量喷雾采用高速气流把药液雾化成雾滴进行喷雾，称为弥雾喷雾，雾滴直径在100～200μm之间，施药液量一般在15～150L/hm^2，使用药械如东方红18型及类似型号背负式机动弥雾机。手动喷雾器上可采用小于0.7mm喷片孔径，采用液力雾化进行低容量喷雾。由于是小孔径喷片，配药液时必须进行过滤，以防喷孔堵塞。低容量喷雾的特点是：节水省药，工效高，防治效果较好。

③ 超低容量喷雾是以极少的喷雾量，极细小的雾滴进行喷雾的方法，雾滴直径在70μm左右，施药液量一般≤7.5L/hm^2。超低容量喷雾是油质小雾滴，不易蒸发，在植株中的穿透性好，因此防治效果好。静电喷雾机、常温烟雾机等均属超低容量喷雾设备。

（2）喷雾法的操作技术

① 喷药前的准备工作。检查喷雾器是否漏气、漏水，动力喷雾器是否有油，用清水进行试喷。喷药人员要穿好长袖衣服，戴好帽子、口罩、手套、风镜等安全防护品。

② 选择适宜的气候条件。在无风或微风晴天，风速超过3级

以上，停止喷洒。动力弥雾低容量与超低容量应以无风晴天最适宜。有风时要从上风头向下风头喷洒。高温干旱的天气应选在上午9时前，下午3时后，中午不要喷药。早晚有露水时，应等无露水时再喷洒，刚下过雨不要进行茎叶喷雾。作物开花盛期最好不要喷药。

③ 根据防治对象和农药作用特点选择适宜的喷雾药械。防治病害：不论是具有内吸作用还是具有预防保护作用的杀菌剂农药，以选择常规喷雾药械为主，不要选用低容量与超低容量喷雾药械。防治虫害：具有胃毒和触杀作用的杀虫剂，选用常规喷雾药械；具有内吸作用的杀虫剂，可以选用低容量和超低容量及动力喷雾药械。防除农田杂草：采用土壤处理方法，不论是播前或播后苗前，选用大容量和常规量及大容量喷头片和扁平扇形喷头片的喷雾药械；苗后茎叶处理，选用常规量喷头，或常规扇形喷头；对具有内吸渗透力较强的内吸性除草剂，可选用低容量和超低量及动力喷雾机。

④ 依据防治对象、作物长势、气温、土壤含水量选择适宜的水质和用水数量。防治病虫草的单位面积喷药液数量，一般原则是：茎叶喷洒比土壤处理喷洒用水量少，幼苗期比成株期用水量少，高温、干旱时用水量适当大一些，土壤含水量低时用水量大，密植作物和高大作物比稀植和矮棵作物用水量大；常规喷洒和大容量喷洒比低容量、超低容量、飞机喷洒等用水量大。具体用水量，应依据各种农药的使用说明书，按上述情况确定，但不能随意减少规定的用水量，否则防效差。尤其是采用土壤处理法防除农田杂草时。一般亩用水量用常规喷雾器不能低于30kg（450kg/hm^2），用动力牵引喷雾机每亩不能低于20kg（300kg/hm^2）。若土壤含水量较低，应加大用水量。茎叶喷洒时，以喷洒均匀，植株叶片上不产生滴液或有少量滴液为宜，不要出现滴液流水现象。不要因病情重，虫量大，杂草多，而多喷药液，结果不仅浪费药液，更重要的是造成作物植株受害，严重的植株死亡，尤其是生长期喷洒除草剂，应绝对严格掌握喷药液量，不要重复喷洒，要顺垄一垄一垄地喷。选择喷药的水质，以酸碱度中性水为宜，如河流水，不要用井

水和含钙较多的重质水及田间死水等。

⑤ 喷洒时行走速度和喷雾器的压力要保持一致。喷洒前应根据农药使用说明书规定的喷药液量，用清水试验行走速度，田间作业时应保证行走速度稳定，使规定的单位面积用药量喷洒完，不能忽快忽慢。用动力喷雾器和超低容量喷洒，以及牵引动力喷雾器喷洒的行走速度，更要严格掌握。另外喷药时喷雾器的压力一定要保持基本一致，尤其是人力背负式喷雾器，在喷洒作业时，不要停停打打，使压力忽高忽低，结果会造成喷雾雾滴的大小不一致，影响防效，严重时会产生药害。此外，喷雾器的喷头与作物的距离，一般要求作物幼苗期离植株 50～60cm，作物成株期应略近一点，40cm 左右。

⑥ 作业时不准吃食物、吸烟，作业完毕后，更换衣物，认真清洗手、脸或洗澡，认真清洗喷雾药械。

(3) 喷雾时注意的问题

① 注意提高药液的湿展性能。在喷洒农药时，乳油、油剂在植株上的黏附力较强，而水剂、可湿性粉剂的黏附力较差。从提高药效出发，在喷施杀虫双、2 甲 4 氯、草甘膦等农药时，可加少量中性洗衣粉作展着剂，提高药剂的湿展能力。在一些除草剂中，加入适量的硫酸铵，可提高展着能力，如 2 甲 4 氯加 0.5%硫酸铵后，吸收时间从 24h 减少到 10min。

② 应重视稀释药液的水质。水的硬度、酸碱度和浑浊度对药效有很大的影响。当水中含钙盐、镁盐过量时，可使离子型乳化剂所配成的乳液和悬液的稳定性受到破坏。有的药剂因转化为非水溶性或难溶性物质而丧失药效，在一些盐碱地区，水质 pH 值偏高，会与药剂产生中和反应，使药效下降或失效。水质浑浊会降低农药的活性，也会使草甘膦、百草枯等除草剂加速钝化失效。因此，药液用水应选择 pH 值呈中性的清洁水为宜。

③ 要防止农药中毒。在喷雾过程中，雾滴常随风飘移，污染施药人员的皮肤和呼吸道，因此，施药人员要做好安全防护工作，对高毒农药如甲对硫磷、甲胺磷等不能细喷雾。有些农药毒性高，如杀虫双、杀虫环、杀虫脒等，在人口密集地区使用时要格外

注意。

④ 注意提高喷雾质量。喷雾法一般要求药液雾滴分布均匀，覆盖率高，药液量适当，以湿润目标物表面不产生流失为宜。防治某些害虫和螨类时，要进行特殊部位的喷雾。如蚜虫和螨类喜欢在植物叶片背面危害，防治时，要进行叶背面针对性喷雾，才能收到理想的防治效果。

（4）喷雾技术的发展

① 直接注入喷雾技术　在喷雾机上设置药箱与水箱，使农药原液从药箱直接注入喷雾管道系统，与来自水箱的清水按预先调整好的比例均匀混合后，输送至喷头喷出。与通常的喷雾机相比，减少了加水、混药操作过程中机手与农药的接触机会，消除了清洗药液箱的废水对环境的污染。

② 采用防飘移喷头　防飘移喷头的工作原理：在 300～800kPa 压力下工作，利用射流原理，气体从两侧小孔进入，在混合室内和药液混合，形成液包气的“小气泡”的大雾滴从喷孔中喷出，击中靶标后，“小气泡”与靶标发生碰撞或被靶标上的纤毛刺破后又进行第二次雾化，碎裂成更多更细的雾滴，能提高雾滴的覆盖率。由于防飘移喷头雾流中的小雾滴少，可使飘移污染减少60%以上。

③ 风幕喷雾技术　在喷雾机喷杆上增加风机和风筒，喷雾时，在喷头上方沿喷雾方向强制送风，形成风幕，不仅增大了雾滴的穿透性，而且在有风（≤4 级）情况下也能喷雾作业，不会发生雾滴飘移现象。风幕喷雾技术可节省施药液量 40%～70%。

④ 循环（回收）喷雾技术　在喷雾机上加装药液回收装置，将喷雾时未沉积在靶标上的药液收集后抽回药液箱，循环利用，既可提高农药有效利用率，又减少了飘移污染。循环喷雾技术可节省施药液量 90%。

⑤ 静电喷雾技术　应用高压静电，使雾滴充电，在静电场作用下，带电的雾滴做定向运动而吸附在作物上，能使沉积在作物上的药液增加，覆盖均匀，沉降速率快，特别是增强了药液在作物下部及叶背面的附着能力。静电喷雾技术可节省施药液量30%～40%。

⑥ 智能精确喷雾技术　智能精确喷雾技术能根据不同的作物对象，随时调整变量喷施农药。这一技术应用目前可分为两种：一种是基于GPS全球定位系统；另一种是基于实时传感器技术。主要根据收集到的作物图像、激光、超声波及红外线信号，判断农作物形状、位置，控制喷嘴位置和喷雾电磁阀开启，进行“有靶标时喷雾，无靶标时不喷雾”作业方式，极大减少或基本消除了农药喷到靶标以外的可能性。智能精确喷雾技术可节省施药液量50%～80%。

(5) 施药技术发展对农药剂型的要求　20世纪50年代以来，以提高农药在作物靶标上的附着率，减少农药流失、飘移对生态环境污染为目标，国际上农药使用技术在不断改进、完善，重点研究高效低污染的精准施药技术与装备，大量应用低容量（LV）、超低容量（uLV）、控滴喷雾（COA）、循环喷雾（Rs）、直接注入系统（DIS）、反飘喷雾（AS）等，施药技术正朝着高效安全、精准对靶、自动化、智能化方向发展。随着施药技术的快速发展，对农药剂型和品种也提出了新的要求与标准。如针对喷雾法和喷粉法喷雾技术，百菌清农药就要求分别加工成75%可湿性粉剂和5%粉剂；针对低容量飘移喷雾技术，对农药的抗蒸发性有较严格的要求，必须有防蒸发剂，溶入农药制剂中，有效抑制喷雾时药液大量蒸发；可湿性粉剂在大型喷杆喷雾机上使用时，要求将可湿性粉剂加工成均质的水分散性粒剂，对于水分散性粒剂的物理性状要求很高，它要求颗粒的破碎粉率必须很少，以防作业时细药粉飘扬被作业人员吸入，以及飘逸在大气中造成环境污染，还要求碎粒入水后必须迅速溶散成为均质的悬浮液；针对超低容量喷雾技术，热烟雾喷雾技术及静电喷雾技术，均要求使用特定的农药剂型——油基剂型，用于热烟雾喷雾的油剂还要求耐高温，燃点要高，然而目前我国还没有研究开发这些用专用溶剂油制备的超低容量油剂，在热烟雾喷雾使用中，只能选择柴油、煤油作溶剂与农药配合使用，不仅影响操作者人身安全，而且对作物会引起严重污染。现代施药技术应用还对农药干净纯度与干燥质量提出了更高的要求，特别对可湿（溶）性粉剂农药，不允许有过多杂质，否则会有容易结团等现象存在。因为低容量喷雾，防飘喷雾及药水分离喷雾采用混药器吸药时的喷头或吸孔孔径均较小，容易引起堵塞，影响喷雾效果。

3. 毒饵法

毒饵主要是用于防治为害农作物的幼苗并在地面活动的地下害虫。如小地老虎以及家鼠、家蝇等卫生害虫。它利用害虫、鼠类喜食的饵料和农药拌和而成，诱其取食，以达到毒杀目的。例如，每亩可用90%晶体敌百虫50g，溶于少量水中，拌入切碎的鲜草40kg，在傍晚成堆撒在棉苗或玉米苗根附近，其防效很显著。麦麸、米糠、玉米屑、豆饼、木屑、青草和树叶等都可以作毒饵的饵料，不管用哪一种作饵料，都要磨细切碎，最好把这些饵料炒至能发出焦香味，然后再拌和农药制成毒饵（鼠类和家蝇的饵料中最好还要加些香油或糖等），这样可以更好地诱杀害虫和鼠类、家蝇等。此外毒谷也用来防治蝼蛄、金针虫等地下害虫。由于配制毒谷需要粮食等，现在已不大采用，其实毒谷也是毒饵的一种。近来有些新农药，可直接作拌种或在土壤中撒施毒土，都能有效地防治一些地下害虫。

4. 种子处理法

种子处理有拌种、浸渍、浸种和闷种四种方法。

① 拌种法。多半是用粉剂和颗粒剂处理。拌种是用一种定量的药剂和定量的种子，同时装在拌种器内，搅动拌和，使每粒种子都能均匀地沾着一层药粉，在播种后药剂就能逐渐发挥防御病菌或害虫为害的效力。这种处理方法，对防治由种子表面带菌引起的病害或预防地下害虫苗期害虫的效果很好，且用药量少，同时可节省劳力和减少对大气的污染等。例如在1500～2000g水中加入50%辛硫磷或50%久效磷乳油100g拌麦种50kg可防治蝼蛄等地下害虫，药效期一般可维持30d以上。拌过的种子，一般需要闷上一两天，使种子尽量多吸收一些药剂，这样会提高防病、杀虫的效果。

② 浸种法。把种子或种苗浸在一定浓度的药液里，经过一定的时间使种子或幼苗吸收药剂，以防治被处理种子内外和种苗上的病菌或苗期虫害。

③ 浸渍法。把需要药剂处理的种子摊在地上，厚度大约

16.6cm（5 寸），然后把稀释好的药液，均匀喷洒在种子上，并不断翻动，使种子全部润湿，盖上席子堆闷一天，使药液被种子吸收后，再行播种。这种方法虽很简单，同样可达到浸种的要求。

5. 土壤处理法

用药剂撒在土面或绿肥作物上，随后翻耕入土，或用药剂在植株根部开沟撒施或灌浇，以杀死或抑制土壤中的病虫害。例如用 2.5%敌百虫粉剂 2～2.5kg 拌和细土 25kg，撒在青绿肥上，随撒随耕翻，对防治小地老虎很有效；又如每亩用 3%克百威颗粒剂 1.5～2kg，在玉米、大豆和甘蔗的根际开沟撒施，能有效防治上述作物上的多种害虫。

6. 熏蒸法

利用药剂产生有毒的气体，在密闭的条件下，用来消灭仓储粮棉中的麦蛾、豆象、谷盗、红铃虫等。例如，用溴甲烷熏蒸粮食、棉籽、蚕豆等，冬季每 1000m^3 实仓用药量为 30kg，熏蒸 3d。夏季熏蒸用药量可少些，时间也可以短些。此外在大田也可以采用熏蒸法，如用敌敌畏制成毒杀棒施放在棉株枝杈上，可以熏杀棉铃期的一些害虫。

7. 熏烟法

利用烟剂农药产生的烟来防治有害生物的施药方法叫熏烟法。此法适用于防治虫害和病害，鼠害防治有时也可采用此法，但不能用于杂草防治。烟是悬浮在空气中的极细的固体微粒，其重要特点是能在空间自行扩散，在气流的扰动下，能扩散到更大的空间中，沉降缓慢，药粒可沉积在靶体的各个部位，包括植物叶片的背面，因而防效较好。

熏烟法主要应用在封闭的小环境中，如仓库、房舍、温室、塑料大棚以及大片森林和果园。影响熏烟药效的主要气流因素有五点。①上升气流使烟向上部空间逸失，不能滞留在地面或作物表面，所以白昼不能进行露地熏烟。②逆温层，日落后地面或作物表面便释放出所含热量，使近地面或作物表面的空气温度高于地面或作物表面的温度，有利于烟的滞留而不会很快逸散，因此在傍晚和清晨放烟易取得成功。③风向风速会改变烟云的流向和运行速度及广度，在风较小时放烟能取得较好的防效。④海风和陆风，在邻近水域的陆地，早晨风向自陆地吹向水面，谓之陆风；傍晚风向自水面吹向陆地，谓之海风。在海风和陆风交变期间，地面出现静风区。⑤烟容易在低凹地、阴冷地区相对集中。研究利用上述气流和地形地貌，可以成功地在露地采用熏烟法。

8. 烟雾法

把农药的油溶液分散成为烟雾状态的施药方法叫烟雾法。烟雾法必须利用专用的机具才能把油状农药分散成烟雾状态。烟雾一般是指直径为 0.1～10μm 的微粒在空气中的分散体系。微粒是固体称为烟，是液体称为雾。烟是液体微滴中的溶剂蒸发后留下的固体药粒。由于烟雾的粒子很小，在空气中悬浮的时间较长，沉积分布均匀，防效高于一般的喷雾法和喷粉法。

9. 施粒法

抛撒颗粒状农药的施药方法叫施粒法。粒剂的颗粒粗大，撒施时受气流的影响很小，容易落地而且基本上不发生飘移现象，特别适用于地面、水田和土壤施药。撒施可采用多种方法，如徒手抛撒(低毒药剂)、人力操作的撒粒器抛撒、机动撒粒机抛撒、土壤施粒机施药等。

10. 飞机施药法

用飞机将农药液剂、粉剂、颗粒剂、毒饵等均匀地撒施在目标区域内的施药方法，也称航空施药法。它是功效最高的施药方法，适用于连片种植的作物、果园、森林、草原、滋生蝗虫的荒滩和沙滩等地块施药。适用于飞机喷撒的农药剂型有粉剂、可湿性粉剂、水分散性粒剂、悬浮剂、干悬浮剂、乳油、水剂、油剂、颗粒剂等。飞机喷粉由于粉粒飘移严重，已很少使用，即使喷粉也应在早晨平稳气流条件下作业，飞机用粉剂的粉粒比地面用粉剂略粗些。可兑水配成悬浮液的剂型用于高容量喷雾，当与其他剂型混用时须防止粉粒絮结。可兑水配成乳液的乳油等剂型用于高容量和低容量喷雾，作低容量喷雾时在喷洒液中可添加适量尿素、磷酸二氢钾等，以减轻雾滴挥发。油剂直接用于超低容量喷雾，其闪点不得低于70℃。

飞机喷施杀虫剂，可用低容量和超低容量喷雾。低容量喷雾的施药液量为10～50L/hm^2；超低容量喷雾的施药液量为1～5L/hm^2；一般要求雾滴覆盖密度为20个/cm^2以上。飞机喷洒触杀型杀菌剂，一般采用高容量喷雾，施药液量为50L/hm^2以上；喷洒内吸杀菌剂可采用低容量喷雾，施药液量为20～50L/hm^2。飞机喷洒除草剂，通常采用低容量喷雾，施药液量为10～50L/hm^2，若使用可湿性粉剂则为40～50L/hm^2。飞机撒施杀鼠剂，一般是在林区和草原施毒饵或毒丸。

飞机施药作业时间，一般为日出后半小时和日落前半小时，如条件具备，也可夜晚作业。作业时风速：喷粉不大于3m/s，喷雾或喷微粒剂不大于4m/s，撒颗粒剂不大于6m/s。飞行高度和有效喷帽因机型而异。

11. 擦抹施药方法

这是近几年来在农药使用方面出现的新的使用技术，在除草剂方面已得到大面积推广应用。其具体施药方法，是由一组短的裸露尼龙绳组成，绳的末端与除草剂药液相连，由于毛细管和重力的流动，药液流入药绳，当施药机械穿过杂草蔓延的田间时，吸收在药绳上的除草剂就能擦抹生长较高杂草顶部，却不能擦到生长较矮的作物上。擦抹施药法所用的除草剂的药量，大大低于普通的喷雾剂。因为药剂几乎全部施在杂草上，所以这种施药方法作物不受药害，雾滴也不飘移，防治费用也省。

12. 覆膜施药方法

这种施药方法主要用在果树上。当苹果套袋栽培时，其锈果数量就会成倍增加。现国内外正试用在苹果坐果时，施一层覆膜药剂，使果面上覆盖一层薄膜，以防止发生病虫害。现在国外已有覆膜剂商品出售。

13. 挂网施药方法

也是用在果树上，它是用纤维的线绳编织成网状物，浸渍在所欲使用的高浓度的药剂中，然后张挂在所欲防治的果树上，以防治果树上的害虫。这种施药方法可以延长药效期，减少施药次数，减少用药量。

14. 控制释放施药技术

它是使用中减少药剂用量、减少污染、降低农作物的残留和延长药效很重要的施药技术。

农药使用方法的发展，是农药剂型发展的反映。也就是说，一种新的使用方法的出现，一定要以新的农药剂型为后盾。二者是互相促进、相辅相成的。

第三节　果园喷药的常见药械类型及使用方法

一、植保机械使用基础

1. 概述

自从人类开始农耕以来就面临农作物病虫草害的挑战，农业生产所蒙受的损失之大是人所共知的。因此，与病虫草害进行斗争是人类的一项持久任务，至今也仍然是联合国粮农组织的一个严峻课题。世界各国的有关专家半个世纪以来每隔几年都要举行一次国际植物保护大会来共商对策。

同病虫草害斗争所采取的办法和手段，从最原始的求助于神灵和手工防治，到后来的喷洒化学农药，其间经历了漫长的历史阶段和各种方式的探索，包括生物方法、物理机械方法、农耕方法、化学方法和综合防治方法。当化学农药的巨大威力被发现以后，化学防治技术就以空前的速度发展起来。化学农药之所以这样容易地被农民和政府部门所接受，与化学农药的两个重要特点有关：一是快速，二是高效。病虫草害也有两个重要特点：一是种类繁多，二是繁殖快速。仅已有的记载病虫草鼠害达数千种，试图用非化学的方法来完全控制这么多种类的有害生物是不可能的。因此，化学防治法的发展突飞猛进并一直保持着强大的生命力，到目前为止，仍是人类对病虫草害进行综合防治中最有效、最主要的手段。

植物保护机械随着经济的发展发生了日新月异的变化，新的机械不断地涌现。

随着农业高速发展，高效农药的应用以及人们对生存环境要求的提高，施药技术与施药器械面临着新的挑战。农药对环境和非靶标生物的影响成为社会所关注的问题，施药技术及植保机械的研究面临两大课题：如何提高农药的使用效率和有效利用率；如何避免或减轻农药对非靶标生物的影响和对环境的污染。近年来，由于在农业生产中采取了一系列先进的措施，农业科学向深度、广度进军，例如，耕作制度改变，复种指数提高，间作面积扩大，越冬作物增加以及高产品种的推广，农药施用量的增加。这些一方面使农业生产获得了相当程度的高产，另一方面又给病虫草害的产生创造了有利条件，使发生规律也发生了变化，对作物的威胁更为严重。这就给扑灭病虫草害的及时性和机具使用的可靠性提出了更加苛刻的要求，这不仅对植保机械提出了一个新的课题，也反映了植保机械的使用和发展在农业生产和农业科技的发展中占有极其重要的地位。

由此看来，现代农业生产的发展表现了对植保机械很强的依赖性，现代化的农业生产离不了植保机械。植保机械除对确保粮棉高产、稳产起着巨大的作用外，也是保护其他经济作物、果树、牧草以及卫生防疫等方面不可缺少的器械，它已成为农业发展不可缺少的组成部分，是推动我国农业现代化的重要因素。

2. 植保机械的作用和分类

植物保护是农业生产的重要组成部分，是确保农业丰产丰收的重要措施之一。为了经济而有效地进行植物保护，应发挥各种防治方法和积极作用，贯彻“预防为主，综合防治”的方针，把病、虫、草害以及其他有害生物消灭于危害之前，不使其成灾。

植保机械的种类很多。由于农药的剂型和作物种类多种多样，要求对不同病虫害的施药技术手段和喷洒方式也多种多样，这决定了植保机械品种的多样性。常见的有喷雾机（器）、喷粉器、烟雾机、撒粒机、诱杀器、拌种机和土壤消毒机等。

施药机械的分类方法也多种多样，可按种类、用途、配套动力、操作方式等分类。

① 按喷施农药的剂型和用途分，有喷雾器（机）、喷粉器（机）、烟雾机、撒粒机等。

② 按配套动力分，有人力植保机具、畜力植保机具、小型动力植保机具、拖拉机悬挂或牵引式大型植保机具、航空植保机具等。人力驱动的施药机具一般称为喷雾器、喷粉器；机动的施药机具一般称为喷雾机、喷粉机等。

③ 按运载方式分，有手持式、肩挂式、背负式、手提式、担架式、手扶车式、拖拉机牵引式、拖拉机悬挂式及自走式等。

随着农药的不断更新换代以及对喷洒（撒）技术的深入研究，国内外出现了许多新的喷洒（撒）技术和新的喷洒（撒）理论，从而又出现了对植保机械以施药液量多少、雾滴大小、雾化方式等进行分类。

④ 按施液量多少，可分为常量喷雾、低容量喷雾、超低容量喷雾等机具。

⑤ 按雾化方式，可分为液力式喷雾机、风送式喷雾机、热力式喷雾机、离心式喷雾机、静电喷雾机等。

总之，施药机具的分类方法很多，较为复杂，往往一种机具的名称包含着几种同分类的综合。如泰山 3WF-18 型背负式机动喷雾喷粉机，就包含着按运载方式、配套动力和雾化原理 3 种分类的综合。

3. 国内外植保机械的发展概况

目前发达国家的植保机械和施药技术可用“四化”来说明其现有水平：非常专业化、全部法制化、机具现代化、指标国际化。西方经济发达国家植物病、虫、草的防治均已高度机械化，目前以使用喷施液体农药的喷雾机为主要药械。美国、俄罗斯、加拿大等国，土地面积大而较平坦，大田植保飞机施药普遍，但以发展与拖拉机配套的悬挂式和牵引式等大型植保机械为主，植保机械正在向着机动、大型、多用、高生产率、高机械化、自动化的方向发展，如发动机功率达 160hp（1hp=746W），喷幅宽达 30m 多，药箱容积达 4000L。欧洲国家农户以中小规模为主，大田植保普遍使用宽幅喷杆式喷雾机，在操纵方面多采用液压操纵装置（用于喷杆折叠）、自动调节装量和计量泵等。日本农户耕地面积较小，经营分散，故以发展小型动力配套的背负式和拉架式植保机械为主，但果园施药时普遍使用果园风送式喷雾机较多。为提高效率，近年来开始发展较大型植保机械，如自走式机动喷雾喷粉机。

由于日益重视的生态环境问题，植保机械在德国和欧洲被列为高科技产品，要求工厂生产的产品是高技术、高质量的产品。他们以获得最佳施药效果和最少环境污染为方向，来开展植保机械的科研工作，十分重视机具对环境污染的影响，以减少农药飘移和地面无效沉积，提高农药有效利用率，降低单位面积农药使用量。如：①定向对靶喷雾，包括使用辅助气流、静电喷力、利用光电、红外技术等智能测靶喷雾技术；②精确喷雾，包括能根据作业速度和作物密度自动调节喷量的智能喷雾技术；③可控雾滴施药技术，通过各种机械或电子方法控制雾滴大小，达到使用最佳雾滴直径，提高农药中靶率；④农药回收技术，采用静电或气流负压等技术将靶标外的雾滴回收。他们在植保机械设计中采用的高新技术，体现在多个方面。例如，在大田中使用的植保机械为了保证施药中的药液分布均匀，设计了保持喷杆平衡的仿形机构，使机械在行走喷药时始终保持高度一致；他们还设计了利用辅助气流装置，使喷药时的药液雾滴，尤其是小雾滴能够直接喷洒到作物基部，同时还可将药液从地面（指未沉积在作物上的雾滴）向上反弹，还可吹动叶片，使叶片背面也有较好的雾滴沉积。又如用于果园的喷雾机，根据树型而设计的导向气流板，可以使下落的药液雾滴尽可能不喷到土壤上，使上升的药液雾滴尽量不射向天空，而大部导向树冠，尽可能地使植保机械在施药时达到“精确、适用、经济”。目前德国非常注重研制生物农药来防治农作物病虫害，但是生物农药对喷头的磨损较化学农药大，同时易下沉，为使药物能够均匀地分布在作物上，德国又开始研制新的喷洒系统，坚定不移地以保护生态环境为目的，并将生物技术与工程技术紧密结合在一起来开展植保机械的科研工作。德国政府非常重视对农户的技术培训。各州植物保护局都有责任对农户进行培训，指导农户掌握植保机械的使用技术和正确喷施农药。

由于施药量比过去有很大的降低，施药液量少，药液从靶标上流失减少，因而农药利用率大大提高。国外提倡精准施药，先进技术（如图像处理、机载 GPS）进入了植保机械工作系统，以减少农药飘移为中心的喷雾机具改进措施则是近年来最热门的研究课题。西方经济发达国家农业机械化程度高，背负式喷雾机主要用在庭园，一般配有 2L/min 以上流量的液泵。喷洒装置除配有单个圆锥喷孔头外，还配有不同形状的喷杆（加花杆、水平横喷杆或拱形喷杆等）可做多种用途喷施。机动背负机除配带风机进行弥雾喷施的机型外，还配备液泵和喷头的液力式喷雾机机型，喷施压力的调节装置装在喷杆手柄处，压力调节很方便。对新产品和使用过的植保机械的技术性能定期监控，检验合格者，发给合格证明，并已立法规定喷雾机每使用两年后应进行检测，如液泵的流量、压力表指示的准确性、喷头喷量、搅拌效果和药液沉积分布质量以及其他一些影响喷药质量等内容的检测（简称年检），如果在检测中发现不符合标准，需要维修或更换零部件后再检测才发给检验合格证明。

4. 植保机械技术发展趋势

① 发展低量喷雾技术　除了使用低量高效的农药外，应发展低量喷雾技术，开发系列低量喷头。可依据不同的作业对象、气候情况等选用相应的低量喷头，以最少的农药达到最佳防治效果。

② 采用机电一体化技术　电子显示和控制系统已成为大中型植保机械不可缺少的部分。电子控制系统一般可以显示机组前进速度、喷杆倾斜度、喷量、压力、喷洒面积和药箱药液量等。通过面板操作，可控制和调整系统压力、单位面积喷液量及多路喷杆的喷雾作业等。系统依据机组前进速度自动调节单位时间喷洒量，依据施药对象和环境严格控制施药量和雾粒直径大小。控制系统除了可与个人计算机相连外，还可配 GPS 系统，实现精准、精量施药。

③ 控制药液雾滴的飘移　在施药过程中，控制雾滴的飘移，提高药液的附着率是减少农药流失，降低对土壤和环境污染的重要措施。欧美国家在这方面采用了防飘喷头、风幕技术、静电喷雾技

术及雾滴回收技术等。据美国的有关数据表明，使用静电喷雾技术可减少药液损失达65%以上。但由于该项技术应用到产品上尚未完全成熟且成本过高，目前只在少量的植保机械上采用；风幕技术于20世纪末在欧洲兴起，即在喷杆喷雾机的喷杆上增加风筒和风机，喷雾时，在喷头上方沿喷雾方向强制送风，形成风幕，这样不仅增大了雾滴的穿透力，而且在有风（小于4级风）的天气下工作，也不会发生雾滴飘移现象。由于风幕技术增加机具的成本较多，使喷杆的悬挂和折叠机构更加复杂，所以目前欧美一些植保机械厂家又开发了新型防飘移喷头，在雾滴防飘和提高附着率方面，使用这种喷头的喷杆喷雾机可以达到与风幕式喷杆喷雾机同样的效果。

④ 采用自动对靶施药技术　目前国外主要有两种方法实现对靶施药。一是使用图像识别技术，该系统由摄像头、图像采集卡和计算机组成。计算机把采集的数据进行处理，并与图像库中的资料进行对比，确定对象是草还是庄稼、何种草等，以控制系统是否喷药。二是采用叶色素光学传感器，该系统的核心部分由一个独特的叶色素光学传感器、控制电路和一个阀体组成。阀体内含有喷头和电磁阀。当传感器通过测试色素判别有草存在时，即控制喷头对准目标喷洒除草剂。目前只能在裸地上探测目标，可依据需要确定传感器的数量，组成喷洒系统，用于果园的行间护道、沟旁和道路两侧喷洒除草剂。据介绍，使用该系统，能节约用药60%～80%。

⑤ 全液压驱动　在大型植保机械，尤其是自走式喷杆喷雾机上采用全液压系统，如转向、制动、行走、加压泵等都由液压驱动，不仅使整机结构简化，也使传动系统的可靠性增加。有些机具上还采用了不同于弹簧减震的液压减震悬浮系统，它可以依据负载和斜度的变化进行调整，从而保证喷杆升高和速度变化时系统保持稳定。此外，有些牵引式喷杆喷雾机产品在牵引杆上还装有电控液压转向器，以保证在拖拉机转弯时机具完全保持一致。

⑥ 采用农药注入和自清洗系统，避免或减少人员与药液的接触　目前销售的大中型喷杆喷雾机都装有农药注入系统（有的厂家是选配件），即农药不直接加到大水箱中，而是倒入专用加药箱，

由精确计量泵依据设定的量抽入大水箱中与水混合；或是利用专用药箱的刻度，计量加入的药量，用非计量泵抽入水箱中，抽尽为止；或把药放入专门的加药箱内，加水时用混药器按一定比例自动把药吸入水中和水混合，再通过液体搅拌系统把药液搅匀。喷杆喷雾机上一般还备有两个清水箱，一个用来洗手，一个用来清洗药液（药箱内装有专用清洗喷头）及清洗机具外部（备有清洗喷枪、清洗刷和接管器）。人体基本上不和药液接触。

⑦ 积极研究生物防治技术，研制生物农药的喷洒装置　从长远来看，由于对环境友好，生物农药防治农作物病虫害是一种趋势，需要积极研究。生物农药对喷头的磨损较化学农药大，同时易下沉，与化学农药的使用特点有显著差别，为使药物能够均匀地分布于农作物上，应研制新的喷洒装置。

5. 农药雾滴雾化

将农药雾化成细小的雾滴进行喷雾的方法是施药技术中的关键环节。农药施药技术的实质可以简单地说就是农药的雾化、经喷头雾化后的雾滴传输、雾滴在靶标上的沉积与分布技术，即如何把农药分散为具有适当细度的雾滴，并把它均匀地施用到作物靶标上。各种干制剂都是在工厂内预先加工好的具有适当细度或粒度的制剂，使用时不需要再进一步分散，用户可以直接使用，进行喷粉、撒粒。而液态制剂则不同，除了浇灌、浸渍、涂抹等不需要喷洒的制剂以外，凡是喷雾用的都必须在喷雾过程中完成药液的雾化与分散，使之产生一定适当细度的雾滴。无疑，药液的雾化、分散必须依赖于喷雾机具才能完成，这就是通常所说的喷雾法。在雾化过程中，雾滴的细度（雾滴尺寸：体积中值直径 VMD 与数量中值直径 NMD）与喷雾机具的性能、喷雾农药与农药载体物理与化学特性、雾化部件的选择、药液流量的控制、操作人员的技术和技巧、作物冠层内外气象条件等密切相关。

将农药以雾滴的形式分散到大气中，使之形成雾状分散体系的过程称为雾化。农药雾滴雾化的实质是喷雾液体在喷雾机具提供的外力作用下克服自身的表面张力，实现比表面的大幅度扩增。在这一过程中药液逐步展成薄的液膜，而后又延伸成为液丝，最后液丝与空气相互作用断裂，从而形成雾滴。影响液膜形成的因素有对药液的压力和药液的性质（如表面张力、浓度、黏度和周围空气的环境条件等）。展膜或药液拉丝时，压力或离心力越大则液膜越薄、液丝越细，形成的雾滴则越小，即随着压力的增大喷头形成的雾滴直径在逐渐减小。

按雾化原理分，液体农药雾化成雾滴的方式可分为液力式、气力式、离心式和热力式几种。

（1）液力式雾化 特别适合于水溶性制剂的喷洒，是最常用的雾化方式，这种雾化是使液体在一定的压力下通过一个一定形状的雾化装置（通常称之为喷头）而雾化。

大多数液力式喷头的设计是使药液在液力的推动下，通过一个小开口或孔门，使其具有足够的速率能量而扩散。通常先形成薄膜状然后再扩散成不稳定的、大小不等的雾滴。影响薄膜形成的因素有药液的压力、药液的性质，如药液的表面张力、浓度、黏度和周围的空气条件等。很小的压力（几十至几百千帕）就可使液体产生足够的速率以克服表面张力的收缩，并充分地扩大，形成雾体。

一般认为，液体薄膜破裂成为雾滴的方式有 3 种，即周缘破裂、穿孔破裂和波浪式破裂。但是破裂的过程是一样的，即先由薄膜裂化成液丝，液丝再裂化成雾滴。

穿孔破裂雾化，它的发生是由于液膜小孔的扩大，并在它们的边缘形成不稳定的液丝，最后断裂成雾滴。

在周缘破裂雾化中，表面张力使液膜边缘收缩成一个周缘，在低压力情况下，由周缘产生大雾滴。在高压情况下，周缘产生的液丝下落，就像离心式喷头喷出的液丝形成的雾滴一样。

穿孔式液膜和周缘式液膜雾滴的形成都发生在液膜游离的边缘，而波浪式液膜的破裂则发生在整个液膜部分，即在液膜到达边缘之前就已经被撕裂开来。由于不规则的破裂，这种方式形成的雾滴大小非常不均匀，范围一般在 10～1000μm 之间，最大者甚至可为最小者体积的 100 多万倍。

雾化过程中，雾滴的平均直径随压力的增加而减少，而随喷头喷孔尺寸的增大而增大。从喷液的理化特性来讲，液体的表面张力减小和黏度增加，也会使雾滴直径加大，因此，在农药制剂的过程中，使用各种添加剂可以减少易飘移小雾滴的数目。在实际使用时，雾滴的大小对农药沉积利用来讲特别重要，它们将由在一定工作条件下使用的喷头及雾化参数所决定。雾滴的大小和各种施药技术参数，如液体黏度、喷孔大小、喷雾压力等都有关系。

（2）气力式雾化 见图 1-1，是应用压缩气体的压力作用于液体表面使农药通过雾化器使其雾化的过程。气力雾化是利用风机产生的高速气流对药液的拉伸作用而使药液分散雾化的方法，因为空气和药液都是流体，因此也称为气液两相流雾化法。这种雾化原理能产生细而均匀的雾滴，设施农业用的常温烟雾机大都是采用这种雾化原理。气液两相流喷头雾化方式可分为内混式和外混式两种，内混式是气体和液体在喷头体内混合，外混式则在喷头体外混合。图 1-1 是各种液体和气流两相流雾化装置的工作原理。白箭头表示气流，黑箭头表示液流。第 1 种为顺流式。第 2 种为逆流式，它的雾化比第一种为好。第 3 种是将液体收到蘑菇形物体上使之向四周分散。第 4 种为涡流式，里面有可使液体旋转的盘，气流通过时带

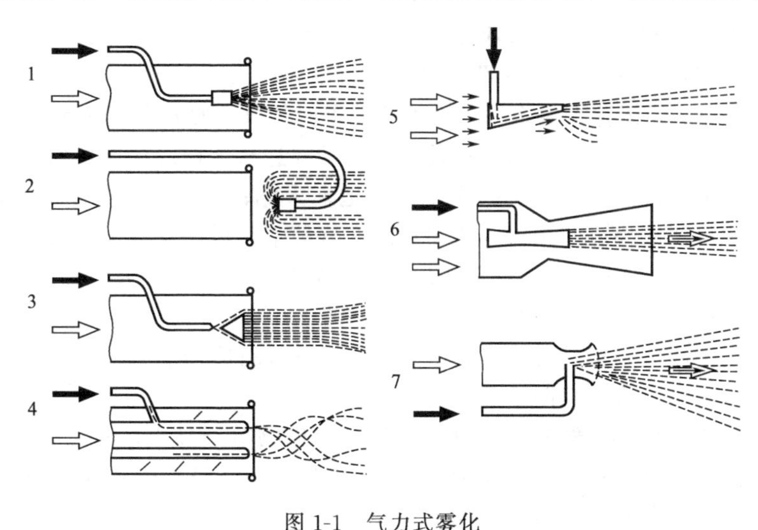

图 1-1　气力式雾化

1—顺液式喷头；2—逆液式喷头；3—蘑菇状喷头；4—涡流式喷头；

5—反射喷头；6,7—喷射式喷头

动液流旋转。第5种为反射型，液流碰撞到反射体上粉碎，再用气流进一步雾化吹走。小型背负式喷雾机采用第1～3种雾化方式。有的公司生产的大型喷雾机（牵引式）使用反射式雾化装置。第6种雾化装置不但雾化液体，还用于雾化固体。气流在喷头处流速很高形成较低压力，有很大的抽吸力量。所以在药箱内不再需要充以压力，同时吹送的气流可把喷头喷出的药液粉碎雾化。第7种雾化装置在气流运用技术上比前几种好，用在背负式喷雾机上较多。

（3）离心式雾化 主要是利用离心力的作用，使液体在一个高速旋转的雾化器上沿径向运动，最后从雾化装置的边缘离心雾化形成液滴。离心式雾化的特点是形成雾滴的大小非常均匀，并且其大小可以通过雾化装置的旋转速度来调整。是低容量、超低容量与静电喷雾法经常采用的雾化方式。

（4）热力式雾化 是利用热能让药液雾化，各种熏蒸剂的使用就是采用这种方法。

6. 果园植保机械作业要求

（1）测试气象条件 进行低量喷雾时，风速应在1～2m/s；进行常量喷雾时，风速应小于3m/s；当风速＞4m/s时不可进行农药喷洒作业。降雨和气温超过32℃时也不允许喷洒农药。

（2）果树种植要求 ①被喷施的果树树型高矮应整齐一致，整枝修剪后，枝叶不过密，故使药雾易于穿进整个株冠层，均匀沉积于各个部位。②结果实枝条不要距地面太低；疏果时（如苹果等）最好不留从果或双果。③果树行距在修剪整枝后，应大于机具最宽处的1.5～2.5倍（矮化果树取小值，乔化高大果树取大值）。行间不能种植其他作物（绿肥等不怕压的作物除外）。地头空地的宽度应大于或等于机具转弯半径。④行间最好没有明沟灌溉系统。因隔行喷施时，将影响防治效果。

（3）喷雾机要求 果树相对于大田作物冠层高大，枝叶繁密，因此果园喷雾机大多在果树行间进行作业。根据果树植保作业要求，果园喷雾机应该满足如下条件。

① 雾滴在冠层中具有良好的穿透性。果树是一个立体靶标，在不同的生长期，其冠层结构与冠层密度均不相同。而施药最理想

效果是将农药雾滴均匀地喷洒到冠层的每个部分，但由于叶幕的阻挡，液力雾化的雾滴很难穿透冠层进入树膛内，造成农药的沉积均匀性差和病虫害的防治不彻底，因此雾滴穿透性直接影响药液在冠层中的沉积分布质量，从而影响最终的施药效果。

② 工作适应性强，受环境影响小，田间通过性能好。我国幅员辽阔，各果树带自然地理环境、种植模式差异很大，果园种植模式的规范化进程尚需一定的时间，为适应各地区、各种果树的种植要求，需要多品种系列化、专业化的施药机械及基础部件，更需要根据我国农民购买力，开发集施药、运输等多功能于一体的果园管理机，实现一机多用，因此果园管理机需具有较强的田间适应性和通过性。

③ 工作参数能够灵活调整。对于不同生长期的不同果树冠形与冠层密度，所需的喷雾量、雾滴粒径、送风强度、雾流方向各不相同。对于特定生长期的果树冠层，雾滴过大过小、风力过强过弱等因素同样会引起雾滴的流失和飘失。因此，需寻求喷雾技术参数与果树生长期特征的最佳匹配，提高农药有效沉积和减少流失的同时，为果园喷雾机工作参数的灵活调整提供技术支持。

④ 喷施精准，对环境友好。虽然化学农药能够有效控制果树病虫害，但是过量使用化学农药将会对食品安全、健康安全、环境安全等产生重大危害，因此需要在确保满足病虫害防治要求的基础上，尽可能少地使用化学农药，这就对果园喷雾机提出了精准喷雾的要求，以达到对环境友好的目的。

（4）施药后的技术规范 ①安全标记。施药工作结束后应在田边插上“禁止人员进入”的警示标记，避免人员进入后接触到喷洒的农药引起中毒事故。如在大棚内施药后需立即进入，应密闭一定时间后，先开棚进行充分的通风换气，并采取一定的防护措施方可进入。②喷雾器和个人防护设备的清洗。施药工作结束后，清洗和维修保养喷雾器时，操作者仍需要穿戴适当的防护服。

施药作业结束后，喷雾器的内部和外表面都应该在施药地块进行彻底清洗，清洗废液应该喷洒到该农药登记注册使用的靶标作物上，由于在一个地块上重复喷洒清洗废液，要保证这种重复喷洒不会超过推荐的施药剂量。

施药系统的清洗方法应采用“少量多次”的办法，即用少量清水清洗 3 次。

如果喷雾器在第二天要喷洒同样的或者相似的农药，农药箱中可以保留着清洗废液或者重新加入干净的清水储藏过夜。

整个输液喷雾系统应全部彻底清洗，以保证空气室管、滤网和喷头等部件都保持清洁。

喷雾器清洗完毕后，以摇杆操作频率高于正常操作频率而产生的压力，使清水在喷雾系统中流动，观察输液管路系统是否由于磨损和损坏造成药液渗漏。

防护设备和防护服应清洗干净，晾干后存放。存放前，应该检查其是否磨蚀、损伤以及性能状况，在下一次施药前，处理并更换破损部件。

7. 植保机械警示标志

见图 1-2。

二、背负式手动喷雾器

1. 手动背负式喷雾器的结构

见图 1-3。

2. 合格机具质量要求

（1）质量要求 喷雾器在正常工作时，在截止阀开关两种位置，各零部件和连接处均不得有渗漏现象；喷雾器装上额定容量的水，将喷雾器前后左右倾斜 45°，喷雾器任何部位均不得渗漏。喷雾器内部和外表面必须很容易被清洗，要避免粗糙的表面和难以清洗的凹坑。喷雾器的外表应无尖角锐边、粗糙的磨削面或多余的凸出部分，以防操作人员受到伤害。喷雾器上直接与药液接触的部件，必须使用非吸收性材料，此种材料适合于登记注册农药的使用。戴防护手套能对软管接头进行调整、拆卸，软管接头重新连接时不得出现渗漏。软管要有足够的长度，保证喷杆能自由灵活伸长到合适的位置喷雾。软管上必须标明软管制造厂名称和最高允许工

必须戴防护手套

必须戴防毒面具

安全警告

注意防火

注意高温部件

请穿防护服

工作完毕后注意洗手

图 1-2 植保机械警示标志

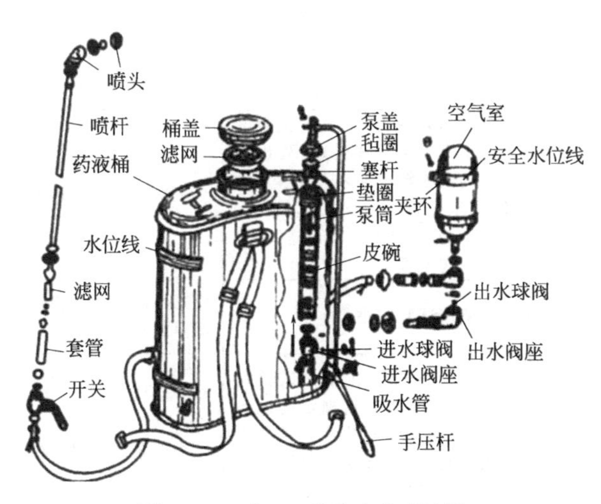

图 1-3 工农-16 型手动型喷雾器

作压力。喷杆的长度不得小于500mm。背带和附件要结实耐用，要采用非吸收性材料，承重部位的最窄宽度不得小于50mm。在喷雾作业时，背带应能方便地调节。手动摇杆应能满足左右都能使用，每分钟压摇杆20～30次，液泵能满足推荐的最大流量。喷雾器在正常喷雾结束后，药液箱内残留液体量背负式喷雾器不得大于100mL；压缩式喷雾器不得大于20mL。

（2）背负式喷雾器的强制性认证产品技术要求 见表1-1。

表1-1 背负式喷雾器强制性认证技术要求

项目	检验方法	合格指标
铭牌	目查样机铭牌	应牢固固定在机具的明显位置，其内容应包括：型号、主要技术参数（至少包括工作压力、容量）、制造厂或供应商名称、生产日期和编号
倾斜试验	将样机安装成使用状态，向药箱内加入额定容量的清水并置于平台上，分别向前、后、左、右呈45°方向倾斜样机，并保持10s	向任意方向倾斜45°不得有药液渗漏现象
整机密封性试验	在倾斜试验结束后，立即放正样机，在使用说明书规定的压力下工作1min	不得有药液渗漏现象
药液过滤装置	目查样机加液口过滤装置	加液口应设有过滤网
药液箱坠落试验	拆除喷射部件、空气室塑料药液箱上下夹环等零件，堵死出水口。向药液箱内加入额定容量的清水[水温为(20±5)℃]，箱底水平向下，在(1±0.05)m高度，自由坠落在木板上	三次试验后不得渗漏和破裂
药液箱盖连接牢固性	同坠落试验方法	第一次坠落试验过程后药箱盖不得脱落
空气室耐压性能	将空气室安装在压力试验台上，缓慢调节压力到规定的试验压力（无安全限压装置为最高工作压力的3倍；有安全限压装置或内置气室的为最高工作压力的2倍），保持1min	不得有破裂、渗漏现象

续表

项　目	检验方法	合格指标
喷射部件承压管路耐压性能	将喷射部件的喷嘴堵塞，并将圆雾软管与试验台相连，启动试验台，在2.5倍最高工作压力的试验压力下保持1min	不得有渗漏现象
药液残余	将样机安装成使用状态，并置于平台上，向药箱内加入适量清水，操作机具正常喷雾直至出现断续喷雾为止，倒出药箱内残余液体称量	≤100mL
安全标志	目查样机安全标志	外置空气室应有限压防爆安全标志，标志样式及内容应符合GB 10396的规定。在机具的明显位置还应有警示操作者使用安全防护用具的安全标志
软管标志	目查软管标志	应有永久性标志，直接标明制造厂和最高允许工作压力
使用说明书的审查	审查随机使用说明书	使用说明书应符合GB/T 9480的编写规定，其内容至少应包括：维护和清洗要求；有关使用安全规则的要求，安全标志的说明；禁止使用特殊的工作液；农药生产厂提供的安全指示；制造厂或供应商的名称、地址、电话

3. 喷药前的准备工作

(1) 机具的调整

① 背负式喷雾器装药前，应在喷雾器皮碗及摇杆转轴处，气室内置的喷雾器应在滑套及活塞处涂上适量的润滑油。

② 压缩喷雾器使用前应检查并保证安全阀的阀芯运动灵活，捧气孔畅通。

③ 根据操作者身材，调节好背带长度。

④ 药箱内装上适量清水并以每分钟10～25次的频率摇动摇杆，检查各密封处有无渗漏现象；喷头处雾型是否正常。

⑤ 根据不同的作业要求，选择合适的喷射部件。土壤喷洒除

草剂的施药质量要求：易于飘失的小雾滴要少，避免除草剂雾滴飘移引起的作物药害；药剂在田间沉积分布均匀，保证防治效果，避免局部地区药量过大造成的除草剂药害。因此，除草剂喷洒应采用扇形雾喷头，操作时喷头离地高度、行走速度和路线应保持一致；也可用安装二喷头、三喷头的小喷杆喷雾。行间喷洒除草剂时，应配置喷头防护罩，防止雾滴飘移引起邻近作物药害。当用手动喷雾器喷雾防治作物病虫害时，作物苗期应选用小规格喷头（如选用喷孔为 ϕ0.7mm 左右的喷片）；作物生长中后期，应选用大规格喷头（如选用喷孔为 ϕ1.0～1.3mm 的喷片）。喷洒时应叶背、叶面整株喷洒。

⑥ 喷雾方法的选择。使用手动喷雾器喷洒触杀性杀虫剂防治栖息在作物叶背的害虫。应把喷头朝上，采用叶背定向喷雾法喷雾。施药作业应从离开作物一定距离、处于上风向的合适位置开始，确保第一行作物能得到充分的施药处理。确定喷头距离靶标的高度。一般喷头离靶标高度保持在 500mm 左右。

使用喷雾器喷洒保护性杀菌剂，应在植物未被病原菌侵染前或侵染初期施药，要求雾滴在植物靶标上沉积分布均匀，并有一定的雾滴覆盖密度。

几架药械同时喷洒时，应采用梯形前进，下风侧的人先喷，以免人体接触药液。

（2）作业参数的计算

① 确定施药液量。根据作物种类、生长期和病虫害的种类，确定采用常量喷雾还是低量喷雾，并确定施药液量，同时选择适宜喷孔的喷孔片，决定垫圈数量。

空心圆锥雾喷头的 1.3～1.6mm 孔径喷片适合常量喷雾，亩施药量在 40L 以上；0.7mm 孔径喷片适宜于低容量喷雾，亩施药量可降至 10L 左右。

② 计算行走速度。应根据风力确定有效喷幅，并测出喷头流量。校核施药液量首先要准确掌握喷头流量。喷头流量多少是由喷片孔径和喷雾压力大小测定的，因此在选择好喷片后，要实测其在喷雾压力下的药液流量，以便准确掌握每亩施药量。

流量的测定方法是：将喷雾器装上清水，按喷药时的方法打气和喷药，用量杯接取喷出的清水，计算每分钟喷出多少药液（mL），然后根据公式计算出作业时的行走速度。

行走速度取值范围一般为 1～1.3m/s；水田为 0.7m/s 左右。如计算的行走速度过大或过小，可适当地改变喷头流量来调整。

③ 校核施药液量，并使其误差率＜10％。

④ 算出作业田块需要的用药量和加水量。

4. 施药中的技术规范

手动喷雾器具有使用操作方便、适应性广等特点。通过改变喷片孔径大小，手动喷雾器既可作常量喷雾，也可作低容量喷雾。

（1）作业前先按操作规程配制好农药（见图 1-4、图 1-5）。向药液桶内加注药液前，一定要将开关关闭，以免药液漏出，加注药液要用滤网过滤。药液不要超过桶壁上所示水位线位置。加注药液

图 1-4　可湿性粉剂农药的配制方法

图 1-5　乳油农药的配制方法

后，必须盖紧桶盖，以免作业时药液漏出。

（2）背负式喷雾器作业时，应先压动摇杆数次，使气室内的气压达到工作压力后再打开开关，边走边打气边喷雾。如压动摇杆感到沉重，就不能过分用力，以免气室爆炸。对于工农-16 型喷雾器，一般走 2～3 步摇杆上下压动一次，每分钟压动摇杆 18～25 次即可。

（3）作业时，空气室中的药液超过安全水位时，应立即停止压动摇杆，以免气室爆裂。

（4）压缩喷雾器作业时，加药液不能超过规定的水位线，以保证有足够的空间储存压缩空气。以便使喷雾压力稳定、均匀。

（5）没安全阀的压缩喷雾器，一定要按产品使用说明书上规定的打气次数打气（一般 30～40 次），禁止加长杠杆打气和两人合力打气，以免药液桶超压爆裂。压缩喷雾器使用过程中，药箱内压力会不断下降，当喷头雾化质量下降时，要暂停喷雾，重新打气充压，以保证良好的雾化质量。

（6）作业时机具出现如下情况，应立即停止工作，排除故障后才能继续工作。

① 背负式喷雾器出现连续摇动摇杆打不出药液或进液很少。

② 摇动摇杆时药液顺着塞杆往筒帽外漏。

③ 雾形变化、雾滴变大等现象出现时。

④ 压缩喷雾器出现塞杆下压时感觉不到压力或感到费力。

⑤ 顶盖冒水。

⑥ 喷雾时断时续、气雾交替等现象出现时。

当中途停止喷药时，应立即关闭截止阀，将喷头抬高，减少药液滴漏在作物和地面上。

三、背负式电动喷雾器

背负式电动喷雾器是我国近两年发展比较迅猛的一种植保机械，由于其减轻了劳动者的工作强度，深受广大农民的喜爱，它的适用范围与背负式喷雾器相同，可用于水田、旱地及丘陵地区，防治水稻、小麦、棉花、蔬菜和果树等作物的病虫草害，也可用于防治仓储害虫和卫生防疫。

背负式电动喷雾器由于其是从背负式喷雾器演变而来的，很多要求与背负式喷雾器相同，此外还有以下几点要求：

1. 合格机具质量要求

电动喷雾器电气系统应安装到位，极性正确。系统的电气配线应与电流量相适应，以确保电动喷雾器工作时安全、可靠；电动喷雾器应对其电气系统采取防水措施。系统的所有接线均不应裸露。药液箱、喷射部件等均不能带电，其绝缘电阻值应不小于 2MΩ；控制器应具有欠压保护和短路保险功能；一次充足电后连续正常工作的时间应不少于 4h；在最高工作压力下喷雾时，耳旁噪声应不大于 85dB；电动喷雾器充电器应能保证低压 180V、高压 260V 均能充电，以满足广大农民的需求。

2. 强制性认证产品技术要求

见表 1-2。

表 1-2 手动式电动喷雾器强制认证技术要求

项　目	检验方法	合格指标
铭牌	目查样机铭牌	应牢固固定在机具的明显位置，其内容应包括：型号、主要技术参数（至少包括工作压力、容量）、制造厂或供应商名称、生产日期和编号
倾斜试验	将样机安装成使用状态，向药箱内加入额定容量的清水并置于平台上，分别向前、后、左、右呈 45°方向倾斜样机，并保持 10s	向任意方向倾斜 45°不得有药液渗漏现象
整机密封性试验	在倾斜试验结束后，立即放正样机，在使用说明书规定的压力下工作 1min	不得有药液渗漏现象
药液过滤装置	目查样机加液口过滤装置	加液口应设有过滤网
控制装置位置及标志	检查控制装置	控制装置应当设置在操作者操作机具时容易够及的范围内，并设有清晰的标志或标牌，操作应方便

续表

项　目	检验方法	合格指标
药液箱坠落试验	拆除喷射部件、空气室塑料药液箱上下夹环等零件，堵死出水口。向药液箱内加入额定容量的清水（水温为20℃±5℃），箱底水平向下，在(1±0.05)m高度，自由坠落在木板上	三次试验后不得渗漏和破裂
药液箱盖连接牢固性	同坠落试验方法	第一次坠落试验过程后药箱盖不得脱落
空气室耐压性能	将空气室安装在压力试验台上，缓慢调节压力到规定的试验压力(无安全限压装置为最高工作压力的3倍；有安全限压装置或内置气室的为最高工作压力的2倍)，保持1min	不得有破裂、渗漏现象
喷射部件承压管路耐压性能	将喷射部件的喷嘴堵塞，并将圆雾软管与试验台相连，启动试验台，在2.5倍最高工作压力的试验压力下保持1min	不得有渗漏现象
药液残余	将样机安装成使用状态，并置于平台上，向药箱内加入适量清水，操作机具正常喷雾直至出现断续喷雾为止，倒出药箱内残余液体称量	≤100mL
安全标志	目查样机安全标志	外置空气室应有限压防爆安全标志，标志样式及内容应符合GB 10396的规定。在机具的明显位置还应有警示操作者使用安全防护用具的安全标志
软管标志	目查软管标志	应有永久性标志，直接标明制造厂和最高允许工作压力
限压安全装置	在喷雾器的出水管路中安装一个截流阀，在电动喷雾器正常工作时，将该截流阀置于“关闭”的位置，测量液泵内达到的最高压力值	电动喷雾器正常工作时，关闭出水截流阀，液泵的工作压力不应高于最高工作压力的1.2倍（GB 10395.6—2006 第4.4.2条）

续表

项　目	检验方法	合格指标
使用说明书的审查	审查随机使用说明书	使用说明书应符合 GB/T 9480 的编写规定，其内容至少应包括：维护和清洗要求；有关使用安全规则的要求，安全标志的说明；禁止使用特殊的工作液；农药生产厂提供的安全指示；制造厂或供应商的名称、地址、电话

3. 使用中应注意的问题

（1）新购回来的电动喷雾器应先充足电再使用。因为许多机具在销售点已搁置了几个月，甚至半年以上，所以必须先充足电后再使用，充足电后最好不要立即使用，需静置 10min 左右。

（2）注意保持电瓶干燥、清洁，以防电瓶自行放电。如因故需将电池拆下来充电，必须注意，在搬运中，禁止摔掷、滚翻、重压。

（3）绝对不能让电瓶长期处于电量不足的状态。如长期不用，应该充满电，放置于阴凉干燥处，并定期充电（一般 1 个月充 1 次，最长不能超过 3 个月）。

（4）电动喷雾器上一般都设有欠压保护功能，当电瓶电量显示器只有一只显示灯亮时，应该尽快对电瓶进行充电，以免电瓶过放电。使用时，要注意不能让电瓶过放电，蓄电池放电到终止电压后，继续放电称为过放电。过放电容易引起电瓶严重亏电，从而大大地缩短其使用寿命。所以蓄电池使用时应尽量避免深度放电，做到浅放勤充，以放电深度 50%时充一次电为最佳。

（5）避免过充电，首先要选择与蓄电池匹配良好的充电器，当充电器显示充满就停止充电，不能一充电就充一夜甚至几天。过充电会促使极板活性物质硬化脱落，并产生失水和蓄电池变形。若电池在高温季节运行，容易发生过充电的问题。因此，夏天应尽量降低蓄电池温度，保证良好的散热，防止在烈日暴晒后即充电，并应远离热源。

（6）避免长期亏电，长期亏电会使极板硫化。在低温情况下，容易发生充电接受能力差、充电不足造成电池亏电的问题。低温时应采取保温防冻措施，特别是充电时应放在温暖的环境中，有利于保证充足电，防止不可逆硫酸盐化的产生，延长蓄电池的使用寿命。

(7) 防止短路。在安装或使用时应特别小心，所用工具应采取绝缘措施，连线时应先将电池以外的电器连好。经检查无短路后再连上蓄电池，布线应规范且良好绝缘，防止重叠受压产生破裂。禁止用电池短路的方法来检测蓄电池的带电情况，以防止发生爆炸造成人员伤亡。

(8) 防止在阳光下暴晒，阳光下暴晒会使蓄电池温度增高，活性物质的活度增加，影响蓄电池使用寿命。

四、背负式机动喷雾喷粉机

1. 合格机具质量要求

(1) 质量要求 喷雾喷粉机的各密封部位应密封可靠，使用安全，不得出现漏药液、漏粉和漏油现象；整机的运动件转动灵活；操纵机构灵活可靠；紧固件连接牢固；油门在最高位置转速达标定转速（允差±5%），油门在最低位置应能熄火；喷雾喷粉机加药口应有过滤网，滤网孔眼不得大于30目/in（1in=2.54cm），且过水通畅；喷雾喷粉机外观整洁，无油污、灰尘、碰伤等缺陷；塑料件平整光滑，无明显裂痕、缩孔；金属件表面（或镀层）均匀，色泽鲜亮，无锈斑、明显焊疤或烧穿、漏焊缺陷。为了正确地使用背负式机动喷雾喷粉机并预防意外事故的发生，工作前要先仔细阅读机具配备的使用说明书。开箱后请检查包装箱内的零部件是否与装箱清单内容相符合。汽油机必须使用混合燃油。汽油和机油容积混合比为说明书中推荐值。启动后和停止前必须低速运转3～5min，严禁空载高速运转，防止汽油机飞车造成零件损坏或人身伤害。严禁急速停车。为了安全防火，加燃料时必须停止背负式机动喷雾喷粉机运转并且远离火源。禁止抽烟。为防止电击，背负式机动喷雾喷粉机工作时不要触摸火花塞和电源导线。消声器和缸体表面温度高，启动后不要用手触摸。身体不要靠近汽油机。

(2) 强制认证技术要求 见表1-3。

表 1-3　背负式机动喷雾喷粉机强制认证技术要求

项目	检验方法	合格指标
铭牌	目查样机铭牌	应牢固固定在机具的明显位置，其内容应包括：型号、主要技术参数（至少包括工作压力、容量）、制造厂或供应商名称、生产日期和编号
倾斜试验	将样机安装成使用状态，向药箱内加入额定容量的清水并置于平台上，分别向前、后、左、右呈 45°方向倾斜样机，并保持 10s	向任意方向倾斜 45°不得有药液渗漏现象
药液箱坠落试验	拆除喷射部件、空气室塑料药液箱上下夹环等零件，堵死出水口。向药液箱内加入额定容量的清水（水温为 20℃±5℃），箱底水平向下，在(1±0.05)m 高度，自由附落在木板上	三次试验后不得渗漏和破裂
药液箱盖连接牢固性	同坠落试验方法	第一次坠落试验过程后药箱盖不得脱落
药液过滤装置	目查样机加液口过滤装置	加液口应设有过滤网
药箱液面位置	将药箱内注入清水，观察是否能看到液面高度	加液时，操作者应能直接看到液位指示值或液位刻度位置
药箱内药液排放性	观察药液排放情况	药液箱应能在不使用工具和不伤害操作者的情况下方便、安全地排空
空气室耐压性能试验（如果有）	将空气室与耐压试验台相连，在额定工作压力上限的 2 倍压力下保持 1min	不得出现破裂、渗漏现象
喷射部件及承压管路耐压性能试验	将喷射部件的喷头用无孔的圆片堵塞，并将喷雾软管与耐压试验台相连，启动试验台，在 1.5 倍额定工作压力上限的试验压力下保持 1min	不得出现破裂、渗漏现象
安全装置的限定压力试验	按说明书及整机密封性试验要求，并配用最大流量的喷头，将样机安装、调整到整机密封性试验状态，在额定转速及工作压力下，关闭截止阀或喷射部件	最高工作压力低于 10MPa 时，安全装置的限定压力不超过最高工作压力的 1.2 倍；最高工作压力等于或高于 10MPa 时，安全装置的限定压力不超过最高工作压力的 1.1 倍

续表

项目	检验方法	合格指标
整机密封性试验	将样机安装成使用状态，向药箱内加入清水，按使用说图书规定操作样机到额定工况工作，检查各零件及连接处是否密封可靠	各零件及连接处应密封可靠，不得出现药液和其他液体渗漏现象
软管标志	目查软管标志	应有永久性标志，直接标明制造厂和最高允许工作压力
控制装置设置位置	按使用说明书的规定操作、检查	控制装置应设置在操作者操作机具时容易够及的范围内，且操作应方便（GB 10395.6—2006 中第 48 条）
控制装置标志	目查样机控制装置标志	在控制装置上或附近位置应有清晰的标志或标牌，其内容应反映出控制装置的基本特征
安全标志	目查样机安全标志，并查验标志的牢固程度	在油箱、喷管出口等可能给操作者造成危险的部位应有安全标志，有提示操作时安全防护标志，风机进口、消声器高温部件，根据存在的危险程度加贴警示标志。标志样式及内容应符合 GB 10396 的规定，标志粘贴应牢固

（3）机具的准备 ① 喷雾状态下背负式机动喷雾喷粉机的组装（以 3MF-26 为例）。将透明塑料管、滤网铸合、喷雾盖板、输液短管以及药箱下盖密封圈、接管、接管压盖连接起来，将喷粉盖板更换为喷雾盖板时，一定要先将挡粉板取下，然后才能卸下坚固药箱的两个螺母，取下药箱进行更换喷雾盖板。

② 喷粉状态下背负式机动喷雾喷粉机的组装（以 3MF-26 为例）。卸下坚固药箱的两个螺母，取下药箱，取下滤网铸合、进气管、输液管、接管、接管压盖、喷雾盖板，换上喷粉盖板组装、药箱下盖，然后装上药箱，拧紧螺母。

③ 粉门拉杆的安装。选择粉门拉杆在摇臂上的固定孔和调节粉门拉杆和接头体之间的螺钉，使粉门操纵杆处于最低位置时，粉门为完全关闭状态，旋紧锁紧螺母。

④ 静电链的安装。喷粉（颗粒）时将产生静电，静电的产生

与药剂的种类、气温、空气湿度等因素有关。装配静电链，导线的一端伸入喷管处，并能自由振动，另一端与静电链连接，在弯管处用螺钉固定导线和静电链，并使静电链下垂到地面。为确保同地面接触，可将链下端固定在脚踝处。

⑤ 新背负式机动喷雾喷粉机或封存的背负式机动喷雾喷粉机排除缸体内及浮子室内存留的机油。卸下火花塞，用左手拇指稍堵住火花塞孔。然后拉启动手把几次，使将多余油喷出。再卸下浮子室用汽油清洗沉淀在浮子底部的机油。

⑥ 检查压缩比。缓拉启动手把，活塞近上死点时有一定的压力，并且越过上死点时，曲轴能很快地自动转过一个角度。

⑦ 检查火花塞跳火情况，一般蓝火花为正常。

2. 使用

（1）药剂的配制 按照药剂使用说明中的比例配制于大的容器中，并充分混合均匀。添加药液：旋开药箱盖，将配制好的药液通过滤网加入药箱中。加液不要过急过满，以免从过滤网组合出气口溢出到机壳里，药液必须干净以免喷嘴堵塞，加药液后药箱要盖紧，加药时可以不停机，但汽油机应处于低速运转状态。

（2）启动

① 加燃油。所用油为混合油，汽油：机油＝25：1（汽油用90号，机油选用二冲程汽油机专用机油）。

② 开燃油阀。手柄尖头朝上或朝下表示“开”，转过90°水平横向是“关”。转动时注意不要用力过猛，以防手柄弄断。

③ 开启油门。将油门操纵柄往上提1/2～2/3位置。

④ 调整阻风门。阻风门往外为“关”，往里推为“开”。冷天或第一次启动关闭2/3左右，热启动时，阻风门处于全开位置。

⑤ 查看浮子室内是否有燃油。按加浓杆至出油为止，目的是查看浮子室内是否有燃油。

⑥ 启动。拉启动手把。

⑦ 阻风门调节。启动后应将阻风门全部打开，同时调整油门使汽油机低速运转3～5min，等背负式机动喷雾喷粉机温度正常后再加速，新背负式机动喷雾喷粉机最初4h不要加速运转，以便更

好地运转。

(3) 喷雾作业

① 全机应处于喷雾作业状态。此时风门开关应处于全开状态，手把药液开关处于横向关闭状态。

② 调整油门。在机器背上，调整油门使汽油机稳定，发出“呜—呜”的声音，然后开启手把开关转芯。手柄朝前或朝后为开，横向为关。

(4) 停止运转 先将药液开关闭合，减小油门，使汽油机低速运转 3～5min 后关闭油门，关闭燃油阀即可。

在喷雾作业过程，一定要注意个人防护，使用过程中戴口罩，穿防护服，戴护目镜；应根据施药机械喷幅和风向确定田间作业行走路线；使用喷雾机具施药时，作业人员应站在上风向，顺风隔行前进或逆风退行两边喷洒，严禁逆风前行喷洒农药和在施药区穿行。

五、喷射式机动喷雾机

喷射式机动喷雾机是我国果园使用最多的机动药械，工作压力可达 2.5MPa。担架式喷雾机体积较小，可由两人抬起转移，也可装在机动三轮车或拖拉机上在田间预留的作业道上运行（目前我国此类果园喷雾机大多采用此配置），其通行能力基本不受地形和果园条件的限制。同时随机配备长 30m 的喷雾软管，也可接长使用，以扩大喷药范围，末端接有可调喷枪。由于可调喷枪射程可调，最远可达 10m，在较高的喷雾压力下，雾滴穿透性较强。叶片背面药液附着性较好，操作方便，生产率较高。但同样因为调节射程时，雾滴粗细变化很大，很难保证均匀的雾化质量。

1. 喷射式机动喷雾机工作原理

喷射式机动喷雾机虽然型号各异，但其雾化原理相同，其工作原理是：发动机（汽油机、柴油机、拖拉机动力输出轴）带动液泵进行吸水和压水，当活塞右行时吸水管从水田中吸水或从药箱中吸药进泵，活塞左行时压水，把水压入空气室，产生的高压水流经混药器时，吸药混合后由喷射部件雾化喷出。

喷射式机动喷雾机是指由发动机带动液泵产生高压，用喷枪进行宽幅远射程喷雾的机动喷雾机。喷射式机动喷雾机具有工作压力高、喷雾幅度宽、工作效率高、劳动强度低等特点，是一种主要用于水稻大、中、小不同田块病虫害防治的机械，也可用于供水方便的大田作物、果园和园林病虫害的防治。

2. 合格机具质量要求

喷雾机的启动性能应在带泵卸压状态下进行，汽油机启动次数应等于或少于3次（每次启动可操作两回），每次间隔2min。柴油机启动时间应不多于30s；总装好的喷雾机应在额定工作压力下进行0.5h运转试验，运转中应无不正常的振动、响声、紧固件松动及漏水、漏油现象（柱塞泵柱塞密封处的滴漏应不大于1mL/min）；喷雾机进行喷雾时，其调压阀应灵敏可靠，当额定转速运转时关闭截止阀，扳动减压手柄，压力应能迅速下降至0.5MPa以下，将调压手轮全部旋松时压力不得超过1.0MPa；外露旋转件必须有安全防护装置；喷雾机外观应整洁，不得有锈渍、划伤等缺陷；喷雾机出厂时，包装箱内应备有合格证、产品使用说明书、装箱清单及备件（易损件）、附件及随机工具。

3. 强制性认证产品的技术要求

（1）铭牌，目测样机铭牌，合格的产品应牢固固定在机具的明显位置，其内容应包括：型号、主要技术参数（至少包括工作压力、容量）、制造厂或供应商名称、生产日期和编号。

（2）药箱盖连接牢固性及药箱液面位置，合格的产品药箱盖不得出现松动或开启现象，加液时，操作者应能从药箱外部看到液面位置。

（3）加液口和加油口过滤装置，合格的产品加液口和加油口应设有过滤网。

（4）药箱内药液排放性，合格的产品药液箱应能在不使用工具和不伤害操作者的情况下方便、安全地排空。

（5）压力表，应刻度清晰、反应灵敏、安装位置合理。

（6）安全装置的限定压力试验，按说明书及整机密封性试验要求，并配用最大流量的喷头，将样机安装、调整到整机密封性试验状态，在额定转速及工作压力下，关闭截止阀或喷射部件。

（7）空气室耐压性能试验，将空气室与耐压试验台相连，在额定工作压力上限的 2 倍压力下保持 1min，不得出现破裂、渗漏现象。

（8）喷射部件及承压管路耐压性能试验，将喷射部件的喷头用无孔的圆片堵塞，并将喷雾软管与耐压试验台相连，启动试验台，在 1.5 倍额定工作压力上限的试验压力下保持 1min，合格的产品不得出现破裂、渗漏现象。

（9）软管标志，应标明制造厂和最高允许工作压力。

（10）控制装置位置及标志，控制装置应设置在容易够及的范围内，且操作方便，在控制装置上或附近位置应有清晰的标志或标牌，其内容应反映出控制装置的基本特征。

（11）安全标志，在容易给操作者造成危险的部位应有安全警告标志，在机具的明显位置有警示操作者使用安全防护用具的安全标志，标志样式及内容应符合 GB 10396 规定，标志粘贴应牢固。

（12）安全防护装置，合格的产品在发动机启动轮、液泵的传动装置及其他存在危险的部件，应根据操作者接近的情况，设有适当强度的防护罩，尺寸及安全距离应符合 GB 10395.1 第 7 条要求。因结构原因无法保证安全距离时，应设置警告标志。

（13）使用说明书的审查，使用说明书应符合 GB/T 9480 的编写规定，其内容至少应包括：①启动和停机步骤；②安全停放步骤；③维护和清洗要求；④安全标志的说明。

4. 安全使用

（1）按说明书的规定将机具组装好，保证各部件位置正确、螺栓紧固。带及带轮运转灵活，带松紧适度，防护罩安装好，将胶管夹环装上胶管定位块。

（2）按说明书规定的牌号向曲轴箱内加入润滑油至规定的油位。以后每次使用前及使用中都要检查，并按规定对汽油机或柴油机检查及添加润滑油。

（3）正确选用喷洒及吸水滤网部件。

① 对于水稻或邻近水源的高大作物、树木，可在截止阀前装混药器，再依次装上内径 13mm 喷雾胶管及远程喷枪。田块较大或水源较远时，可再接长胶管 1～2 根。用于水田在田里吸水时，吸水滤网上不要有插杆。

② 对于施液量较少的作物，在截止阀前装上三通（不装混药器）及两根内径 8mm 喷雾胶管及喷杆、多头喷头。在药桶内吸药时吸水滤网上不要装插杆。

（4）启动和调试

① 检查吸水滤网，滤网必须沉没于水中。

② 将调压阀的调压轮按逆时针方向调节到较低压力的位置，顺时针方向扳足至卸压位置。

③ 启动发动机，低速运转 10～15min，若见有水喷出，并且无异常声响，可逐渐提高至额定转速。然后将调压手柄向逆时针方向扳足至加压位置，并按顺时针方向逐步旋紧调压轮调高压力，使压力指示器指示到要求的工作压力。调压时应由低向高调整压力。因由低向高调整时指示的数值较准确，由高向低调指示值误差较大。可利用调压阀上的调压手柄反复扳动几次，即能指示出准确的压力。

④ 用清水进行试喷。观察各接头处有无渗漏现象，喷雾状况是否良好，混药器有无吸力。

⑤ 混药器只有在使用远程喷枪时才能配套使用。如拟使用混药器，应先进行调试。使用混药器时，要待液泵的流量正常，吸药滤网处有吸力时，才能把吸药滤网放入事先稀释好的母液桶内进行工作。对于粉剂，母液的稀释倍数不能大于 1∶4（即 1kg 农药加水不少于 4kg），过浓了会吸不进。母液应经常搅拌，以免沉淀，最好把吸药滤网缚在一根搅拌棒上，搅拌时，吸药滤网也在母液中游动，可以减少滤网的堵塞。

（5）确定药液的稀释倍数。为使喷出的药液浓度能符合防治要求，必须确定母液的稀释倍数。确定母液稀释倍数的方法有查表法和测算法。

① 查表法（见表 1-4）。根据苏农-36 型喷射式机动喷雾机的喷

雾试喷结果，喷出药液稀释倍数与母液稀释倍数的关系应在标准范围内。

查表方法为：根据防治要求，确定好需要喷射药液的稀释倍数，查找表中“喷枪排液稀释倍数”，再根据所选定的T形接头孔径，找到相应的“小孔”或“大孔”栏内的母液稀释倍数，即为所需的母液中原药、原液的稀释倍数。例如，某稻田治虫，要求喷洒的药液稀释倍数为1∶300，选择T形接头的小孔，查表得知母液的稀释倍数为1∶18，即1kg药兑18kg水。这种查表方法虽然简单方便，但由于液泵、喷枪及混药器在使用中的工作状况往往会发生一些变化，如机件磨损、转速不稳定、压力变化以及喷雾胶管长短的不同等，都会影响混药器的吸药量和喷枪的喷出量，造成喷出药液浓度的差异，如仍按表中的比例关系配制母液，就可能使施药量过多而产生药害，或施药量不足达不到防治效果。因此，在进入田间使用前，最好先进行校核，得出较准确的结果后再按此数据在田间实际使用。

表1-4　药液稀释倍数与母液稀释倍数的关系

喷枪排液稀释倍数	母液稀释倍数		喷枪排液稀释倍数	母液稀释倍数	
	小孔	大孔		小孔	大孔
1∶80	1∶4	1∶6.5	1∶500	1∶31	—
1∶100	1∶5.5	1∶8.5	1∶600	1∶38	1∶47
1∶120	1∶6.5	1∶10.5	1∶800	1∶51	1∶57
1∶160	1∶9.5	1∶14.5	1∶1000	1∶64	1∶76
1∶200	1∶12	1∶18.5	1∶1200	1∶77	1∶96
1∶250	1∶15	1∶23	1∶1600	1∶100	1∶115
1∶300	1∶18	1∶28	1∶2000	1∶130	1∶155
1∶350	1∶22	1∶33	1∶2500	1∶160	1∶190
1∶400	1∶25	1∶38	1∶3000	1∶190	—

注：1. 本表试验数据的工作条件是：液泵的工作压力为20MPa。

2. 喷枪排液稀释倍数和母液稀释倍数均指1份原液与若干份水之比。

3. 小孔、大孔是指混药器的透明塑料管插在T形接头上的小孔或大孔。

校核方法：先测出单位时间内喷枪的喷雾量 A_p（kg/s），再算出单位时间内水泵吸入母液的量 B（kg/s）（可测母液桶内液体单位时间内减少的质量)。

喷雾药液的稀释倍数：

$$C=\frac{A_{p}-B\times\frac{1}{1+m}}{B\times\frac{1}{1+m}}\approx\frac{A_{p}(1+m)}{B}$$

式中　m——母液的稀释倍数。

根据校核结果，可再适当调整母液浓度，再逐次校核，最后得到要求的喷枪排液浓度。

② 测算法。根据防治对象，确定喷药浓度，选择好T形接头的孔径，将混药器的塑料接管插入接头，套好封管，再将吸药滤网和吸水滤网分别放入已知药液量（乳剂可以用清水代替）的母液桶和已知水量的清水桶内，开动发动机进行试喷。经过一定时间的喷射后，停机并记下喷射时间 t（s），然后，分别称量出桶内剩余的母液量和清水量。把喷射前母液桶内原先存放的药液量减去剩余的药液量，即得混药器在 t（s）内吸入的母液量。同理，可算出吸水量。把母液量和吸水量相加，除以时间 t，即得喷枪的喷雾量(kg/s)。则喷枪的喷雾浓度和母液之间的关系是：

$$m=\frac{BC}{A_{p}}-1$$

式中　A_{p}——单位时间内喷枪的喷雾量，kg/s；

B——单位时间内混药器吸入的母液量，kg/s；

C——喷雾药液的稀释倍数；

m——母液的稀释倍数。

上式中，A_{p}、B 值在试喷中测定，C 为农艺要求的给定值，如防治某种病虫害，农艺要求喷雾药液稀释倍数为1∶1000，即 C 值为1000，所以，就可以计算出 m 值。

在喷雾时，为了使喷雾药液浓度的误差不至过大，新机具第一次使用和长期未用的旧机重新使用时，都必须进行试喷，计算工作时液泵的压力。

(6) 田间使用操作。注意使用中液泵不可脱水运转，以免损坏胶碗。在启动和转移机具时尤需注意。

在果园使用时可将吸水滤网底部的插杆卸掉，将吸水滤网放在药桶里。如启动后不吸水，应立即停车检查原因。

吸水滤网在田间吸水时，如滤网外周吸附了水草后要及时清除。

机具转移工作地点路途不长时（时间不超过 15min）可按下述操作停车转移：①低发动机转速，怠速运转；②把调压阀的调压手柄往顺时针方向扳足（卸压），关闭截止阀，然后才能将吸水滤网从水中取出，这样可保持部分液体在泵体内部循环，胶碗仍能得到液体润滑；③转移完毕后立即将吸水滤网放入水源，然后旋开截止阀，并迅速将调压手柄往逆时针方向扳足至升压位置，将发动机转速调至正常工作状态。恢复田间喷药状态。

六、风送式喷雾机

风送式喷雾机是一种兼有液泵和风机的喷雾机，以液体的压力使药液雾化成雾滴，再以风机的气流输送雾滴。是与拖拉机配套的大型机具，风机产生气流使雾滴进一步雾化的同时吹动叶子而使雾滴渗透至树冠内部，它还能将雾滴吹送到高树的顶部，叶片正反面均能很好地着药。但它要求果树栽培技术与之配合，例如株行距及田间作业道的规划、树高的控制、树型的修剪与改造等。目前在发达国家已普遍采用。我国自 20 世纪 80 年代以来也研制了数种，在全国不同地区得到了较好的推广。

手动喷雾机械与担架式喷雾机采用的施药方式均为大容量淋洗式，使得雾滴在冠层中的沉积不均匀，沉积到果树上的药液量不到 20%，其余的大量农药流失到土壤和周围的环境中使环境受到污染；而且工作效率低，不能适期防治；同时耗费工时多，操作人员的劳动强度大，条件差。

早在 20 世纪 40 年代，西方工业发达的国家就已使用果园风送式喷雾机来代替高压喷枪喷施。有数据显示风送式喷雾机的沉积率可达 50%～70%，同时机具以稳定的作业速度喷施。全部作业机械化，排除了人为因素造成的喷药不均匀影响，大大减轻了劳动强度和对工人的伤害。

风送喷雾机高效，可使防治及时，病虫害如若要得到良好控制，喷雾机必须在 3d 或更短的时间覆盖全部果园，有些病虫害最好在 24h 内就能及时控制。一个大型的风送式喷雾机可以代替 2～3 部喷枪喷雾机，降低了所需拖拉机数量和工人数量，为及时防治创造了条件。

欧美国家，风送式喷雾机用于果园已有四五十年的历史，认为风送式喷雾机的使用是果园喷药的一次“革命”，风送喷雾机可节省农药 20%，节省劳力 70%，节省时间 30%～50%。因此，他们在喷雾机具的选型、机械化果园管理以及风送式喷雾机的使用已具有比较成熟的经验。

1. 种类

（1）根据果园喷雾机与拖拉机的配套方式主要可以分为悬挂式、牵引式、自走式。

① 悬挂式，喷雾机一般与拖拉机三点挂接成一体，特点是重量轻，机组机动灵活，可在小田块作业，但是药箱容量少，作业过程中加药时间多。

② 牵引式，喷雾机依靠拖拉机牵引作业，特点是药箱容量大，可以长时间作业，作业效率高，但是机身总体长度大，转弯半径大。

③ 自走式，喷雾机拥有自己的动力系统、行走系统等相关部件，不需要与拖拉机配套，自动化程度高，价格较高。

（2）根据应用在果园风送喷雾机上的风送系统可以分为：轴流风机风送、离心风机风送、横流风机风送。

（3）根据实际使用需要可以分为传统果园喷雾机、导流式果园风送喷雾机、射流喷气果园风送喷雾机、骑跨式作业的果园风送喷雾机、循环果园风送喷雾机。

① 传统果园喷雾机　国外发达国家自 20 世纪 40 年代后期开始，采用轴流风机风送喷雾的果园风送喷雾机被广泛使用，目前仍然是果园植保作业的主力军。这种风送喷雾机雾化装置沿轴流风机出风口呈圆形排列，可以产生半径 3.1～5m 的放射状喷雾范围，

喷雾宽度可达4m以上，一般由拖拉机牵引或悬挂作业，在风送条件下将细小的药液雾滴吹至靶标，使施药液量大量减少。欧美国家称这种喷雾机为传统果园喷雾机。

② 导流式果园风送喷雾机　进入20世纪70年代，矮化果木种植面积迅速扩大，果树采用篱架式种植，原来普遍高达4m的果树冠层降低到2.5m以下，冠径也大大减小。传统果园风送喷雾机在这种果园作业时，喷雾高度高于冠层高度，气流夹带大量雾滴越过冠层，造成大量的农药飘失，因此传统果园喷雾机已经不再适合现代果园植保作业。为减少飘失，一种比较经济可行的方法就是对传统果园风送喷雾机进行改进，主要的改进方法是在风机出风口增加导流装置。将传统果园风送喷雾机气流沿风机出风口放射状吹出变为经过导流装置后水平吹出，之前沿出风口呈圆形排列的喷头也改变为沿导流装置的出风口竖直排列，水平喷雾，此类喷雾机称为导流式果园风送喷雾机。导流式果园风送喷雾机在传统果园风送喷雾机的基础上改进而成，所增加的成本不高，又能够适合现代矮化果树种植模式，因此发展很快，是目前矮化果园病虫害防治的主要机具之一。

③ 射流喷气果园风送喷雾机　在对传统果园喷雾机改进的同时，许多应用不同风送方式以实现定向风送的新型喷雾机也陆续出现。随着环保要求的不断提高，需要喷雾机能够进一步减少农药损失，在这种要求下，一种采用多风管定向风送的喷雾机被开发出来。此类喷雾机采用离心风机作为风源，产生的气流通过多个蛇形管导出，每个蛇形风管对应一个或多个雾化装置，可以根据冠层形状和密度调整蛇形管出口位置，实现定向仿形喷雾，这种喷雾机被称为射流喷气果园风送喷雾机。同传统果园风送喷雾机对比，射流喷气果园风送喷雾机能够增加雾滴在冠层内部的药液沉积量，提高农药沉积分布均匀性，减少农药损失，降低农药对空气、土壤等的污染。此类喷雾机还能够根据冠层结构改变出风口布置，实现仿形喷雾，以达到最优化喷雾效果，适应面积广。

由于横流风机结构尺寸小、风量大的特点，横流风机也被应用于果园风送喷雾机。使用横流风机通常采用液压马达驱动风机，相对于轴流风机和离心风机，机械结构简单，可以根据冠层结构灵活设置横流风机的数量、位置与出风口方向，可以实现与射流喷气果园风送喷雾机相类似的效果。由于风机采用液压马达驱动，因此需要与配备双作用液压系统的拖拉机配套，并且液压系统的压力与排量需要满足喷雾机的要求。

④ 骑跨式作业的果园风送喷雾机　果园喷雾机常规作业方法是喷雾机在行间行驶，针对左右两行果树的单侧喷雾，即一个单行果树通过两次喷雾作业完成。当喷雾机单侧作业时，强大的气流携带雾滴穿透冠层，使得部分农药雾滴脱离靶标区，造成农药浪费和污染。为了改善冠层中气体流场状态，提高气流紊流强度，从而改善农药雾滴在冠层中的沉积状态，减少农药损失，一些果园风送喷雾机作业时喷雾装置骑跨在冠层上，同时对一行果树进行双侧作业，即一次完成一行果树的农药喷洒作业。骑跨式作业的果园风送喷雾机多采用离心风机配套多风管风送系统、轴流风机风送喷雾装置，部分机型采用多个小型轴流风机进行风送。骑跨式果园风送喷雾机的风送喷雾装置多能够根据果树冠层结构进行调节，实现仿形喷雾。骑跨式作业的果园风送喷雾机适用于矮化种植的果园，对果树冠层尺寸要求较高，作业过程中要求喷雾装置对行准确，对操作人员技术要求较高。

⑤ 循环果园风送喷雾机　不论是单侧作业还是双侧作业，在强大的气流作用下仍然有大量的雾滴被吹离冠层而不能沉积到靶标上，所以如果能够将这部分未沉积到靶标上的药被收集再利用，会进一步减少药液损失，循环喷雾机实现了这一想法。循环喷雾机喷雾装置采用骑跨式作业，喷雾机上安装雾滴拦截收集装置，能够拦截逃逸出靶标区的农药雾滴，并循环再利用，是目前防飘性能最好的果园喷雾机之一。研究证明循环喷雾机能够回收药液 20%～30%，平均节约 30%～35%，进入 20 世纪 90 年代，循环喷雾机发展迅速，在果园植保作业中被越来越多地使用。

2. 组成

(1) 药箱　药箱需要耐腐蚀、便于灌装农药、便于快速清洗，搅拌器需要能够保证农药尤其是可湿性粉剂的有效成分在药液中分布均匀。桨形机械式搅拌器和射流液力式搅拌器较为普遍。当喷头停止喷雾时，也要持续进行搅拌，否则沉淀的物质会对泵造成损害，并降低药效。

（2）液泵 常用液泵有隔膜泵、柱塞泵等。隔膜泵有耐腐蚀、工作稳定、便于维护等优点，应用比较普遍。

（3）调压阀 调压阀主要依靠调节从液泵输出的药液回到药箱中的回水量来达到调节管路中的药液压力。管路中的药液压力在某些时刻也通过改变液泵转速来调节，但是在作业过程中应该尽量确保液泵转速一致。

（4）管路控制部件 管路控制部件主要控制药液流通的关闭和开启，可以手动控制，部分控制部件可以电动控制，一般安装在便于操作人员控制的部位。

（5）分配阀 分配阀用于向喷头中分配药液，便于调整喷头的安装位置，以达到最优的喷雾效果。

（6）喷头 包括喷头体、喷头帽、过滤器、喷头等部件。应用于果园喷雾机的喷头类型有空心圆锥雾喷头、实心圆锥雾喷头、扇形雾喷头、射流防飘喷头等。在使用过程中，喷头易被磨损和腐蚀，因此喷头材质多选用硬度高的不锈钢、硬质合金、陶瓷材料。喷头流量需要经常检查和标定，即使非常细微的磨损也会很大程度上增加喷雾量。

（7）风机 轴流风机和离心风机是在果园风送喷雾机上普遍采用的风机类型。风机产生的气流的主要功能是胁迫细小的雾滴进入冠层内部，增加雾滴在冠层中的穿透性，减少雾滴的飘移和蒸发，提高雾滴的运动速度，改善沉积附着性能。雾滴在气流的协助下可加速飞向目标并且扭转叶片，使得叶片正反两面着药。部分风送喷雾系统还依靠风机产生的强气流进一步雾化雾滴。

3. 风送式喷雾机的质量安全要求

喷雾机正常工作时，雾化性能应良好，各零部件和连接处应密封，不应出现液体泄漏现象。喷雾至不能正常雾化时，药液箱中残留液量应小于药液箱额定容量的1%，但最大残留药量不得大于2L；药液箱底部应设有放液口，放液口应能安全、方便地排尽药液；药液箱内应有搅拌装置。喷雾机应安装压力表（压力计）以显示相应的工作压力，压力表安装位置应合理，应保证操作人员从工作位置能看清压力表读数。对操作者易产生伤害的危险部位应设有防护网罩。控制装置应设置在操作者操作机具时容易触及的范围，并应有清晰的标志或标牌，表明其控制状态。控制装置应操作方便，工作可靠。喷雾机应设置两级或两级以上过滤装置，过滤网不应有缺损，网孔应通畅。

4. 果园风送喷雾机风量的选择与计算

(1) 置换原则 置换原则是目前果园风送喷雾机风量计算中普遍采用的一种方法。其原理为：喷雾机风机吹出的带有雾滴的气流，应能驱除并完全置换风机前方直至果树的空间所包容的全部空气。

如图 1-6 所示，如果喷雾机作业时，其风机转速和行进速度不变，根据置换原则的原理，这时风机的风量应为图中虚线所示三角形立方体的体积，即：

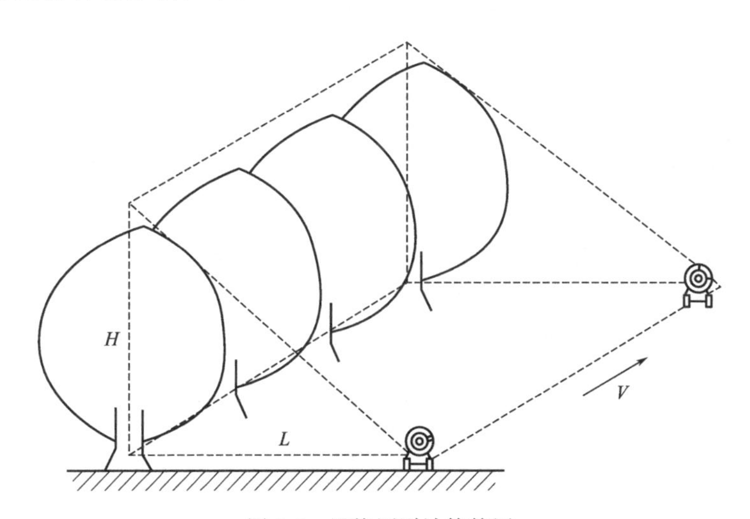

图 1-6 置换原则计算简图

$$Q=\frac{V}{2}HLK$$

式中　Q——风量，m^3/s；

V——喷雾机作业速度，m/s；

H——树高，m；

L——喷雾机离树的距离，m；

K——考虑到气流的衰减和沿途的损失而确定的系数。

据笔者大量试验的结果表明，K 值的取值范围与气温、自然风速、风向等因素有关，一般来说，$K=1.3\sim1.6$。

设计喷雾机时，其风量必须大于上式计算得到的 Q。选购喷雾机时，如喷雾机标牌上标注的风量小于上式计算得到的 Q，则应采取相应的措施来提高风量（提高风机的转速等），从而获得满意的防治效果。如喷雾机的结构不允许提高风机转速，则应选购风量大一号的机具。

（2）末速度原则　果园风送喷雾机的风量不仅应满足“置换原则”，还应该满足“末速度原则”。所谓“末速度原则”，就是喷雾机的气流到达树体时，其速度不能低于某一数值。因为在作业过程中，气流不仅要携带雾滴，还要翻动枝叶，驱除和置换树体中原有的空气，这些功能的实现，都要求气流具有一定的动能，也就是说，气流到达树体表面时要有一定的速度，否则气流进不了树体，只能绕树而过。

因此，在计算风机风量时，还要计算气流到达树体时的末速度 V_2，如图 1-7 所示。

假设喷雾机在单位时间里行走距离为 F，风机出口风速为 V_1，则风机吹出的，经过 $ACBD$ 截面的风量应等于其经过 $acbd$ 截面的风量再乘上一个系数 K。即：

$$Q=H_2FV_2=H_1FV_1K$$

$$V_2=\frac{H_1V_1K}{H_2}$$

式中　Q——风量，m^3/s；

V_2——气流到达树体的末速度，m/s；

V_1——风机出口速度，m/s；

H_1——风机出口垂直高度，m；

H_2——树高，m；

K——考虑到风量的沿程损失而设定的系数。

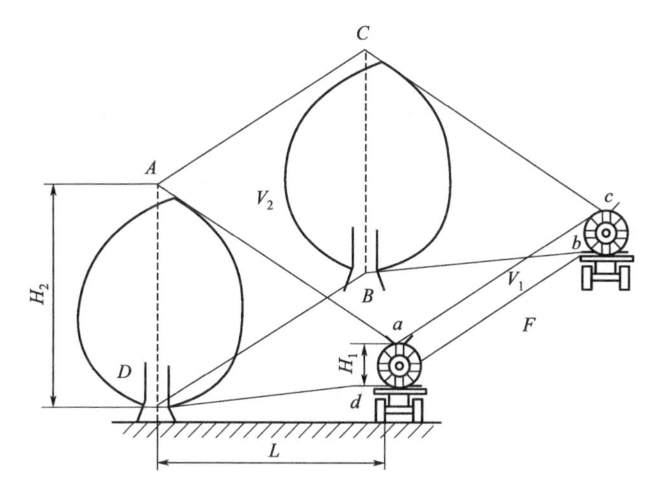

图 1-7　末速度原则计算简图

K 值的取值范围与气象条件、作物品种、枝叶的茂密程度等因素有关，一般来说 $K=1.3\sim1.8$。

根据试验结果证明，末速度的取值范围不仅取决于靶标树体的大小，还取决于靶标的品种。比较梨树与苹果树，梨树叶柄软于苹果叶柄，在气流的作用下易于翻转，从而有利于带雾滴的气流进入树体，也有利于叶背的雾滴沉降，所以梨树的 V_2 小于苹果树的。葡萄是行栽作物，其树体虽小，但其叶片较大，欲翻动葡萄的叶片气流需较大的动能，因此葡萄的 V_2 大于梨树的。

5. 风送式喷雾机的安全使用要求

(1) 使用前配套动力发电机的检查与准备　①使用前务必仔细阅读发电机的使用说明书，特别注意各部分的安全操作要求；②按照配套的发电机的使用说明书，做好使用前的检查工作，确认发电机处于正常工作状态；③检查机油和燃油情况，并及时进行补充或更换。

(2) 使用前药液泵的检查与准备　①检查各管道连接是否可

靠、密封；②压力调节机构是否灵活可靠；③带松紧程度是否合适；④压力是否合适；⑤药液泵的喷雾出口阀门，应使其处于常开状态，维修药液管路时关闭。

（3）使用前风筒及转向、摆动机构的检查与准备 ①检查风筒各部分连接状态，确保连接正常；②检查风机叶轮状态，确保工作正常；③检查转向，根据喷射方向调整好风机角度；④对摆动机构的状态、润滑情况、灵活性等进行检查，同时根据树木的高低调整摆幅和风筒角度。

（4）使用前药箱及进出药液部分的检查 ①检查药箱是否有残液、加液和出液部分畅通情况，以及各管道连接是否紧固、密封，并及时进行清理冲洗；②箱内加入适量洁净的清水，由于喷头喷孔小，应加强过滤，本机加药孔有过滤装置，要及时检查，确保能够正常使用；③操作人员必须经过培训后方可操作风送式喷雾机，而且应穿戴好防护用品，以防药液中毒。在处理农药时，应当遵守农药生产厂所提供的安全指示；④操作者严禁直接与药液接触，一旦溅上药液即刻用清水冲洗；⑤由于喷出的药雾很轻，易受风力影响，在进行喷雾操作时，操作人员应在上风头行走，以尽可能减少含药雾粒对人体的侵害。

（5）使用前喷嘴的更换 ①若需更换喷嘴时，先取下原喷嘴，再安装合适喷雾的喷嘴，更换时要确保喷嘴连接可靠、密封良好；②更换喷嘴后，应调节药泵的压力，使其工作在额定工作压力下。

（6）使用过程中的检查准备 ①发电机在运行中不要松开或重新调整限位螺栓和燃油量控制器螺栓，否则会直接影响力学性能；②连接发电机的外部设备在运行中出现运行异常情况时，应立即关闭发电机，查找并排除故障；③若出现电流过载，导致电源开关跳闸，应减小电路的负载，并等几分钟后再重新启动；④直流输出端只用于对蓄电池进行充电；⑤蓄电池的正负极性一定要连接正确，否则会损坏电池；⑥直流及交流输出的总功率不能大于机组额定功率；⑦禁止使用不符合要求的工作液，输出的电流不超过发电机的额定输出电流；⑧停机时应关闭发电机的主开关，加农药、工作时应注意穿戴好防护用品。

6. 风送式喷雾机的强制性认证产品的技术要求

（1）铭牌，目测样机铭牌，合格的产品应牢固固定在机具的明显位置，其内容应包括：型号、主要技术参数（至少包括工作压力、容量）、制造厂或供应商名称、生产日期和编号。

（2）加液过滤装置，合格的产品加液口应设有过滤网。

（3）安全防护罩，合格的产品外露旋转部件、传动装置、高温部件及其他存在危险的部件，应根据操作者接近的情况，设有适当强度的防护罩，尺寸及安全距离应符合 GB 10395.1 第 7 条要求。因结构原因无法保证安全距离时，应设置警告标志。

（4）药箱盖连接牢固性及药箱液面位置，合格的产品药箱盖不得出现松动或开启现象，加液时，操作者应能从药箱外部看到液面位置。

（5）整机密封性试验，将样机安装成使用状态，向药箱内加入清水，按使用说明书规定操作样机到额定工况工作 3min 以上，检查各零件及连接处是否密封可靠，合格的产品 各零件及连接处应连接可靠，不得出现药液和其他液体渗漏现象。

（6）药箱内药液排放性，合格的产品药液箱应能在不使用工具和不伤害操作者的情况下方便、安全地排空。

（7）喷射部件及承压管路耐压性能试验，将喷射部件的喷头用无孔的圆片堵塞，并将喷雾软管与耐压试验台相连，启动试验台，在 1.5 倍额定工作压力上限的试验压力下保持 1min，合格的产品不得出现破裂、渗漏现象。

（8）储压容器耐压性能试验，将储压容器连接到压力试验合上，缓慢调节压力到规定的试验压力［具有限压安全装置或内置的喷雾机，空气室的试验压力为最高工作压力的 2 倍；不具有限压安全装置的喷雾机，空气室的试验压力为最高工作压力的 3 倍（GB 10395.6 第 4.4.4 条）］，稳压 1min，检查是否有破裂、渗漏，合格的产品不得有破裂、渗漏现象。

（9）承压软管标志，应标明制造厂和最高允许工作压力。

（10）控制装置，操作者操作时容易够及，在控制装置上或附近位置应有清晰的标志或标牌，其内容应反映出控制装置的基本特征。

（11）安全标志，在容易给操作者造成危险的部位应有安全警告标志，在机具的明显位置有警示操作者使用安全防护用具的安全标志，标志样式及内容应符合 GB 10396 规定，标志粘贴应牢固。

（12）压力表，应刻度清晰、反应灵敏、安装位置合理。

（13）安全装置的限定压力试验，按说明书及整机密封性试验要求，并配用最大流量的喷头，将样机安装、调整到整机密封性试验状态，在额定转速及工作压力下，关闭截止阀或喷射部件。

（14）使用说明书的审查，使用说明书应符合 GB/T 9480 的编写规定，其内容至少应包括：①启动和停机步骤；②减压方法（特别是手动操作的喷雾机）；③维护和清洗要求；④安全标志的说明；⑤有关安全使用规则的要求；⑥禁止使用特殊的工作液；⑦农药生产厂所提供的安全指示；⑧使用不同喷头时，喷雾机的调整方法说明；⑨制造厂或供应商名称、地址、电话。

7. 果园喷雾机操作规范

（1）施药的气象条件

① 喷洒作业时风速应低于 3.5m/s（3 级风），避免飘移污染。

② 应避免在降雨时进行喷洒作业，以保证良好防效。

（2）机具准备与调试

① 将牵引式果园喷雾机的挂钩挂在拖拉机牵引板上，插好销轴并穿上开口销，然后安装万向传动轴。悬挂式果园喷雾机还要调整拖拉机上的拉杆，使其处于平衡状态，紧固两侧链环，以防工作时喷雾机左右摆动。

② 检查液泵和变速箱内的润滑油是否到油位；各黄油嘴处加注黄油；拖拉机、喷雾机轮胎充气；隔膜泵气室充气。

③ 药箱中装入 1/3 容量清水，在正常工作状态下喷雾。检查各部件工作是否正常，各连接部位有无漏液、漏油等现象。尤其要检查药液雾化性能、风机运转性能、搅拌器搅拌性能、管路控制系统等是否正常。还要检查易老化的橡胶密封件和塑料件是否需要更换。

④ 喷头配置。根据果树生长情况和施药液量要求，选择喷头类型和型号。对于传统果园风送喷雾机需将树高方向均分成上、

中、下3部分，喷量的分布大体应是：1/5、3/5、1/5。如果树较高，喷雾机上方可安装窄喷雾角喷头以提高射程。对于其他机型的果园风机需要根据喷雾系统与果树冠层结构配置喷头。

⑤ 喷量调整。根据喷量要求选择不同孔径、不同数量喷头。

⑥ 泵压调整。顺时针转动泵调压阀，使压力增大，反之压力减小，制在1.0～1.5MPa。

⑦ 喷幅调整。根据果树不同株高，利用系在风机上的绸布条观察风机的气流吹向，调整风机出风口处上、下挡风板的角度，使喷出雾流正好包容整棵果树。

⑧ 风量风速调整。当用于矮化果树和苹果园喷雾时，仅需小风量低风速作业，此时降低发动机转速（适当减小油门）即可。

（3）作业参数的计算

① 喷雾机组行走速度计算　喷雾机组行走速度除与施药液量有关外，还要受风机风量的影响，风机气流必须能置换靶标体积内的全部空气。机组行走速度可由以下公式计算：

$$V=\frac{Q\times 10^3}{Bh}$$

式中　V——拖拉机行走速度，km/h；

Q——风机风量，m^3/h；

B——行距；

h——树高，m。

V值一般在1.8～3.6km/h（0.5～1m/s），如计算的速度超此范围，可通过调整喷量（改变喷头数、喷孔大小等）来调节。

② 作业路线的确定　作业时操作者应尽可能位于上风口，避免处于药液雾化区域。一般应从下风处向上风处行进作业。同时，机具应略偏向上风侧行进。

8. 施药中的技术规范

① 果园风送喷雾机作业属低容量喷雾，在减少施液量同时应保证施药量满足防治要求，所用农药配比浓度应比常量喷雾提高2～8倍。推荐施药量：果树枝叶茂盛时，每米树高为600～800L/hm^2。可根据季节、枝叶数量、防病或防虫、内吸药剂或保护药剂

适当调节，保证树冠各部位枝叶、果实都能均匀接受到药雾，也无药液流失。

② 将风机离合器处于分离状态，液泵调压阀处于卸荷状态，启动机具，往药箱中加水至一半时，液泵调压阀处于加压状态，打开搅拌管路。随即往药箱中加农药。满箱后，继续运转 10min，让药液充分搅拌均匀。

③ 机组到地头后，选择好行走路线，结合风机离合器，打开截止阀进行喷雾。

④ 每次开机或停机前，应将调压手柄放在卸压位置。

9. 施药后的技术规范

① 每次作业完后，应将残液倒出，并向药箱中加入 1/5 容量的清水，以工作状态喷液，清洗输液管路剩余药液，检查各连接处是否有漏液、漏油，并及时排除。清洗后应将清洗水排尽，并将机具擦干。

② 泵的保养按使用说明书要求进行。

③ 当防治季节过后，机具长期存放时，应彻底清洗机具并严格清除泵内及管道内积水，防止冬季冻坏机件。

④ 拆下喷头清洗干净并用专用工具保存好，同时将喷头底座孔封好，以防杂物、小虫进入。

⑤ 牵引式果园风送喷雾机应将轮胎充足气，并用垫木将轮子架空。

⑥ 应将机具放在干燥通风的机库内，避免露天存放或与农药、酸、碱等腐蚀性物质放在一起。

七、烟雾机

烟雾施药技术是指把农药分散成为烟雾状态的各种施药技术的总称。烟和雾的区别在于，烟是由固态微粒在空气中的分散状态，而雾则是微小的液滴在空气中的分散状态。烟和雾的共同特征是粒度细，常在 0.01～25μm 的超细粒径范围内，在空气扰动或有风的情况下，能在空间弥漫、扩散，能够比较持久地呈悬浮状态。因此，烟雾技术非常适合在封闭空间使用，如粮库、温室大棚，也可以在相对封闭的果园、森林等场合使用。

热雾机和冷雾机都属于利用高速气流对药液进行超细雾化的喷雾机械。这两种机具所产生的药雾中均不含固态颗粒，因此，国际上统称为热雾机和冷雾机。可以同时产生固态微粒和液态雾滴的复合分散体系才称为烟雾。但是由于这两种机具所产生的药雾已属于超细雾滴，其在空气中的行为与生活中常见的烟和雾相似，因此在我国往往被称为常温烟雾或冷烟雾和热烟雾，相应所采用的专用机具称为常温烟雾机或冷烟雾机和热烟雾机。

热雾机和冷雾机的主要区别在于，热雾机必须选用高沸点的安全矿物油作为农药的溶剂，因为这种机具的燃烧室所产生的废气在燃烧室的温度高达1200～1400℃，通过冷却管以后的温度仍高达100～500℃，在排出喷口以后才迅速降低至环境温度。而冷雾机则选用水作为农药载体或介质，其雾滴细度一般可达20μm左右，太细的水雾滴则会迅速蒸发散失。这两种机具都必须采用很强的动力，或利用燃烧废气所产生的强大动力，或利用高功率电动机和风机所产生的强大气流，才能产生超细雾滴。

1. 常温烟雾机

常温烟雾技术是20世纪80年代开始在国际上发展起来的。该技术利用高速、高压气流或超声波原理在常温下将药液破碎成超细雾滴（或超微粒子），直径一般在5～25μm，这些雾滴在设施内充分扩散，长时间悬浮，对病虫进行触杀、熏蒸，同时对棚室内设施进行全面消毒灭菌。常温烟雾技术不但用于农业保护地作物病虫害防治，进行封闭性喷洒，还可用于室内卫生杀虫、仓储灭虫、畜舍消毒以及高温季节室内增湿降温、喷洒清新剂等。温室、大棚中使用常温烟雾机施药与使用其他常规植保机械相比，具有高效、安全、经济、快捷和方便的特点。

（1）工作原理 常温烟雾机的工作原理是，当空气压缩机产生的压缩空气进入空气室，空气室内的压缩空气经进气管输送到喷头，在喷头中的压缩空气，首先进入涡流室，由于切向进入，而产生高速涡流，高速涡流一边旋转一边前进到达喷口，在排液孔的前端产生负压，药液经吸液管吸入喷头体内并与高速旋转的气流混合，初步形成雾化。这种初步雾化的气液混合物，以接近声速的速度喷出。这时由电机带动轴流风机产生轴向风力，将从喷头喷出的雾滴送向靶标。

（2）优点

① 农药利用率高，防治效果好。常温烟雾法在室温条件下利用压缩空气将药液雾化，进而沿风机送风方向吹送，沿直线方向扰动扩散，直至充满整个棚室空间。药液细小雾滴将长时间处于均匀分布、悬浮状态，经消化系统、呼吸系统、表皮毒杀害虫及病菌，防治效果好。具备臭氧发生器的烟雾机，产生臭氧对棚室、空气和土壤等进行消毒、杀虫、灭菌处理，可控制病虫源头。

② 省水、省药，不增加空气湿度，施药不受天气限制。常温烟雾法的施药液量为 2～5L/667m^2，比常规喷雾法省水 90%以上，这在北方干旱地区尤为重要。并且据国外资料介绍常温烟雾施药法，其农药使用量也比常规喷雾法节省 10%～20%。由于减少了施药液量，不增加温室内湿度，避免了因过湿而诱发病虫害发生的不利因素。阴雨天也可以实施烟雾施药，便于及时控制病虫害。

③ 药剂适应性强。常温烟雾法在室温状态下使药液雾化，农药的使用形态为液态，不损失农药有效成分。常温烟雾法对农药的剂型没有特殊的要求，水剂、油剂、乳油及可湿性粉剂等均可使用。

④ 省工，省时，对施药者无污染。施药时操作人员不需进入温室内作业，既显著降低劳动强度，又避免作业中的中毒事故。有的烟雾机还具备电动行走功能，操控与搬运方便。

（3）分类 常温烟雾机按其控制喷雾的方式不同，可分为人工和自动控制式常温喷雾机两种。自动控制式常温烟雾机又可分为电动机驱动式和汽油机-发电机组式两种。按其原理不同，可分为内混式常温烟雾机和外混式常温烟雾机。在引进吸收国外样机及其技术的基础上，我国先后研制开发的机型主要有 3YC-50 型常温烟雾机、BT2008-Ⅰ型自控臭氧消毒常温烟雾施药机等。

（4）使用技术

① 施药前的准备 防治作业以傍晚、日落前为宜，气温超过 30℃或大风时应避免作业。检查棚室有无破损和漏气缝隙，防止烟

雾飘移进出。使用清水试喷，同时检查各连接、密封处有无松脱、渗漏现象。按说明书要求检查调整工作压力和喷量，喷量一般为50～70mL/min。计算每个棚室的喷洒时间。

② 施药中的技术规范　空气压缩机组放置在棚室外平稳、干燥处，喷雾系统及支架置于棚室内中线处，根据作物高度，调节喷口离地1m左右，仰角2°～3°。喷出的雾不可直接喷到作物或棚顶、棚壁上，在喷雾方向1～5m距离作物上应盖上塑料布，防止粗大雾洒落下时造成污染和药害。启动空气压缩机，压缩气流搅拌药液箱内药液2～3min再开始喷雾。喷雾时操作者无需进入棚室。应在室外监视机具的运转情况，发现故障应立即停机排除。严格控制喷洒时间，到时停机。先关空压机，5min后再关风机，最后停机。穿戴防护衣、口罩进棚内取出喷洒部件。关闭棚室门，密闭3～6h才可开棚。

③ 施药后的技术处理　作业完将机具从棚内取出后，先将吸液管拔离药箱，置于清水瓶内，用清水喷雾5min，以冲洗喷头、喷道。然后用拇指压住喷头孔，使高压气流反冲芯孔和吸液管。吹净水液。用专用容器收集残液，然后清洗机具。按说明书要求，定期检查空压机油位是否够，清洗空气滤清器海绵等。应将机具存放在干燥通风的机库内，避免露天存放或与农药、酸、碱等腐蚀性物质放在一起。

2. 热烟雾机

热烟雾机利用汽油在燃烧室内燃烧产生的高温气体的动能和热能，使药液在瞬间雾化成均匀、细小的烟雾微粒，这些烟雾微粒能在空间弥漫、扩散，呈悬浮状态，在密闭空间内杀灭飞虫和消毒处理特别有效。它具有施药液量少、防效好、不用水等优点。

在林业上主要用于森林、橡胶林、人工防护林的病虫害防治。在农业上适用于果园及棚室内的病虫害防治。机型：6HY18/20烟雾机、隆瑞牌Ts-35A型烟雾机、林达弯管式HTM-30型烟雾机等。

(1) 结构组成　热烟雾机由脉冲喷气发动机和供药系统组成。脉冲喷气发动机由燃烧室、喷管、冷却装置、供油系统、点火系统及启动系统等组成。供药系统由增压单向阀、开关、药管、药箱、喷雾嘴及接头等构成。

（2）使用前准备

① 机具的准备。热烟雾机的强制性认证产品的技术要求如下。

a. 铭牌，目测样机铭牌，合格的产品应牢固固定在机具的明显位置，其内容应包括：型号、主要技术参数（至少包括工作压力、容量）、制造厂或供应商名称、生产日期和编号。

b. 整机密封性试验，将样机安装成使用状态，向药箱内加入清水，按使用说明书规定操作样机到额定工况工作 3min 以上，检查各零件及连接处是否密封可靠，合格的产品各零件及连接处应连接可靠，不得出现药液和其他液体渗漏现象。

c. 烟化效果，将样机安装成使用状态，向药箱内加入 0 号柴油。按使用说明书规定操作，在额定工况下工作 3min，目测喷口是否滴液和喷火。

d. 手把温度，在距手把外表面 10mm 处测量，测量点应距发热部位最近。测试时环境温度为 10～25℃，风速不大于 3m/s。合格产品手把温度应小于 45℃。

e. 药液箱总成密封性，向药液箱总成内充入 0.03MPa 压力的压缩空气，将其浸入水中或在药箱盖和气、液进出口接头处涂上肥皂水，观察是否有漏气现象，合格产品不能出现漏气现象。

f. 加液口和加油口过滤装置，合格的产品加液口和加油口应设有过滤网。

g. 背带强度，将背带的一端悬挂在支架上，在背带的下端反复加、卸载荷 10 次，在背带实际承受的 2 倍载荷下不断裂，不损坏。

h. 安全防护罩，冷却管的高温部分（后部）应装有防护罩，并牢固可靠。

i. 控制装置位置及标志，控制装置应设置在容易够及范围内，且操作方便，在控制装置上或附近位置应有清晰的标志或标牌，其内容应反映出控制装置的基本特征。

j. 安全标志，在容易给操作者造成危险的部位应有安全警告标志，在机具的明显位置有警示操作者使用安全防护用具的安全标志，标志样式及内容应符合 GB 10396 规定，标志粘贴应牢固。

k. 电源接线与开关电源，电源线应为三芯或四芯电缆线，电源线的截面积和配用插头应满足机具额定电流的要求。

② 对操作者的要求。操作者应认真阅读烟雾机的使用说明书，熟悉其性能和操作方法；操作者必须经培训，具备操作技能后方可上岗；不准未成年人、老年人、残疾人、体弱的人、酒后或服用兴奋剂、麻醉剂后的人进行操作；操作者在现场作业时，必须穿具有长袖的防护服和佩戴防护口罩。

③ 启动前准备。在使用前仔细阅读使用说明书，严格按使用说明书要求；启动热烟雾机前一定要关好药剂开关，启动时将热烟雾机水平放在平整、干燥的地方，附近不得有易燃、易爆物品。操作，检查、紧固管路、电路和喷嘴等连接部分。装入有效电池组，注意正负极。加入合格干净汽油，拧紧油箱盖。关闭药液开关，将搅拌均匀并经过滤的药液加入药箱，旋紧药箱盖。装药液不宜太满，应留出约 1L 的充压空间。

④ 宜于热烟雾机作业的气象条件：风力小于 3 级时阴天的白天、夜晚，或晴天的傍晚至次日日出前后。当在晴天的白天，或风力 3 级及以上，或者下雨天均不宜喷烟作业，容易造成飘移危害和防治效果显著降低。

（3）使用技术

① 启动前准备　启动前检查管路、电路连接的正确性，检查火花塞、药喷嘴及各部件的连接，各紧固件不得松动。打开电池盒，按标明的极性装入电池，电池必须有足够的容量。接通电源开关，观察火花塞放电状况。火花塞电极的正常间隙为 1.5～2mm。火花塞的放电电弧以深蓝色为佳。检查进气阀挡板螺母是否旋紧及进气膜片的状况。进气膜片应完好、平整，不得有折皱、断裂、缺损，应全部盖住进气孔。挡板应安装正确，以构成规定的进气间隙。将纯净的车用汽油加入油箱。盛汽油的容器要干净密闭，严防杂物及水混入。将药剂加入药箱，旋紧药箱盖。

② 启动　将热烟雾机置于平整、干燥的地方。距喷口 5m 范

围内不得有易燃、易爆物品。打开点火开关，点火系统点火。用打气筒（电启动可用气泵）打气，使汽油充满喷油嘴入口油管中。至发动机发出连续爆炸的声音，即可停止打气，再细调油针手轮至发动机发出清脆、频率均匀稳定的声音，即可开始喷烟作业。若不能启动，首先应检查火花塞是否点火（听火花塞是否有均匀和一定频率的打火声），燃油是否进入化油器喉管内，启动的空气气流是否进入化油器喉管。进入化油器中的燃油过多，也不易启动，此时需将油门关闭，用气筒打气把油吹干，至听见爆炸声，再重复上述启动程序。注意关闭油门时不得过分用劲，否则会破坏喷油嘴量孔，油嘴量孔过大也会使启动困难。天气温度过低也不易启动（一般在5℃以下），可在温室内启动室外进行工作。

③ 喷烟作业　将启动的机器背起，一手握住提柄，一手全部打开药液开关（不要半开），数秒钟后即可喷烟雾。在环境温度超过30℃时作业，喷完一箱药液后要停止5min，让机器充分冷却后再继续工作。若中途发生熄火或其他异常情况，应立即关闭药液开关，然后停机处理，以免出现喷火现象。

④ 停机　喷烟雾作业结束、加药加油或中途停机时，必须先关闭药液开关，后关油门开关，按下油针按钮，发动机即可停机。

⑤ 保养　使用一段时间或长时间不用时，用汽油清洗化油器内油污，倒净油箱、药箱剩余物，用菜油清洗油箱和输药管道，并擦去机器表面油污和灰尘，然后取出电池，加塑料薄膜罩或放入包装箱内，置清洁干燥处存放。

（4）注意事项

① 在作业过程中，发生熄火或其他异常情况，应立即关闭药剂开关，然后停机处理。

② 在密闭式空间喷热雾，喷量不要过大（每立方米不得超过3mL），不能有明火，不要开动室内电源开关，防止引起着火。

③ 作业中途需加油、加药，应关机后进行，按先关输药开关后关油门开关顺序进行，绝不能顺序颠倒，停机10min以上再加油，绝对禁止操作者背负着烟雾机加注汽油和药液。应在避开火源的安全地点加注汽油和药液易爆物品；应使用专用的容器或漏斗加

注汽油或药液；加注汽油和加药液完毕后应立即将烟雾机表面擦拭干净。

④ 作业过程中，手或衣服不要触及燃烧室及冷却管，以免烧伤或烧坏。工作时不能让喷口离目标太近，以免损伤目标，更不可让喷口及燃烧室外部冷却管接近易燃物，防止引发火灾。启动时，应在距喷口半径5m范围内无枝叶等易燃物的平整空地上进行。操作者应位于喷口的上风位置处进行操作，且行走时不应顺着风向。工作时喷管倾斜度不应超过正常工作位置的±20°。烟雾作用范围内不应有其他人员。烟雾机喷口不准直接对人、植物或易燃品。喷口距目标物的距离至少在3m以上。密闭空间内施药时，烟雾浓度不应超过0.2mL/m^2。

⑤ 每次施药完毕后，必须先关药液开关，再关发动机油门，工作中突然熄火应立即关闭药液开关，以免出现喷火。

八、树干注射机

树干注射施药将植物所需杀虫剂、杀菌剂、杀螨剂、微肥和植物生长调节剂等强行注入树体，使植物满足对某些微量元素的需求，以达到促进生产、增加产量、提高品质、治虫防病、调控生长的目的。它不受降雨、干旱等环境条件和树木高度、危害部位等的限制，施药剂量精确，药液利用率高，不污染环境。选用合理的注射方法、优良的注药机械、恰当的注射药物、正确的注药时机和注药量，是保证病虫害防治或缺素症矫治等达到预期效果的关键。

通过向树干内注入药剂，可防治病虫害，矫治缺素症，调节植株或果实生长发育，是一种新的化学施药技术。自20世纪70年代以来，树干注射施药得到美日法英德韩瑞士等世界主要发达国家的广泛重视，我国也先后有十多个高等院校、科研单位和众多技术推广、生产单位展开了积极研究和推广应用。其中部分技术，在注射原理、机械结构、工作效率、防治效果、适用性能、维护保养和产品系列化等方面，均取得较大突破。树干注射施药法现已开始普及。

1. 原理

内吸性药物和矿物质进入树体内能随树体内水分运动向上输运；在向上输运途中还有横向输运，即能从根部向顶梢、叶片传输、扩散、存留和发生代谢。不仅如此，有些内吸剂和养分到达叶片后又能随下行液经韧皮部筛管转向根部，或直接从木质部内韧皮部转移、传输、扩散、存留和发生代谢。树干注射施药技术就是利用树木自身的这种物质传输扩散能力，用强制的办法把药液快速送到树木木质部，使之随蒸腾流或同化流迅速、均匀地分布到树体各部位，从而实现防治病虫害、矫治缺素症、调节植株生长发育的目的。

2. 优点

树干注射施药技术是一种植物内部施药技术，与传统的喷雾法等外部施药技术相比，具有以下特点：

不受树木高度和危害部位等限制，使高大树木的上部害虫、根部害虫、具有蜡壳保护的隐蔽性吸汁害虫、钻蛀性害虫、维管束病害等常规施药方法难以有效防治的病虫害防治显得简单可行。

不受环境条件限制，在连续多雨或严重干旱条件下均可实施化学防治。树干注射法免除了喷雾法必须大量用水和只能在特定小气候条件下使用的局限性，使多雨地区或严重缺水地区的林水果树病虫害也能用化学防治进行控制。

不给生态环境造成农药污染，有利于保护非标靶生物和施药者人身安全。据测定，普通喷雾法的药液只有30%左右能喷附到树木枝叶上，而70%则飘到空中，落到地上，不仅造成了空气、土壤、水源的污染，而且对施药者极不安全。注射施药则完全避免了上述不利点，使有较强毒性的化学防治“洁净化”，达到保护自然、保护生态和保护人身安全的要求。

药效期得到一定延长。喷洒在植物枝叶表面的农药的有效期，除按自身固有速度降解外，降雨冲淋、光照分解等环境因素的作用影响很大。将农药注入树体内，不受环境因子的影响，则可使药效期延长一定时间。以常用的氧化乐果、久效磷等为例，喷雾施药的有效期一般为1～2周，改用注射法则可达3周左右。

可以大幅度提高药液利用率，节省防治费用。注射法没有喷施法的无效浪费、淋失和土施法的土壤固定等损失，而将全部药液都送入标靶树体内被全部利用。注射法较常规方法可节省农药80%左右。

可以十分精确地控制进入树体内的药液量，使农药和生长调节剂等的使用能按设定的目标准确防治病虫害、调整树木营养生长和生殖生长，有效地克服了喷施、土施等常规方法受环境因素影响大、效果不稳定、难以普及的难题。

矫治果树缺素症、延迟叶片衰老、提高坐果率效果十分显著。

注射法比环割涂药法等对树体损伤小，工效高，药液传递好，效果好，1～2d即可达到杀虫高峰，有效期可达3周以上。

3. 使用技术

（1）注射液配制 第一，要根据树木和病虫耐药性决定合适浓度。可通过当地的防治试验和农药标签规定用量决定。一般对林木病虫害防治可取15%～20%的有效浓度，对果树可取10%～15%的有效浓度。第二，配制时要用冷开水，不宜用池塘水和井水。第三，树干部病虫害严重地区，在配制药液时应加防霉宝等杀毒剂，以防伤口被病菌感染。第四，药液应做到随配随用，不可长时间放置，以防药效降低。第五，因药液浓度高，在配药操作时应注意安全保护。

（2）注射部位和注药量 树干注射一般可在树木胸高以下任何部位自由注射。但用材树一般应在采伐线以下注射，果树应在第一分枝以下注射。注药孔数根据树木胸径大小，一般胸径小于10cm者一个孔，11～25cm者对面两个孔，26～40cm者等分三个孔，大于40cm者等分四个孔以上。注射孔深也应根据果树的大小和皮层厚薄而定，其最适孔深是针头出药孔位于二三年生新生木质部处；要特别注意不可过浅，以防将药液注入树皮下，达不到施药效果。每孔注药量应根据药液效力、浓度以及树木大小等而定，一般农药可掌握每10cm胸径用100%原药3mL（每厘米胸径稀释液1～3mL）标准，按所配药液浓度和计划注药孔数计算决定每孔注药量。

（3）农药的使用 用于农药注射时，首先应选用合适的农药，一般要求选用内吸性农药。在林木病虫害防治中，可选用药效期长的呋喃丹、涕灭威、久效磷等药；在果树病虫害防治中应选用药效期短、低毒或向花、果输送少的扑虱灵、多菌灵等药，不可使用在果树上禁用的高残留剧毒农药；在防治根部病虫害时应选择双向传导作用强的苯线磷等药。即要根据防治对象和农药传导作用特性综合考虑所用农药品种。此外，剂型选用以水剂最佳，原药次之，乳油必须是国家批准的合格产品，不合格产品往往因有害杂质过高而使注射部位愈合快，甚至发生药害。其次应注意施药适期。根据防治对象，一般食叶害虫在其孵化初期注药，蚜螨等暴发性害虫在其大发生前注药，光肩星天牛、黄斑天牛等分别在其幼虫初龄（1～3龄）期和成虫羽化期注药。此外，果树上必须严格根据所施农药残效期安全间隔施药，至少在距采果期 60d 内不得注药。

（4）肥料的使用 注射微肥时，首先，要根据营养诊断确定所缺微量元素种类，做到对症施药；其次，要根据树木生理特征要求，合理调整注射液 pH，如矫治柑橘缺铁症的铁盐注射液最好呈中性或弱酸性，而矫治桃树缺铁缺锌的注释液 pH4～7 为好；最后，所用注射物必须充分溶解并过滤后使用澄清液。

（5）激素的使用 注射激素时，植物生长调节剂的作用大多具有专一性，即一种生长调节剂只有在良好的栽培管理的基础上，在植物的特定成长阶段对特定的器官起作用。使用中，植物对生长调节剂的剂量反应往往十分敏感，偏小得不到预期效果，偏大时常常会导致不良后果，因此必须着重控制好预期和适当剂量两个关键。如悬铃木注射“除果灵”时间以春季发芽后最好，适龄不结果苹果树注射 PB333 促花的时间在新梢长至 15cm 时效果最佳。

4. 注射方法

（1）高压注射法 用柱塞泵或活塞泵原理，采用专用高压树干注射机，将植物所需杀虫肥和生长调节剂等的药液强行注入树体。

（2）打孔注药法 用钉或小动力打孔机（汽油机、电动机）在树干基部 20cm 以下打 0.5～0.8cm 的小孔 1～5 个（视树木胸径大小而定)，深达木质部3～5cm，孔向下30°，用滴管、兽用注射器或专用定量注射枪缓慢注入农药，任其自然渗入。

(3) 挂液瓶导输法 从春季树液流动至冬季树木休眠前，采用在树干上吊挂装有药液的药瓶，用棉绳或棉花芯把瓶中药液通过输导的办法引注到树干上已钻好的小洞中（或把针头插入树体的韧皮部与木质部之间)，利用药液自上而下流动的压力，把药液徐徐注入树体内，然后让药液经树干的导管输送到枝叶上，从而达到防治病虫的目的。采用此法必须注意以下四点：一是不能使用树木敏感的农药，以免造成药害；二是挂瓶输液需钻输液洞孔2～4个，输液洞孔的水平分布要均匀，垂直分布要相互错开；三是瓶中药液根据需要随时进行增补，一旦达到防治目标时应撤除药具；四是果实在采收前40～50d停止用药，避免残留。

第四节　真假农药的简易质量检测

农药作为一种重要的农业生产资料和有毒特殊商品，对防治农作物病虫草害、提高农作物的产量和品质起着十分重要的作用。然而，随着我国农药生产加工业的迅速发展，各种农药大量生产上市，有些不法分子为了牟取暴利，造假售假，致使假农药充斥市场，一些达不到农药生产标准、没有防治效果的劣质农药更是在广大农村占了相当大的份额。

假劣农药可能给农民带来以下五个方面直接危害：一是起不到防治病虫害的作用，导致农作物大量减产。二是可能引起农作物发生大面积药害，导致庄稼绝收。三是有可能引起农产品农药残留超标。其带来的后果是，人们因食用了农药超标农产品，有可能引起食物中毒，严重的导致死亡，或导致农产品卖不出去，给农民和国家带来难以挽回的经济损失。四是无证农药或假劣农药，因没有经过科学的试验和检测，其安全性存在极大隐患，农民在施用时，很有可能引起身体中毒，甚至死亡。五是有可能给土壤、地下水等生态环境带来严重破坏，影响到农业和农村经济可持续发展。

一、假劣农药的概念

《农药管理条例》第三十条规定假农药包括：以非农药冒充农药或者以此种农药冒充他种农药的；所含有效成分的种类、名称与产品标签或者说明书上注明的农药有效成分的种类、名称不符的。

《农药管理条例》第三十一条规定劣质农药包括：不符合农药产品质量标准的；失去使用效能的；混有导致药害等有害成分的。

判断农药的优劣，首先要进行定性分析，看商品农药的有效成分与标识上标明的是否一致。一致则是真农药，不一致则是假农药。其次要进行定量分析，看商品农药的有效成分含量与标识上标明的是否一致，不符合农药产品质量标准（或标识标明的含量）的为劣质农药。有些农药产品出厂时有效成分合格，在储存过程中含量逐渐下降，失去使用效能的为劣质农药。有些农药产品中混有导致药害的有害成分，也是劣质农药。

二、农药的质量指标

农药的质量如何，要从两个方面去观察：一是有效成分含量是否与标明的含量相符；另一是其物理化学性状是否符合规定标准的要求，如细度、乳化性能、悬浮性、润湿性、pH 值等。

① 农药有效成分。农药产品的有效成分是保证药剂具有使用效果的基础物质。农药产品的有效成分含量必须与标明的含量相符，其他物理、化学性状也应符合标准规定要求。

② 粉剂类农药的细度。对粉剂农药产品，为了喷撒时施用均匀，要求具有一定的细度，一般要求不小于 95%通过 74μm 筛(200 目)。

③ 可湿性粉剂悬浮率。可湿性粉剂类农药应注意其悬浮率高低。要求用水稀释后能形成良好的悬浊液。如果悬浮性能不好，大颗粒结块沉下，容易造成喷雾时浓度不一致。一般可湿性粉剂类农药停放 30min 的悬浮率不应小于 50%。可湿性粉剂悬浮可按 GB/T 14825—2006《农药悬浮率测定方法》进行测定。

④ 湿润时间。将农药分撒水面后，被水面润湿的时间一般应大于 2min。湿润时间可按 GB/T 5451—2001《农药可湿性粉剂湿润性测定方法》进行测定。

⑤ 农药的酸度。农药原药及制剂中的酸度，对有效成分的分解起一定的控制作用，同时也要注意酸度过高对植物产生危害。农药的酸度可按 GB/T 1601—93《农药 pH 值的测定方法》进行测定。

⑥ 农药中的水分。农药原药及制剂中的水分能引起农药的分解，农药粉剂中的水分能影响粉剂的分散性和施用时的均匀性。农药中的水分可按 GB/T 1600—2001《农药水分测定方法》标准进行测定。

⑦ 农药的热稳定性。农药的热稳定性是指将农药于（54℃±2℃）的条件下储存 14d 后分析结果符合标准规定。

⑧ 农药的低温稳定性。农药的低温稳定性是指农药于(0℃±1℃)的条件下放置 1h 无固体或油状物析出为合格。

三、农药真假的识别方法

1. 问题

目前市场上农药标签主要存在以下四个方面问题。一是擅自扩大适用作物和防治对象。按照登记规定，产品登记时是小麦，就不能写成玉米或是添加防治对象——玉米；防治对象是蚜虫，就不能写成菜青虫或者是添加其他防治对象。二是伪造假冒农药登记证号：标签上擅自乱编登记证号，或冒用别人的登记证号。三是随意更改商品名，或标签上的商品名未经登记，或一个产品同时使用多个商品名。四是产品标签中无中文通用名称。根据《农药标签和说明书管理办法》规定，从 2008 年 7 月 1 日起生产的农药，不再用商品名称，只用农药通用名称或简化通用名称以便于检索和管理。没有中文通用名称的，用英文通用名称表示，没有英文通用名称的，用其化学名称表示。我国境内生产的农药产品，其农药名称三部分顺序为：有效成分含量、通用名称、剂型，如 80%敌敌畏乳油、25%多菌灵可湿性粉剂等。

标签上产品名称应当是中文通用名或合法商品名。但目前市场上农药产品的名称很乱，有的随意取商品名，有的随意加上“王、皇、最、FH、CP、Ⅰ型、Ⅱ型、复方、高效、无毒、无残留”等字样，这些都是非法名称。农药购买者应仔细查看农药标签，凡是不能肯定产品中所含农药成分名称的产品都不要轻易购买。

私自分装的农药产品：国家禁止任何单位和个人未办理农药分装登记证而擅自将大包装产品分成小包装产品。因为私自分装的农药，一般都没有标签，使用不安全，而且分装者容易在分装农药中掺杂使假。同时出了问题时，因消费者手中没有产品的原始包装，而难以追究责任。因此，散装农药，农民不能购买。

2. 看包装与标识鉴别

① 外观的鉴别　通常，真品的包装一般都比较坚固，商标色彩鲜明，字迹清晰，封口严密，边缘整齐。包装、商标、产品说明书、出厂检验合格证等都是新的，如果发现包装用的材料陈旧、密封不好或有破损或包装有大有小等问题，其质量值得怀疑。

② 标识的鉴别　根据国家标准 GB 3796—2006《农药包装通则》、GB 4838—2000《农药乳油包装》规定，农药的外包装箱应采用带防潮层的瓦楞纸板。外包装容器要有标签，在标签上标明商标、品名、农药登记证号、组装量、净含量、生产日期或批量和保证期。在最下方还应有一条与底边平行的颜色标志条，标明农药的类别：除草剂——绿色；杀虫剂——红色；杀菌剂——黑色；杀鼠剂——蓝色；植物生长调节剂——深黄色。净重表示：通常以字母表示，kg——千克；L——升；g——克；mL——毫升。毒性与易燃：农药标签上以红字明显表明该产品的毒性以及易燃标志。农药包装容器中必须有合格证、说明书。液体农药制剂一般每箱净重不得超过 15kg，固体农药制剂每袋净重不得超过 25kg。农药制剂内包装上须牢固粘贴标签，或直接印刷标识在小包装上。农药标签注明有效期。如果用户按农药标签上的使用方法施药，没有药效，甚至出现药害，厂家应负全部责任。标签内应包括：品名、规格、剂型、有效成分（用我国农药通用名称、用质量百分比含量表明有效成分的含量）、农药登记号、产品标准代号、许可证号或生产批准

书号、净重或净体积、适用范围、使用方法、施用禁忌、中毒症状和急救、药害、安全间隔期、储存要求等。还应标示毒性标志和农药类别，以及生产日期和批号。使用说明：包括适用范围和防治对象，适用时期、用药量和方法以及限制使用范围等内容。有效期限：一般为两年，即从生产日期算起，所以必须注有生产日期及批号。注意事项：注明该产品中毒症状和急救措施，安全间隔期以及储存、运输的特殊要求。生产单位：要有生产企业名称、地址、电话、传真、邮编。根据标签辨别，看标签的主要内容是否合格：购买前要特别注意看标签上农药名称下面标注的有效成分名称、含量及剂量是否清晰。不购买未标注有效成分名称及含量的农药。

国外农药在我国销售，必须先在我国进行农药登记。进口农药标签上应有我国农药登记号和在我国登记的中文农药商品名，标签上除无标准代号和生产许可证号外，其他内容与国内农药标签要求一致。农药内装材料要坚固、严密、不渗漏、不能影响农药质量。乳油等液体农药制剂一般用玻璃瓶、金属瓶或塑料瓶盛装，并加内塞外盖，部分采用了一次性防盗瓶盖。粉剂一般用纸袋、塑料袋或塑料瓶、铝塑压膜袋包装。

正规的农药生产厂家对所生产的农药产品都要进行严格的质量检验，对合格产品进行包装，并且在每个农药产品的包装箱内都附有产品出厂检验合格证，用户在购买农药时应当要求查看是否有出厂合格证。合格证是国家农药质检部门证明农药生产厂家产品合格的有效证件，所以颁发的日期应当晚于或等于出厂日期，查看合格证时要特别注意这一点。如果农药合格证上的日期和内在小包装上的日期一致，说明这种农药出厂后经过了质检部门的检查，是合格的产品。

③ 农药登记号。根据有关规定看商品农药内包装上的农药登记号是否符合规定要求。为了辨认农药登记号的真假，应查询最新的农药登记公告。要注意有的农药内包装上虽标有农药登记号，但是假的或过期的。有的临时登记号，已过期仍在继续使用。

与《农药登记证》或《农药登记公告》或中国农药信息网核对。国家规定，生产农药必须办理《农药登记证》或《农药临时登记证》。作为一个卖农药的销售商，手里应有一份产品的农药登记证复印件。因此，在购买农药时，可要求生产商或经销商出示该产品的登记证复印件。有条件的地方，也可直接上中国农药信息网中核对；或是购买《农药电子手册》的使用权，利用电子手册查询，如发现要买的产品标签与登记证复印件、《农药登记公告》上或网上公布的内容不一致的，尤其是没有查到登记证号的，无厂名厂址、无产品名称的，建议不要购买，应当及时将此情况向当地农业部门等政府部门反映。

3. 看标准代号

如果商品农药标识上采用的是国家或行业标准，要查阅有关资料，判断是否符合规定要求；如果标识上采用的是企业标准，应向本省标准处查询是否是已备案的企业标准。

4. 看外观与物理性能

① 乳油农药　一般是浅黄色或深棕色单相透明液体。首先观察有无分层现象，若有分层，加水稀释后形成的乳浊液是不会稳定的。对乳油的乳化性能可做简单试验，一般合格的乳油农药溶解比较快，不合格的农药不容易溶于水。用滴管将少许的合格乳油剂农药滴入已经准备好的清水中，这时可以观察到滴入的农药会在短时间内迅速向下、向四周扩散，稍加搅拌后，会形成白色牛奶状的乳液，静置 30s，也观察不到油珠和沉淀物。而不合格的乳油剂农药在滴入水中后会迅速呈油滴状下沉，另外，可以看到不合格的农药有明显的沉淀，而合格的农药溶液却没有。

② 可湿性粉剂农药　要求用水稀释后能形成良好的悬浊液，如果悬浮性能不好，大颗粒很快沉下去，容易造成喷药时浓度不一致，必然会影响药效。因此，可湿性粉剂应具有一定的细度，一般要求不小于 95%能过 45μm 孔径筛（325 目），能被水润湿，并均匀悬浮在水中。合格品不结块成团，易分散，润湿时间小于 3min，悬浮率大于 55%。简易检测：拿一透明的玻璃瓶盛满水，水平放置，取半匙药剂，在距水面 1～2cm 高度一次倾入水中。合格的可湿性粉剂应能较快地在水中逐步湿润分散，全部湿润时间一般不会

超过 2min，优良的可湿性粉剂在投入水中后，不加搅拌，就能形成较好的悬浮剂，如将瓶摇匀，静置 1h，底部固体沉降物应较少。可以取出 5g 粉剂农药，放在金属铁板上，然后放到酒精灯下用小火灼烧加热，稍等片刻观察，如果有白烟冒出，说明这种农药没有失效，可以使用。如果迟迟没有白烟冒出，那么，这个农药很有可能是假农药或已经失效的农药，最好不要再使用了。

③ 悬浮剂农药　悬浮剂是近几年发展起来的新农药剂型，是黏稠状、可流动的液体制剂，经存放允许分层，但经手摇动仍能恢复原状，不允许聚结成块。悬浮剂农药在放置一段时间后是容易出现结块现象的，合格的悬乳剂农药由于放置时间久了而出现的结块现象是能通过摇晃来消除结块的。所以，如果摇晃过后还不能消除结块，就可以通过加热法来进行进一步的鉴别。可以将有结块的农药放在热水中，1h 后观察，如果结块溶解了，说明这个农药还可以使用，但是，如果结块现象依然严重，那就说明这种农药的质量严重不合格，或者是农药已经过期了，这样的农药，千万不能再使用了。

④ 颗粒剂农药　颗粒剂有 3 种加工方法：包衣法、捏合法、浸渍法。包衣法多以一定细度的颗粒为载体，黏附药剂细粉。在外观检查时除应注意其颗粒大小是否符合规格标准（6～19μm）外，还应注意有无药粉从颗粒脱落下来，脱落率≤5%。捏合法是药剂与添料加水捏合均匀后，挤压成条、干燥、筛选其中一定粒度范围的颗粒。浸渍法是先将填料制成一定粒度范围的颗粒，在混合器中加入液体药剂或其溶液，使药剂吸收到颗粒中。后两方法制成的颗粒剂，应注意其颗粒的破粒率≤5%。颗粒剂农药可以根据其溶水后的分解时间来判断其质量的好坏；合格的颗粒剂农药入水后，分解时间短，而且溶解迅速，轻摇后颗粒剂溶于水中没有沉淀；而不合格的颗粒剂农药入水后不易溶解，迅速下沉到底部，即使轻摇过后，不合格的农药也没有溶于水中，而是沉淀到底部。

5. 容量与重量

农药标识上都标有容量（重量）。有的农药质量指标合格，但在容量上达不到标识规定要求。例如某厂生产的农药标识体积为

250mL，实测只有180mL，比规定体积少了28%。按国家技术监督局定量《包装商品计量监督规定》，250mL单件包装产品的净含量与其标示的体积之差不得超过9mL。

6. 有效成分及其含量

根据商品农药标识的有效成分品种和含量，按农业部农药检定所编《农药所相色谱分析手册》中各农药分析方法中所提供的色谱条件，进行常规农药有效成分的分析，即每种农药选择一种专用色谱柱、专用内标、农药标准品，按照测定步骤，进行准确的定量测定和计算。也可以根据商品农药标识的有效成分品种含量，按各农药快速分析方法所提供的色谱条件，进行快速农药有效成分的分析。选择通用柱1或2，首先进行定性分析，将商品农药液体样品0.2μL注入色谱仪中，把样品中有效成分出峰的保留时间与农药定性标样的保留时间相比较，相同的为真农药，不同的或未出峰的定性定量分析为假农药。

四、如何选购农药

1. 到正规农资部门购买

一些农民存在贪小便宜或者图方便心理，经常就近从一些进村入户的流动个体经营者手中购买廉价的农用物资，致使上当受骗，而且上当后往往无法找到经营者。

2. 索要盖有经营单位公章的信誉卡、发票

这些凭据上，要清楚准确地标明购买时间、产品名称、数量、等级、规格价格等。一旦发生纠纷，这些都是依法处理的主要证据和依据。

3. 认真阅读说明书

购买农药后，要认真阅读说明书。特别对药肥含量、有效期限、稀释浓度、使用时间及方式等要严格按照说明书使用，以免导致使用不当造成经济损失。

4. 留取样袋

在使用前应提取样品封存，并贴上标签注明品牌、规格、批

号、厂家，与购货发票一同保管好。一旦出现问题及时向有关部门提供样袋或样品，以便解决问题。

5. 出现问题及时投诉

一些农民发现农田有遭受损失征兆时，要保留证据，保护现场；要及时向政府主管部门反映，主要有各级农业行政管理部门、工商行政管理部门、质量技术监督管理部门等，构成犯罪的可向公安部门报案，可到消费者协会或仲裁机构或人民法院投诉，依法维护自身合法权益，对造成的损失，要求得到合理的赔偿。

6. 及时采取补救措施

一些农民发现使用农药出现了问题，向有关部门投诉后就等待赔偿，不及时采取补救措施，致使损失增加。

五、农产品中禁止和限制使用的农药

国家明令禁止使用的农药有 22 种，它们是：六六六，滴滴涕，毒杀芬，二溴氯丙烷，杀虫脒，二溴乙烷，除草醚，艾氏剂，狄氏剂，汞制剂，砷、铅类，敌枯双，氟乙酰胺，甘氟，毒鼠强，氟乙酸钠，毒鼠硅，甲胺磷，甲基对硫磷，对硫磷，久效磷，磷胺。

在蔬菜、果树、茶叶、草药材上禁止使用的农药有 20 种，禁止甲拌磷，水胺硫磷，甲基异柳磷，特丁硫磷，甲基硫环磷，治螟磷，内吸磷，克百威，涕灭威，灭线磷，硫环磷，蝇毒磷，地虫硫磷，氯唑磷，苯线磷在蔬菜、果树、茶叶、草药材上使用；禁止氧乐果在甘蓝上使用；禁止三氯杀螨醇和氰戊菊酯在茶树上使用；禁止丁酰肼（比久）在花生上使用；禁止特丁硫磷在甘蔗上使用。

第五节　果园用药的安全科学使用技术

一、施药的靶标和靶区

在我国，农药有效利用率只有 20%～30%，还有许多情况下甚至低于 10%。造成这种现象的原因固然很多，其中，对农药使用过程小的目标物不明确，不了解是重要原因之一。在农药使用中，目标物是指使用农药时应该把药物施于的预定目标，如有害生物的种群，或它们在农田生物群落中的存在位置或分布范围。这目标物统称为“靶标”，在施药技术中所采用的“靶标”一词是泛指被农药有目的地击中的目标物，如害虫、病菌、杂草、害鼠、作物以及土壤、田水等。在生理毒理学中“靶标”是指农药在生物体内发生致毒作用的生化活性部位，如有机磷杀虫剂作用于害虫体内的靶位是胆碱酯酶。

由于农药在田间使用时所面对的情况复杂，必须首先明确有关靶标、靶区和有效靶区等概念，然后才能设计合理的施药方案。

1. 靶标的类型

在一个特定的农田环境中喷撒（洒）农药，目标物的种类很多，特征各异。有些情况下有害生物本身就是防治的直接对象，农药可以直接施用在防治对象上，此时的防治对象即成为直接靶标，例如杂草、飞蝗。但大多数情况下目标物与非目标物往往混存在一起，农药不可能直接施用到防治对象上，必须首先把农药施到某种过渡性物体上，如病虫的寄主作物上或病虫的活动范围内（如田水、土壤等），然后使农药通过适当方式再转移到防治对象上，这种过渡性的物体就是农药使用时的间接靶标。间接靶标虽然并不是农药的防治对象，但因为必须通过它们才能让农药进一步转移到有害生物上，所以，在使用农药时必须有目的地把农药喷撒（洒）在这种过渡性物体上。

为了科学地设计和制订农药使用计划，应区分清楚这两大类靶标。例如防治蝗蝻时若把蝗蝻作为直接靶标，农药的剂型和施药方法的选择应着眼于药剂在蝗蝻身上的黏附效率（或蝗蝻对药剂的捕获能力），无需考虑药剂在地面或地面植被上的黏附效率。但是若希望地面和植被成为阻击蝗蝻前进的染毒地带，则应着眼于药剂在地面和植被上的沉积密度、分布均匀性和沉积量，乃至施药的面积和范围，而无需考虑药剂在蝗蝻身上的黏附能力和黏附量，此时的地面和植被就是间接靶标。在植株上喷撒（洒）农药时，如果目标病虫害发生在植株基部，农药的剂型和喷撒（洒）方法的设计就要以能够把药剂输送到植株基部病虫密集部分，让药剂在植株上部的沉积量和沉积密度尽量减少为目的，因为此时的植株基部病虫是需要施药的直接靶标；如果目标病虫害发生在叶部，则需让药剂在植株上部的沉积量和沉积密度尽量增加。

（1）直接靶标 直接靶标就是使用农药时的防治对象，包括害虫、植物病原菌、杂草等，在施药技术研究中这些有害生物也被统称为靶标生物。

① 害虫 可以成为直接靶标，但由于害虫的不同虫态和行为差异很大，有些虫态可以成为直接靶标，而有些虫态则不能。

害虫的成虫形态可成为直接靶标，农药可以直接施用到害虫的成虫躯体上。具有集群飞行习性的成虫，如飞蝗、稻飞虱等，这些害虫成虫飞翔时群体比较密集或容易形成密集飞行，采取适当的用药方法和施药器械可以使农药高度有效地击中靶标，它们是典型的直接靶标害虫。把飞翔的害虫作为直接靶标来利用，可以产生很好的技术经济效益。可有效消灭飞翔中的害虫成虫，控制虫口基数。而且害虫成虫的触角是重要的靶标部位，昆虫在飞行中特别容易接受农药雾滴或粉粒和其他化学信息物质，就是借助于前伸的触角还有剧烈扇动的翅。具有神经性接触杀虫作用的化学农药，通过害虫触角极易转移到中枢神经系统而引发中毒反应。从施药技术的角度看，触角一般都是很细的柱形、线形、羽形或短棒形，昆虫触角的直径一般只有 10～20μm，这些独特的触角形状其实就是为了便于昆虫接受化学信息。因为细而长的物体表面积很大，表面上密布大量化学感受器，更容易被细小农药粉粒或雾滴所击中。所以，若把害虫成虫作为直接靶标时，必须选用细雾喷洒法，害虫触角上以及感觉毛上才能捕获农药雾滴。这样才能取得很好的杀虫效果，粗雾喷洒的效果很差。飞翔中的害虫一旦降落在作物上或其他物体上，就不再成为直接靶标，除非在作物上或其他物体上仍然保持相当高的种群密集状态。

集群飞行习性的害虫成虫只有在一种情况下可以作为直接靶标来处理，即害虫种群达到高度密集。蚜虫都有聚集在株梢部为害的习性，只要采取适当的施药方法，都可以把它们作为直接靶标来处理，并可取得很好的效果。混有引诱剂的杀虫剂的使用也可视为把害虫当作直接靶标。因为此类杀虫制剂往往集中使用，专用于诱集特定的害虫。可把此种杀虫剂在农田中与作物种植行间作条带状施用，可以把害虫引诱到施药的条带区中杀死，这样可避免在作物上喷洒农药。

害虫的幼虫（及若虫）是农业害虫的主要为害形态。一般幼虫不容易成为农药使用的直接靶标，但像蝗蝻、黏虫的幼虫，在大发生时往往形成密集的群体，这种情况下，害虫的幼虫或若虫就可以作为直接靶标来处理，只要选择好适当的施药器械，采取高工效的施药方法，即可获得很好的防治效果，技术经济效益十分显著。

害虫的其他形态还有蛹和卵。蛹是休眠状态，对药剂的抵抗力很强，一般都不作为药剂处理的对象。卵对药剂的抵抗力比较强，专用的杀卵剂也很少。而且卵在作物上的分布比较分散，特别是散产的卵，喷药杀卵的效率很低，农药的浪费比较严重。因此这两种形态都不宜作为施药的靶标。

② 植物病原菌　寄生在植物上，并与植物体紧密结合在一起，因此一般都不可能作为直接靶标，而是通过沉积在间接靶标上（即病原菌的寄主）的杀菌剂同病原菌接触。但是，在种子或种苗消毒处理过程中，若病原物是附着在种子、种苗的表面，则这些病原物实际上就是消毒液的直接靶标。这种情况下所选用的消毒剂就无需要求具有内吸性或内渗性，只要能够发挥接触杀灭作用即可，这样可以避免药剂进入作物体内而发生不必要的药剂残留问题，并可节省药剂。当然，大多数种子处理剂如拌种剂、种衣剂等既可以杀死种子外部附着的病原物，也能杀死侵入种子内部的病原菌。

③ 杂草　是农药使用的典型直接靶标，除草剂一般均需直接喷洒在杂草上，特别是芽后除草。不过芽前除草则除草剂通常施于土壤中，以消灭土壤中的杂草种子或刚萌动的杂草幼芽，土壤即成为施用除草剂的直接靶标。因为是特意把药剂施用在土壤中的，施药时须针对土壤的实际情况仔细设计施药量、选择适宜剂型和施药方法。土壤处理的实质是在土壤中建立一个不利于杂草生长的毒力环境。除草剂直接施用在土壤中，是通过土壤再转移到杂草根区。

因此尽管杂草是靶标生物，但除草剂的使用必须根据农田土壤的性质、构成以及有机质、土壤水分和腐殖质等具体情况进行规划，才能设计出正确的土壤处理方法。

（2）间接靶标 在农药使用中多数情况下的目标物都是间接靶标，间接靶标是最重要的农药处理对象。杂草是相对独立的目标物，既是防治对象也是除草剂的处理对象。农业害虫和农作物病原菌（包括线虫）则几乎都是或绝大多数情况下都是在作物上栖息寄生、取食（或吸取营养）和生长繁衍，这些害虫和病原菌在大多数情况下还不可能成为直接靶标，施用的农药必须喷撒（洒）在作物上或病虫的活动范围内，再通过适当的方式转移到害虫和病原菌上发挥作用。间接靶标可以是生物性的也可以是非生物性的。生物性间接靶标主要是寄主植物，也可能是成为害虫和病原菌的中间寄主的杂草或其他植物。非生物性间接靶标主要是土壤、田水等以及禽畜厩台、仓房、包装材料等。

① 生物性间接靶标　主要是植物的株冠、叶丛。植物的形态特征如株冠形态和结构、叶片形状和构成对于农药的使用影响较大。从株冠和叶丛结构两方面分别把它们区分为若干种类型，这些结构特征同农药有效利用率的关系密切，在施药技术的设计和方法选择中可以作为依据，同时也可以作为评估防治效果的依据。

根据农药雾流和粉尘流的通透性能的要求，植物株冠的形态分为三大类：松散型、郁密型、丛矮型。

松散型，叶片间距较大，农药雾流和粉流比较容易通透。此类作物的小气候条件也比较适于农药雾流和粉流扩散分布，施药时比较容易取得较为满意的农药沉积分布效果。

郁密型，叶片间距较小，株冠郁闭度较高，农药雾流和粉流通透所受的阻力比较大，施药时不利于农药雾流和粉流在株冠中扩散分布，采取一般的喷撒（洒）方法往往不容易取得满意的农药沉积分布。

丛矮型，株冠簇生，叶片间距也比较窄小，植株低矮株冠郁密，贴近地面。传统施药方法较难实施，一般农药雾流通透相当困难，而且叶片背面难以施药。

植物株形基本上可以用上述三种类型作代表。在农药使用过程中须结合实际情况，根据农药使用的要求，参照相关的原理、原则，制订相应的农药使用方法和技术方案。有些作物的株冠形状还可能由于种种原因而发生变化。如许多果树已趋向于发展矮化树型，如柑橘、荔枝等。矮化树型的树冠相对比较紧密，有些已近于郁密型树冠。因此，必须根据当地作物和果树的实际情况制订施药技术方案。

植物的叶片形态特征类型根据施药技术的要求可以区分为 4 大类型：阔叶型、窄叶型、针叶型、小叶型。

阔叶型植物的叶片大多宽大平展，在株冠中往往有较大的冠层空间，有利于农药雾流和粉流的通透。具有松散型株冠特征的作物都可能具有阔叶型的叶片特征，具有阔叶型特征的松散型株冠作物对农药雾流和粉流的通透性较好。但是采取常规喷撒（洒）方法时农药在叶背部的沉积能力较差，而且上下层叶片之间容易出现叶片上下屏蔽现象，妨碍药剂向下层穿透。

窄叶型作物多为禾本科单子叶植物，如小麦、水稻等。此类植物的叶片多为直立型，株丛中农药雾流和粉流的上下通透性比较好，采取适当分散度的农药雾流时，叶片的正反两面也都有比较好的农药捕获能力。

针叶型作物叶片对粗大的农药雾滴捕获能力很差，农药的有效利用率也相应很低。因此，必须根据实际情况选择细雾喷洒技术，选择适当的施药机械类型和农药剂型，以提高农药的有效沉积率。

小叶型植物其株冠则多为郁密型结构。许多植物都具有小叶型结构，如茶树即属于小叶型作物，豆科植物很多也属于小叶型结构，如花生也是具有丛矮型株冠的小叶郁密型作物。此类作物施药比较困难。

叶片的伸展状态即叶片与植株垂直中心线的夹角，称为叶势。一般而论，对平展叶势类型的作物，农药在叶面上的沉积方式主要是沉降沉积；对直立叶势类型的作物叶片则主要是撞击沉积。因此施药器械的类型和喷洒方式需要做相应的选择和调整。

② 非生物性间接靶标　主要是土壤和田水。在除草剂使用方

法中有一种把除草剂预先经过加工涂在地膜上的除草地膜，这种地膜也可以看作农药使用的一种非生物性间接靶标。用除草剂处理土壤防除杂草，土壤是除草剂的中间介质，因此土壤是间接靶场。农药土壤处理实际上可以把土壤作为直接目标物来对待。许多农药都可以用于处理土壤，以杀死土传病虫杂草。所以土壤是农药使用中很重要的靶标。

土壤是一个整体，包括成土母质、土壤生物群落、土壤水分、土壤空气、腐殖质及多种有机物质和无机物质，包括化肥，形成了非常复杂的土壤环境系统。施药时就是把农药施在这样一个复杂整体中，药剂同土壤的任何部分都是密切联系在一起的，或者药剂同土壤充分混合，或者通过土壤水、雨水或灌溉水的淋溶作用而扩散分布，所以施药时的土壤是直接靶标，与地面上施药的情况完全不同。土壤中最上部的耕作层是最重要的一层，土壤处理用的农药主要也是分布在这一层中。土壤环境具有一定的pH、一定的持水能力、物质置换能力和吸附能力，这些性质是土壤肥力的基本条件，对农药使用效果的影响很大，当然，农药对土壤环境的影响同样很重要。

在使用农药时必须仔细选择适用农药品种和剂型以及农药使用的适当时期和剂量。因为土壤中有许多有益生物以及其他非有害生物，其中有些是形成土壤肥力的重要因素。有些农药可能对有益生物有害，但也有些农药可能对它们有益。土壤微生物和土壤的pH对农药在土壤中的稳定性和持久性往往是很重要的破坏性影响因素。另外，土壤的胶粒和腐殖质对某些农药可能产生较强的吸附力，使农药在土壤中的移动受到阻滞而难以扩散分布，而有些农药则不容易被吸附，能够自由扩散，又会成为农药影响土壤环境质量的重要影响因素。

土壤中地下水、雨水、灌溉水等对农药的使用都有很大影响。土壤中所有的组成部分都是被“绑定”在以土壤和土壤水分为载体所组成的相对固定的环境之中的。所以在土壤中使用农药必须对当地的土壤的性质包括土壤肥力在内有详细的了解。水稻田土壤与旱田土壤有很大差别。其质地、组成、物理化学性质以及土壤生物群落都不同。稻田土壤处在一种厌气状态下，一般为偏酸性，pH6左右，生长期间水稻有自动调整土壤酸度的能力。

在稻田中农药的行为受到许多特殊限制。稻田土壤虽然也可以作为农药使用的靶标，但必须考虑农药与田水的关系。因为田水可能流入周边的水域中，发生水环境污染。所以，水稻田农药土壤处理必须慎重选择农药品种和剂型，并需仔细设计安排施药作业计划。中国的水稻田面积约3000万公顷，约占全国耕地面积的1/4。所以，稻田土壤和田水是农药使用中尤为重要的靶标，施药时必须格外谨慎。

其他非生物性间接靶标。为了预防病原菌和害虫，有时需要在畜厩、禽舍中进行防疫喷洒，在粮仓中进行残效喷洒，以及在设施农业中对设施中的装置、设备和其他各种仓房所进行的杀虫剂残效喷洒和杀菌剂防疫喷洒。此时的处理对象都居于非生物性间接靶标。

2. 有害生物的分布型与农药的靶区和有效靶区

有害生物在农田中的分布是不均匀的，往往呈现各种不同状态的种群分布型。实际上农作物病虫害的发生大多分布在植株的一定部位上。因为各种农业致病菌和农业害虫在农田中都分别有各自特定的生态位，如小麦长管蚜暴发时集中在小麦穗部为害，在灌浆期，约96%的长管蚜聚集在小麦穗部而小麦植株的其余部分几乎无蚜虫分布。这是典型的害虫密集分布实例。小麦赤霉病也是在麦穗部入侵为害。小麦禾缢管蚜和纹枯病则分布在小麦植株基部。根据病虫的分布状态有害生物的分布型可以区分为枝梢密集分布型、叶面分散分布型、株基部密集分布型、可变分布型等几种类型，作为施药技术的选择设计依据。

枝梢密集分布型是蚜虫的典型分布特征，蚜虫分布为害部位大多在枝梢部，比较有利于施药，是施药的有效靶区，因此一般只需向植株冠面层喷洒农药。小麦长管蚜也属于这种分布型，因此只需对麦穗部喷洒农药。水稻蓟马也有群集在水稻叶尖上为害的习性。茶树上多种病虫害分布在茶树冠面4～6cm的叶层中为害，也可视为这种分布型。采取有利于在冠面上沉积的施药技术即可取得良好效果。

多数叶部入侵的病原菌的分布属于叶面分散分布型。因为此类病原菌大多是由气流传播的，病菌孢子沉降到作物叶片上，然后侵染发病。有人研究过病原菌孢子在农作物上的分散分布规律，发现与农药微粒的分散分布现象十分相似。对于此类病害须采取株冠层对靶喷药法。害虫也有类似的分散分布型，但害虫的分散分布行为是由于种群生存发展要求，而不是由于气流的作用。稻飞虱的迁飞行为受气流的影响极大，降落到为害地区之初也有很强的分散分布特征，这种现象是否可能在施药方法上加以利用，值得研究。大多数害虫在叶背面栖息为害，尤其是白天，同光照和空气湿度有关的白粉虱还有趋嫩性，即主要分布在植株上部较嫩的叶片背面，并随着植株的不断长高而向上层嫩叶迁移。这种行为在使用农药时可加以利用，即农药喷洒的靶标部位应该是植株株冠层上层，特别是叶背部。伏蚜没有这种趋嫩现象，但棉花苗蚜及其他多种蚜虫则大多集中在嫩枝梢上为害。害虫在农田中的生态位也会随着环境的变化而发生较大的差别和变化。这与各种害虫的习性和选择性取食有关，也与害虫种群密度的变化有关，如现蕾期的棉花蚜虫，虫口密度较小时主要分布在嫩叶背面为害，但虫口密度增加以后也会分布到叶正面和鲜嫩的叶柄上为害。又如烟蓟马，成虫有趋嫩性，会随着植株不断长高而上移，但若虫则主要分布在植株中、下部为害。因此即便防治对象是同一种害虫，也要根据田间实际情况来确定农药使用策略，及时调整施药方法。

株基部密集分布型比较典型的是稻飞虱、稻叶蝉、纹枯病等病虫。稻飞虱为害时全部集中在离水面 3～5cm 高度范围内的稻株基部取食为害。只有在稻飞虱种群密度过大时才向稻株上部扩散转移为害。茶树黑刺粉虱也可划入这种类型，往往集中在茶树下部枝干上为害，与茶树树冠病虫分别属于截然不同的生态位，因此施药方法也完全不同。

可变分布型是指有些病虫的分布部位在作物的不同生长时期会发生变化。如稻飞虱、稻叶蝉在发生初期聚集在水稻植株基部为害，所以应把农药施用在稻株基部，稻株上部无需施药。但随着作物植株的生长，在害虫大发生时，虫群向植株上部发展，此时就需改变为整株施药。施药器械和施药方式也应作相应改变和调整。棉蚜也具有这种特征，特别是与前期棉蚜相比，伏蚜的分布已变为整株分布，而且又分布在棉叶背部，这也是棉花伏蚜较难防治的原因之一。稻蓟马在水稻苗期和本田幼苗期为害嫩叶，而到穗期则为害穗部。

病虫在作物上的分布状况复杂多变，对农药的靶标类型和病虫分布类型作详细的比较分析，目的是为农药使用提供一种判别施药目标范围的原则性依据，以便尽量缩小农药施用时的目标范围。施药的基本技术指标是最大限度地提高农药的有效利用率，最大限度地减少农药的浪费和损失。因此必须确认有害生物是在农药喷撒(洒)的有效范围之内，农药最终能有效地喷撒（洒）到或转移到有害生物靶标上。因此，“选定靶标”是正确施用农药的基础。

根据以上病虫害的各种分布类型，就可以提出靶区与有效靶区这两个术语及其概念。喷撒（洒）农药时，靶区通常是指主要的目标区，如植物的根区、株冠上层、株冠下层、树冠的冠面、内膛等。当这些区位中发生了病虫害，它们就成为施药的靶区。选定靶区的含义是可以向靶区集中施药而无需对作物整株施药。目前的施药器械和使用技术水平完全可以做到。而这样使用农药可以大幅度提高农药有效利用率，节省农药。

但是即便病虫害是发生在这些靶区中，然而种群的分布状态可能有所不同。有些病虫的种群或菌落可能是比较集中的，也可能并不集中而是平均分布的。前者就是在靶区中的有效靶区。突出“有效靶区”这一点，是为了进一步把农药的喷洒（撒）目标集中或相对集中到病虫密集的部位，这样就可以进一步提高农药的有效利用率。在使用技术上是可以做到的。例如对于在树冠冠面发生的病虫害，采取静电喷雾法就可以取得较好的效果。因为防治冠面病虫害并不要求药雾进入树冠内膛，而静电喷雾法恰好能够在冠面上形成良好的雾滴沉积。另外，有效靶区的概念也会为新型施药器械的设计开发提供新的思路，使农药喷洒（撒）器械向精细喷洒（撒）方向发展。

也有许多病虫害的施药靶区本身就是有效靶区，如水稻稻飞虱、纹枯病都是集中在稻株茎基部为害，稻株茎基部既是靶区，又是有效靶区。采用手动吹雾器的双向窄幅喷头在水稻下层喷洒可以取得很好的效果，稻株上层不会有农药沉积。我国水稻面积很大，如果都能够充分运用有效靶区的概念指导科学用药，其经济效益和社会效益都很可观。

螺旋粉虱是一种近年入侵我国台湾、海南等地的毁灭性害虫，为害多种作物，但主要集中在作物叶片背面，叶背面是有效靶区而叶正面并非有效靶区；但螺旋粉虱又是整株分散分布，靶区就是整株作物。这种情况下的有效靶区往往不容易加以利用，不过有时可以利用植物的习性或行为使农药较多地集中于有效靶区，例如花生傍晚时叶片直立，可在此时施药，农药可大部分集中在叶片背面；或选用具有内渗性的农药，也可在农药中加入高效渗透剂，可以明显提高农药的有效利用率。此外，靶区和有效靶区在有些病虫为害的发生发展过程中也会发生变化，这就需要在防治工作实践中注意观察总结，调整施药技术。

从靶区中区分出有效靶区有重要意义，在实际防治工作中建立了有效靶区的概念，对于指导制订正确的施药技术，提高农药的使用效果意义重大。

二、农药的配制方法

1. 农药取用量的计算

（1）按单位面积上的农药制剂用量计算。如果植保部门推荐的或农药标签、说明书上标注的是单位面积上的农药制剂用量，那么农药制剂的用量的计算方法如下：

农药制剂取用量(mL 或 g)＝单位面积上的
农药制剂用量(mL 或 g/hm^2 或亩)×
施药面积(hm^2 或亩)

每喷雾器农药制剂取用量(mL 或 g)＝农药制剂总用量
(mL 或 g)×喷雾器容量(mL)/
[稀释物总用量(L 或千 g)×1000]

例：用5%稻丰散乳油防治水稻稻纵卷叶螟，每亩用药剂量是100mL，每亩用配制的药液量40kg，10.5亩稻田共需要多少稻丰散制剂？若采用16L的喷雾器，每喷雾器需要多少稻丰散制剂？

共需稻丰散制剂＝100×10.5＝1050（mL）

稀释水总用量＝(40kg×10.5)－(1050/1000)＝418.95（kg）

每喷雾器农药制剂取用量＝(1050×16000)/(418.95×1000)＝40（mL）

（2）按单位面积的农药有效成分用量计算。如果标注或推荐的是单位面积上的农药有效成分用量，农药制剂的取用量的计算方法如下：

农药取用量(mL或g)＝[单位面积上的农药有效成分用量(mL或g/亩或hm^2)/制剂的有效成分含量]×施药面积(亩或hm^2)

例：用百菌清可湿性粉剂防治番茄早疫病，每亩需用有效成分200g，30亩的番茄需要75%百菌清可湿性粉剂多少？

需要75%百菌清可湿性粉剂＝200/0.75×30＝8000（g）＝8（kg）

（3）按农药制剂稀释倍数计算农药制剂取用量。如果植保部门推荐的或农药标签、说明书上标注的是农药制剂的稀释倍数，农药制剂用量的计算方法如下：

农药制剂取用量(mL或g)＝要配制的药液量或喷雾器容量(mL)/稀释倍数

例：用15%茚虫威悬浮剂2500倍液防治蔬菜上的斜纹夜蛾，使用的是16L（＝16×1000mL）的手动喷雾器，每喷雾器需要多少15%茚虫威悬浮剂制剂？

每喷雾器农药制剂取用量＝(16×1000)/2500＝6.4（mL）

（4）按农药制剂含量（mg/kg）计算农药制剂用量。如果标签、说明书上标注的使用浓度为（mg/kg），农药制剂取用量按以下方法计算：

农药制剂取用量(g或mL)＝[含量(mg/kg)×单位面积(亩或hm^2)需配制药液量(g或mL)/10^5]×施药面积(亩或hm^2)

例：用5%己唑醇悬浮剂防治葡萄白粉病，每亩用15mg/kg浓度药液喷雾，每亩用液量为30kg（30000g），需要用多少5%己唑醇悬浮剂？

$$5\%己唑醇悬浮剂用量=(15\times30000)/(10^{5})\times1=4.5(g)$$

2. 采用母液法配制

先按所需药液浓度和药液用量计算出的所需制剂用量，加到一容器中（事先加入少量水或稀释液），然后混匀，配制成高浓度母液，然后将它带到施药地点后，在分次加入稀释剂，配制成使用形态的药液。母液法又称二次稀释法，它比一次稀释法药效好得多，特别是乳油农药，采用母液法，可配制出高质量的乳状液。此外，可湿性粉剂、油剂等均可采用母液法配制稀释液。

3. 选用优良稀释剂

常选用含钙、镁离子少的软水，来配制药液，乳化剂、湿展剂及原药易受钙、镁离子的影响，发生分解反应，降低其乳化和湿展性能，甚至使原药分解失效。因此，用软水配制液体农药，能显著提高药液的质量。

4. 改善和提高药剂质量

乳油农药在储存过程中，若发生沉淀、结晶或结絮时，可以先将其放入温水中溶化并不断振摇加入一定量的湿展剂，如中性洗衣粉等，可以增加药液的湿展和乳化性能。水剂稀释时，加入有乳化和湿展作用的物质，能使施药效果更好。

5. 农药的混配

（1）优点和缺点

①优点　省工省时，提高用药效率，合理混用可有效扩大使用范围，提高防治效果，延长药剂的持效期，延缓病虫的产生，减少化学药剂的用量。

② 缺点　用户混用不当而造成药效降低、药害风险。

（2）混配的种类

① 复配制剂　指农药生产企业根据复配原则，按照一定的配

比将两种或两种以上的农药有效成分与各种助剂或添加剂混合在一起加工成固定剂型和规格的制剂。如：瑞士先正达公司生产的68%金雷米尔（代森锰锌＋甲霜灵）。目前，复配制剂已有“杀虫剂＋杀虫剂”、“杀虫剂＋杀菌剂”、“杀菌剂＋杀菌剂”、“除草剂＋除草剂”、“除草剂＋肥料”等多种的两元与三元类型。

② 制剂桶混　特指用户针对田间有害生物发生情况，直接在用药现场（田间）将两种或两种以上的农药制剂加在储药罐（桶）中均匀混合形成混合药液进行使用的方法。如在蔬菜上需同时防治小菜蛾、蚜虫、霜霉病时则可选择5%氟虫腈（锐劲特）、10%吡虫啉及60%氟吗锰锌等药剂进行混用，从而达到一次用药兼治多种病虫的目的。

（3）农药的混配效能

① 扩大防治对象。在生产中农户进行多种药剂混配往往都是为了实现一次用药防治多种病虫草害的目的，甚至还与肥料进行混用同时补充植物所需要的营养元素。如在大棚西瓜伸蔓期出现蔓枯病、疫病、潜叶蝇混发，则可选择10%灵动＋60%氟吗锰锌＋75%潜克＋翠康生力液进行喷雾防治，可同时防治蔓枯病、疫病和潜叶蝇，又可达到促根壮苗的效果。

② 扩大防治虫态。一般害（昆）虫都需要经历卵、幼虫（若虫）、蛹（伪蛹）、成虫等几个发育阶段，但许多杀虫剂往往仅对其中一个虫态有杀灭效果，而如果能扩大防治虫态则可大幅度提高防治效果。如在使用“哒螨灵”防治柑橘红蜘蛛时仅仅对成螨有防效，而如果加入“噻螨酮或矿物油喷淋液绿颖”则可同时杀灭红蜘蛛的卵，从而提高防效，延长持效。

③ 速效＋长效。各种防治药剂都具有各自的优势，如单用噻嗪酮在防治粉虱等害虫时具有作用速度慢但持效期长的特点，因此在生产中可选择与菊酯类（如高效氯氰菊酯等）、氨基甲酸酯类（如速灭威、灭多威等）或有机磷类（如敌敌畏等）进行混用，既可提高对害虫击倒速度，又可延长对害虫的控制时间。

④ 治疗＋保护。防治病害时应以预防为主，且在病害发生高峰期间往往采用治疗性杀菌剂＋保护性杀菌剂相结合进行防治，通

过对病原菌的作用位点增加从而有效延缓对防治药剂抗药性的产生，并同时达到保护和治疗的双重目的。如沈阳化工院生产的氟吗锰锌（防治霜霉病、疫病）就是用保护剂代森锰锌和治疗剂氟吗啉复配而成的；又如农户在防治大棚西瓜蔓枯病时可选用43%嘧霉胺与68.75%噁唑菌酮两种药剂进行混用防治。

⑤ 增效作用。指两种有效成分混合使用后所产生的控害效应大于该两种有效成分单独作用之和，是药剂混用更经济有效的控害效能。混用时应采取“减量混用”，即相应降低混用药剂的使用浓度（用量）。如研究证明霜脲氰与大多数杀菌剂（如甲霜灵、代森锰锌、乙膦铝等）复配增效水平均较高，在生产中可参考使用；再如，施药者通过添加一些农药助剂（如有机硅表面活性剂等）来改善药剂在作物体上的附着、展布或渗透（吸收）作用，从而减少药剂损耗，提高利用率，增加防效。还有植物油助剂、有机硅助剂（虽然这两种助剂不是农药）与苗后除草剂的混配使用，可极大程度降低有效成分的用量。

(4) 农药的混配原则

① 保证混用药剂有效成分的稳定性。主要包括以下三方面。首先，混用药剂有效成分之间是否存在物理化学反应。如石硫合剂与铜制剂混用就会发生硫化反应生成有害的硫化铜；再如多数氨基甲酸酯类、有机磷类、菊酯类农药与波尔多液、石硫合剂混用会发生分解。其次，混用后酸碱性的变化对有效成分稳定性的影响。多数农药对碱性比较敏感，一般不能与强碱性农药混用，反之一般碱性农药不建议与酸性农药混用；另外，部分农药（如高效氯氰菊酯、高效氟氯氰菊酯等）一般只在很窄的pH值范围（4～6）稳定，不适合与任何过酸或过碱性药剂混用。再次，值得注意的是大多数农药品种不宜与含金属离子的药剂混用。如甲基硫菌灵与铜制剂混用则会失去活性。

② 保证混用后药液良好的物理性状。任何农药制剂加工一般只考虑该制剂单独使用的物理性状标准，而不可能保证该药剂与其他各种药剂混用后各项技术指标的稳定。因此，药剂混用后应注意观察是否出现分层、浮油、沉淀、结块以及乳液破乳现象，避免出

现降低药效甚至发生药害事故。

③ 保证有效成分的生物活性不降低。某些药剂作用机制相反，两者相互混用则会产生拮抗作用，从而使药效降低甚至失效。如阿维菌素与氟虫腈作用机理相反，其中阿维菌素是刺激昆虫释放γ-氨基丁酸，而氟虫腈则阻碍昆虫γ-氨基丁酸的形成，应避免混用；又如定虫隆、氟虫脲等昆虫几丁质合成抑制剂（阻碍蜕皮）不能与虫酰肼等昆虫生长调节剂（促进蜕皮）进行混用。

三、农药的安全使用

（1）适时适量用药 根据调查和预测预报，执行“预防为主、综合防治”的植保方针。选择适宜时间、合理的用量及时用药，才能发挥农药的应有效果。虫要治小，病要早防。如防治食心虫等蛀食性害虫，应在幼虫蛀入果实之前喷施药液；如果蛀入果内再防治效果很差。要按农药标签推荐用量和技术人员指导意见适量配药，不得任意增减用量。超过所需的用药量、浓度和次数，不仅会造成浪费，还容易产生药害，以致引起人、畜中毒，加快抗药性产生，过多杀伤杀死害虫天敌，加重环境污染和农产品农药残留。

（2）对症用药 应根据不同防治对象的发生规律及为害部位、不同的防治时期和环境条件，选用最有效的品种、剂型，配以合适的浓度、适宜的方法和器械进行科学施药，才能收到理想的使用效果；否则，不但效果差，还会浪费农药，延误防治时机，甚至造成药害。如用百菌清防治番茄灰霉病、叶霉病采用烟雾法要比喷雾法好；用氧化乐果防治棉蚜虫、红蜘蛛等害虫，采用涂茎法具有防效高、用药少、对天敌安全、不污染环境的优点。

（3）交替用药，合理混用农药 如果一个地区长期使用某一种或某一类农药，易使害虫和病菌产生抗药性。合理混用、轮换使用不同种类的农药，不仅能兼治多种病虫害，省工省时，还能防止或减缓害虫或病菌产生抗药性，提高农药使用寿命。但农药的复配、混用必须遵循以下原则。

① 2 种或 2 种以上农药混用后不能起化学反应。因为这种反应可能会导致有效成分的分解失效，甚至生成其他有害物质，造成

药害。

② 田间混用的农药物理性状应保持不变。2种农药混合后产生分层、絮状或沉淀，这样的农药不能混用。另外，混合后出现乳剂破坏、悬浮率降低，甚至结晶析出，这种情况也不能混用。因此，农药在混用前必须先做可混性试验。

③ 混用农药品种要具有不同的作用方式和兼治不同的防治对象，以达到扩大防治范围、增强防治效果的目的。

④ 农药混用应达到降低使用成本，减少农产品农药残留的目的。

（4）杜绝使用国家禁用、限用农药 如六六六、滴滴涕、杀虫脒、敌枯双、毒鼠强、艾氏剂、狄氏剂、汞氏剂等。提倡使用无公害农药。一是选用效果好，对人、畜、自然天敌都没有毒性和毒性极微的生物农药、生物制剂、病毒制剂、农用抗生素，如AT制剂、农用链霉素等。二是选用植物性杀虫剂，如从苦楝、茶树等植物中提取的杀虫制剂，如苦参素、烟碱乳油等。三是选用昆虫生长调节剂，如氟虫脲、定虫隆、灭幼脲等，其机理是抑制或促进昆虫生长发育，使之加速蜕皮或不能蜕皮，以达到防治效果。四是选用高效、低毒、低残留农药，如氟虫腈、吡虫啉等。

（5）要按照《农药安全使用标准》等规定用药 在单位使用量、使用浓度、次数、安全间隔期等方面做到安全用药。如用低毒农药速灭杀丁防治菜青虫、小菜蛾要求用药量不超过600mL/hm^2 1季最多喷3次，最后1次施药距收获上市不少于5d。

（6）综合防治病虫害，减少农药的使用 要选用先进的施药器械，以提高防效，降低农药损耗；要用足水量，喷雾要均匀，以确保防治效果。

第二章 果园常用杀虫剂

阿维菌素 abamectin

(Ⅰ) R=—CH_2CH_3(avermectin B_{1a})$C_{48}H_{72}O_{14}$, 873.1;

(Ⅱ) R=—CH_3(avermectin B_{1b}),$C_{47}H_{70}O_{14}$, 859.1; [71751-41-2]

其他名称 阿佛菌素、白螨净、杀虫素、阿灵、辛阿乳油、阿维菌素精品、阿巴美丁、爱福丁、7051杀虫素、虫螨光、绿菜宝。

主要剂型 0.5%、0.6%、1.0%、1.8%、2%、3.2%、5%乳油，5%微乳剂，0.15%、0.2%高渗乳油，1%、1.8%可湿性粉

剂，0.5%高渗微乳油，2%、10%水分散粒剂等。

毒性 高毒。

作用机理 作用于昆虫神经元突触或神经肌肉突触的GABAA受体，干扰昆虫体内神经末梢的信息传递，即激发神经末梢放出神经传递抑制剂γ-氨基丁酸（GABA），促使GABA门控的氯离子通道延长开放，对氯离子通道具有激活作用，大量氯离子涌入造成神经膜电位超级化，致使神经膜处于抑制状态，从而阻断神经末梢与肌肉的联系，使昆虫麻痹、拒食、死亡。因其作用机制独特，所以与常用的药剂无交互抗性。

产品特点 对螨类和昆虫具有胃毒和触杀作用，不能杀卵。螨类成虫、若虫和昆虫幼虫与阿维菌素接触后即出现麻痹症状，不活动、不取食，2～4d后死亡。喷施叶表面的阿维菌素可迅速分解消散，但渗入植物薄壁组织的活性成分可较长时间地存在于植物组织中，并有传导作用，这种作用决定了它对害螨和植物组织内取食危害的昆虫的长残效性。因不引起昆虫迅速脱水，所以阿维菌素致死作用较缓慢。阿维菌素对捕食性昆虫和寄生天敌虽有直接触杀作用，但因植物表面残留少，因此对益虫的损伤很小。阿维菌素在土内被土壤吸附不会移动，并且被微生物分解，因而在环境中无累积作用，可以作为综合防治的一个组成部分。调制容易，将制剂倒入水中稍加搅拌即可使用，对作物亦较安全。

应用 用于防治蔬菜、果树等作物上小菜蛾、菜青虫、黏虫、跳甲等多种害虫，作用于对其他农药产生抗性的害虫尤为有效。

（1）防治苹果树红蜘蛛 在卵孵化盛期用阿维菌素1.8%乳油3000～6000倍液［3～6mg（a.i.）/kg］喷雾，桃小食心虫树上防治在苹果套袋前用阿维菌素1.8%乳油2000～4000倍液［4.5～9mg（a.i.）/kg］喷雾。

（2）防治柑橘树红蜘蛛 在卵孵化盛期用阿维菌素1.8%乳油2000～4000倍液［4.5～9mg（a.i.）/kg］喷雾，锈壁虱用阿维菌素1.8%乳油4000～8000倍液［2.25～4.5mg（a.i.）/kg］喷雾防治。防治柑橘潜叶蛾，在夏、秋梢芽长5mm、发梢率20%以上时，在树冠外围和嫩梢喷布阿维菌素1.8%乳油2000～4000倍液

[4.5～9mg (a.i.)/kg]。

注意事项

(1) 施药时要有防护措施，戴好口罩等。

(2) 对鱼高毒，应避免污染水源和池塘等。

(3) 对蚕高毒，桑叶喷药后40d还有明显毒杀蚕作用。

(4) 对蜜蜂有毒，不要在开花期施用。

(5) 最后一次施药距收获期20d。

(6) 阿维菌素杀虫、杀螨的速度较慢，在施药后3d才出现死虫高峰，但在施药当天害虫、害蛾即停止取食、为害。

吡虫啉 imidacloprid

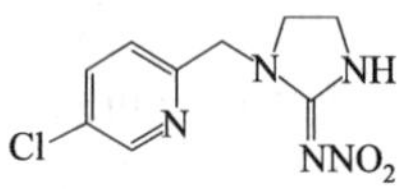

$C_9H_{10}ClN_5O_2$, 255.661,138261-41-3

其他名称 大丰收、连胜、必林、毒蚜、蚜克西、蚜虫灵、蚜虱灵、敌虱蚜、抗虱丁、蚜虱净、扑虱蚜、高巧、咪蚜胺、比丹、大功臣、康福多、一遍净、艾美乐等。

主要剂型 2.5%、5%、10%、20%、25%、50%、70%可湿性粉剂，5%、10%、20%可溶性浓剂，5%、6%、10%、12.5%、20%可溶性液剂，30%微乳剂，70%水分散粒剂，25%、35%、48%、350g / L、600g / L悬浮剂，15%微囊浮剂，2.5%、5%片剂，5%展膜油剂，2.5%、4%、5%、10%乳油，70%湿拌种剂，1%、60%悬浮种衣剂，70%种子处理可分散粉剂等。

毒性 低毒。

作用机理 该药是一种结构全新的神经毒剂化合物，其作用靶标是害虫体神经系统突触后膜的烟酸乙酰胆碱酯酶受体，干扰害虫运动神经系统正常的刺激传导，因而表现为麻痹致死。这与一般传统的杀虫剂作用机制完全不同，因而对有机磷、氨基甲酸酯、拟除虫菊酯类杀虫剂产生抗性的害虫，改用吡虫啉仍有较佳的防治效果。且吡虫啉与这三类杀虫剂混用或混配增效明显。

产品特点 吡虫啉属吡啶环杂环类杀虫剂，是一种高效、内吸性、广谱型杀虫剂，具有胃毒、触杀和拒食作用，作用于对有机磷类、氨基甲酸酯类、拟除虫菊酯类等杀虫剂产生抗药性的害虫也有优异的防治效果，对刺吸式口器害虫如蚜虫、叶蝉、飞虱、蓟马、粉虱等有较好的防治效果。

由于它的作用位点单一，害虫易对其产生耐药性，使用中应控制施药次数，在同一作物上严禁连续使用2次，当发现田间防治效果降低时，应及时换用有机磷或其他类型杀虫剂。

速效性好，药后1d即有较高的防效，残留期长达25d左右，施药一次可使一些作物在整个生长季节免受虫害。

药效和温度呈正相关，温度高，杀虫效果好。

吡虫啉除了用于叶面喷雾，更适用于灌根、土壤处理、种子处理。这是因为吡虫啉对害虫具有胃毒和触杀作用，叶面喷雾后，药效虽好，持效期也长，但滞留在茎叶的药剂一直是吡虫啉的原结构。而用吡虫啉处理土壤或种子，由于其良好的内吸收，被植物根系吸收进入植株后的代谢产物杀虫活性更高，即由吡虫啉原体及其代谢产物共同起杀虫作用，因而防治效果更高。吡虫啉用于种子处理时还可与杀菌剂混用。

鉴别要点：纯品为无色结晶，能溶于水；原药为浅橘黄色结晶；10%吡虫啉可湿性粉剂为暗灰黄色粉末状固体。

用户在选购吡虫啉制剂及复配产品时应注意：确认产品的通用名称或英文通用名称及含量；查看农药“三证”，5%和10%吡虫啉乳油、10%和25%吡虫啉可湿性粉剂应取得生产许可证（XK），其他吡虫啉单剂品种及其所有复配制剂应取得农药生产批准证书（HNP)；查看产品是否在2年有效期内。

吡虫啉常与杀虫单、杀虫双、噻嗪酮、抗蚜威、敌敌畏、辛硫磷、高效氯氰菊酯、氯氰菊酯、联苯菊酯、氰戊菊酯、阿维菌素、灭幼脲、哒螨灵等杀虫剂成分混配，用于生产复配杀虫剂。

应用

（1）主要防治蚜虫、蓟马、粉虱等刺吸式口器害虫，对鞘翅目、双翅目的一些害虫也有较好的防效，如潜叶蝇、潜叶蛾、黄曲条跳甲和种蝇属害虫。主要用于喷雾，也可用于种子处理等。

（2）防治十字花科蔬菜蚜虫、叶蝉、粉虱等。从害虫发生初期喷药，每亩用5%吡虫啉乳油30～40mL，或5%吡虫啉片剂30～40g，或10%吡虫啉可湿性粉剂15～20g，或25%吡虫啉可湿性粉剂6～8g，或50%吡虫啉可湿性粉剂3～4g，或70%吡虫啉可湿性粉剂或70%吡虫啉水分散粒剂2～3g，或200g/L吡虫啉可溶液剂8～10mL，或350g/L吡虫啉悬浮剂4～6mL，兑水30～45kg均匀喷雾。

（3）防治番茄、茄子、黄瓜、西瓜等瓜果类蔬菜的蚜虫、粉虱、蓟马、斑潜蝇。从害虫发生初期或虫量开始迅速增多时开始喷药。一般每亩用5%吡虫啉乳油60～80mL，或5%吡虫啉片剂60～80g，或10%吡虫啉可湿性粉剂30～40g，或25%吡虫啉可湿性粉剂12～16g，或50%吡虫啉可湿性粉剂6～8g，或70%吡虫啉可湿性粉剂或70%吡虫啉水分散粒剂4～6g，或200g/L吡虫啉可溶液剂15～20mL，或350g/L吡虫啉悬浮剂8～12mL，兑水45～60kg均匀喷雾。

（4）防治保护地蔬菜白粉虱、斑潜蝇。从害虫发生初期开始喷药。一般每亩用5%吡虫啉乳油80～100mL，或5%吡虫啉片剂80～100g，或10%吡虫啉可湿性粉剂40～60g，或25%吡虫啉可湿性粉剂20～25g，或50%吡虫啉可湿性粉剂10～12g，或70%吡虫啉可湿性粉剂或70%吡虫啉水分散粒剂6～8g，或200g/L吡虫啉可溶液剂20～30mL，或350g/L吡虫啉悬浮剂12～15mL，兑水45～60kg均匀喷雾。

（5）防治小猿叶虫，用10%吡虫啉可湿性粉剂1250倍液喷雾。

（6）防治苹果黄蚜，用20%吡虫啉可溶药剂5000～6500倍液喷雾。

（7）防治梨木虱，用20%吡虫啉可溶药剂2500～5000倍液喷雾。

（8）防治柑橘蚜虫，用10%吡虫啉可湿性粉剂3000～5000倍液喷雾。

注意事项

（1）尽管本药低毒，使用时仍需注意安全。

（2）施药时需注意防护，防止接触皮肤和吸入药粉药雾，施药后用肥皂和清水清洗手和身体暴露部位。

（3）不要与碱性农药混用，不宜在强阳光下喷雾使用，以免降低药效。

（4）为避免出现结晶，使用时应先把药剂在药桶中加少量水配成母液，然后再加足水，搅匀后喷施。

（5）不能用于防治线虫和螨类害虫。

（6）吡虫啉对人畜低毒，但对家蚕和虾类属高毒农药，对蜜蜂的毒性极高，因此必须禁止在桑园及蜜蜂活动区域使用吡虫啉制剂。吡虫啉无特效解毒剂，如发生中毒应及时送医院对症治疗。

（7）由于吡虫啉作用位点单一，害虫易对其产生耐药性，使用中应控制施药次数，在同一作物上严禁连续使用2次，当发现田间防治效果降低时，应及时换用有机磷类或其他类型杀虫剂。

虫酰肼　tebufenozide

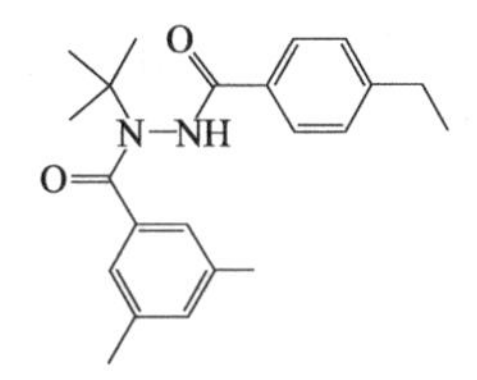

$C_{22}H_{28}N_2O_2$, 352, 112410-23-8

其他名称　米满、天地扫。

主要剂型　20%、200g/L、24%、30%悬浮剂。

毒性　微毒。

作用机理　干扰昆虫的正常生长发育，幼虫取食本品后，在不该蜕皮时产生蜕皮反应，即开始蜕皮，由于蜕皮不完全而导致幼虫脱水、饥饿而死亡。

产品特点　杀虫活性高，选择性强，对所有鳞翅目幼虫均有效，对抗性害虫棉铃虫、菜青虫、小菜蛾、甜菜夜蛾等有特效。并有极强的杀卵活性，对非靶标生物更安全。虫酰肼对眼睛和皮肤无刺激性，对高等动物无致畸、致癌、致突变作用，对哺乳动物、鸟类、天敌均十分安全。

应用 主要用于防治棉花、观赏作物、大豆、烟草、果树和蔬菜上的蚜科、叶蝉科、鳞翅目、斑潜蝇属、叶螨科、缨翅目、根疣线虫属等害虫。持效期2～3周。对鳞翅目害虫有特效。高效，亩用量0.7～6g（活性物）。用于果树、蔬菜、浆果、坚果、水稻、森林防护。

防治枣、苹果、梨、桃等果树卷叶虫、食心虫、各种刺蛾、各种毛虫、潜叶蛾、尺蠖等害虫，用20%悬浮剂1000～2000倍液喷雾。

注意事项

（1）本品对鸟无毒，对鱼和水生脊椎动物有毒，不要直接喷洒在水面，切勿将制剂及其废液弃于池塘、河溪和湖泊等，以免污染水源。

（2）本品对蚕高毒，严禁在蚕、桑园地区使用本品。

（3）所有施药器具用后应立即用清水清洗，洗刷施药用具的水，不要倒入田间。未用完的制剂应放在原包装内密封保存，切勿将本品置于饮、食容器内。

（4）该药对卵效果差，在幼虫发生初期喷药效果好。

敌敌畏 dichlorvos

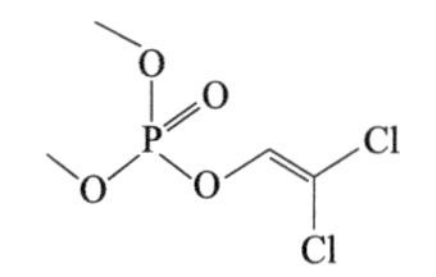

$C_4H_7Cl_2O_4P$, 220.98, 62-73-7

其他名称 DDVP。

主要剂型 30%、48%、50%、77.5%、80%、90%乳油，22.5%油剂，90%可溶液剂，28%缓释剂，2%、15%、22%、30%烟剂，25%块剂，3.18%粉剂。

毒性 中等毒性。

作用机理 抑制昆虫体内乙酰胆碱酯酶，造成神经传导阻断而引起死亡。对人也有同样的功效。

产品特点 敌敌畏为广谱性杀虫、杀螨剂。具有触杀、胃毒和熏蒸作用。对咀嚼口器和刺吸口器的害虫均有效。纯品为无色至琥珀色液体，微带芳香味。制剂为浅黄色至黄棕色油状液体，在水溶液中缓慢分解，遇碱分解加快，对热稳定，对铁有腐蚀性。对人畜中毒，对鱼类毒性较高，对蜜蜂剧毒。敌敌畏速效性好，药后1h开始起效，持效期为7d左右。

应用 苹果、桃、樱桃等落叶果树果园，树冠喷布敌敌畏77.5%乳油1600～2000倍液［400～500mg（a.i.）/kg］防治苹果小卷叶蛾和蚜虫。

注意事项

（1）高粱、玉米、豆类和瓜类易产生药害，果园间作这些作物时应小心使用。

（2）该品对人畜毒性大，易被皮肤吸收而中毒。中午高温时不宜施药，以防中毒。

（3）不能与碱性农药混用。

（4）该品水溶液分解快，应随配随用。

（5）禽、鱼、蜜蜂对该品敏感，应慎用。

（6）在果实采收前7d禁止使用。

啶虫脒 acetamiprid

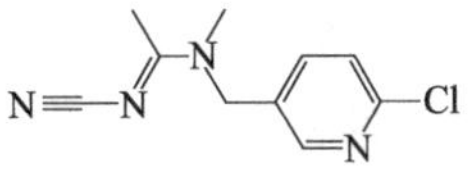

$C_{10}H_{11}ClN_4$, 222.68, 160430-64-8

其他名称 莫比朗、金烈、金喜、喜办蚜、傲蚜、压蚜、破蚜、村蚜、围蚜、虏蚜、炼蚜、吞蚜、彪蚜、刃蚜、刀蚜、采蚜、找蚜、控蚜、截蚜、宰蚜、剁蚜、砍蚜、退蚜、割蚜、惊蚜、缉蚜、潜蚜、盖蚜、闪蚜、搬蚜、突蚜、丢蚜、止蚜、追蚜、亮蚜、正蚜、拘蚜、革蚜、卷蚜、绞蚜、断蚜、卸蚜、奥蚜、爆蚜、烤蚜、迅蚜、烂蚜、踏蚜、盾蚜、悦蚜、蚜拚、蚜干、蚜矛、蚜终、蚜难、蚜跑、蚜冠、蚜泰、蚜服、蚜溃、蚜末、蚜苦、雅摄、雅杰、雅歌、美嘉、毕达、欧达、欧红、贵红、红秀、贝秀、妙药、万鑫、虏克、怒克、吾特、倍棒、标能、田能、尚能、冠能、冠田、夺冠、擒冠、风行、飞猎、飞捕、飞抗、飞戈、飞刀、天方、天巧、天猛、天捕、搜捕、斩捕、督定、拍定、定行、定钉、定收、定硕、硕壮、硕击、爽击、诛击、索击、顽击、背击、迎击、击胜、远胜、奇巧、劲卡、卡针、狂战、金蟾、金科、金角、金宁、金猛、定猛、彪猛、猛打、胃打、一打、橘星、亚良、百亚、百喷、千刃、千锤、万马、帅帅、攻刺、刺、断刺、全刺、多刺、驱刺、定刺、刺心、清刺、刺锉、御丹、银雀、勇胜、阻隔、真狠、真良、诺砍、诺氏、剑、千隆、千屠、网灭、朗灭、吸灭、袭灭、一戒、庄藩、闻喜、喜讯、喜雕、顺利、好矛、急迈、立定、胜券、吉品、品威、绿雷、津丰、尖峰、顶级、标典、绵师、蔬福、橘福、锐镖、锐商、高贵、高朗、劲朗、明朗、恩朗、好朗、吉朗、博朗、爽朗、赛朗、赛扬、踢净、逆净、恒净、露珠、永斗、斗杀、正杀、弥杀、敢表、杀招、好毙、战克、鼎克、克平、喷平、钻研、比捷、伸腿、伏吸、宝斩、却斩、妥当、鸿越、吸扫、火影、奇蛙、领驭、快落、命令、炸虫、嘹亮、响亮、亮鼎、顶大、弘泽、急得、农头、同驰、惠峨、扳停、蓝益、蓝旺、聚歼、飞炫、再康、创力、俊彪、金正赢金管蚜、蚜马施、蚜尔快、蚜成灰、蚜求饶、辟蚜星、阿达克、九品红、定盘星、万难替、小红蛙、农家盼、农不老、大灭虫、响当当、禾下土、天邦吼、吸汁快、快益灵、棘吸网、喷好、每年打、科莱令、依必克、金斯壮、以剑雷、马上清、周末闲、擂战、野田蚜清、中科蚜净、蚜得鲁斯、三元思隆、斗蚜翻一翻、野金蟓蚜、金穗敌锐杀、万马。

主要剂型 3%、5%乳油，1.8%、2%高渗乳油，3%、5%、20%可湿性粉剂，20%、40%可溶粉剂，3%微乳剂，20%可溶液剂，70%水分散粒剂。

毒性 低毒。

作用机理 作用于昆虫神经系统突触部位的烟碱乙酰胆碱受体，干扰昆虫神经系统的刺激传导，引起神经系统通路阻塞，造成神经递质乙酰胆碱在突触部位的积累，从而导致昆虫麻痹，最终死亡。

产品特点 具有触杀、胃毒和较强的渗透作用，杀虫速效，用量少，活性高，杀虫谱广，持效期长达20d左右，对环境相容性好等。由于其作用机理与常规杀虫剂不同，所以作用于对有机磷、氨基甲酸酯类及拟除虫菊酯类产生抗性的害虫有特效。对人畜低毒，对天敌杀伤力小，对鱼毒性较低，对蜜蜂影响小，适用于防治果树、蔬菜等多种作物上的半翅目害虫；用颗粒剂作土壤处理，可防治地下害虫。

应用 防治枣、苹果、梨、桃等果树蚜虫，在蚜虫发生初盛期，用啶虫脒20%可溶粉剂13333～16666倍液［12～15mg（a.i.)/kg］喷雾，杀蚜速效性好，耐雨水冲刷，持效期达20d以上。

防治柑橘蚜虫，于蚜虫发生期用啶虫脒20%可溶粉剂13333～16666倍液［12～15mg（a.i.)/kg］喷雾，对柑橘蚜虫有优良的防治效果和较长的持效性，且正常使用剂量下无药害。

注意事项

（1）本剂对桑蚕有毒性，切勿喷洒到桑叶上。

（2）不可与强碱性药液混用。

（3）本品应储存在阴凉干燥的地方，禁止与食品混储。

（4）本品虽毒性小，仍须注意不要误饮或误食，万一误食，立即催吐，并送医院治疗。

（5）本品对皮肤有低刺激性，注意不要溅到皮肤上，万一溅上，立即用肥皂水洗净。

丁硫克百威 carbosulfan

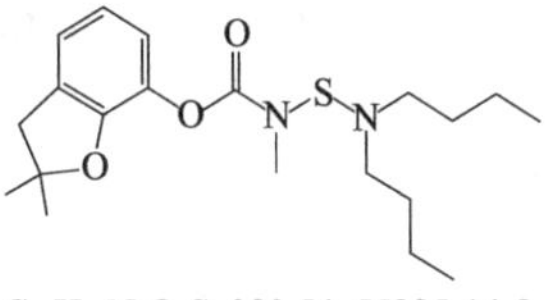

$C_{20}H_{32}N_2O_3S$, 380.54, 55285-14-8

其他名称 丁硫威、好年冬、安棉特。

主要剂型 200g/L乳油。

毒性 低毒。

作用机理 抑制昆虫乙酰胆碱酯酶（AchE）和羧酸酯酶的活性，造成乙酰胆碱（Ach）和羧酸酯的积累，影响昆虫正常的神经传导而致死。

产品特点 属于氨基甲酸酯类。经口毒性中等，经皮毒性低，无累计毒性，无致畸、致癌和致突变作用。对天敌和有益生物毒性较低，即克百威农药低毒化衍生物，属高效安全、使用方便的杀虫杀螨剂，是剧毒农药克百威较理想的替代品种之一。其杀伤力强，见效快，具有胃毒及触杀作用。特点是脂溶性、内吸性好、渗透力强、作用迅速、残留低、有较长的残效、使用安全等，对成虫及幼虫均有效，对作物无害。

应用 防治柑橘锈壁虱，喷布丁硫克百威 200g/L 乳油 1504～2000 倍液 [100～133.3mg (a.i.)/kg]，7～10d 一次，连续 2 次。

喷布丁硫克百威 200g/L 乳油 1504～2000 倍液 [100～133.3mg (a.i.)/kg]，防治柑橘蚜虫，于春梢芽长 5～10cm、有蚜株率达 25%以上时，喷雾防治，10d 一次，连续 2 次。

防治苹果黄蚜以 200g/L 乳油 2985～4000 倍液喷雾防治。

注意事项

(1) 本品不能与酸性或强碱性物质混用，但可与中性物质混用。

(2) 切忌误食，如果遇急性中毒，可用阿托品解毒，或送医院治疗。

(3) 存放于阴凉干燥处，应避光、防水、避火源。

(4) 喷洒时力求均匀周到，尤其是主靶标。

(5) 质量保证期：两年。

丁醚脲 diafenthiuron

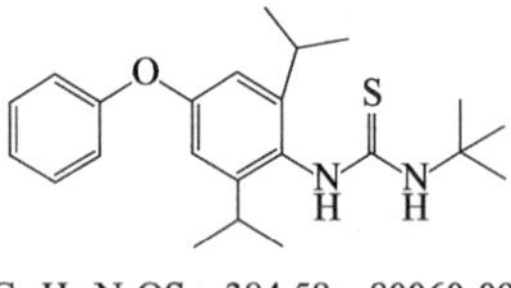

$C_{23}H_{32}N_2OS$，384.58，80060-09-9

其他名称 杀螨隆、宝路。

主要剂型 25%乳油，25%、500g/L 悬浮剂，50%可湿性粉剂。

毒性 中毒。

作用机理 通过干扰神经系统的能量代谢，破坏神经系统的基本功能，抑制几丁质合成，昆虫首先麻痹，以后才死亡。

产品特点 丁醚脲是一种新型硫脲类高效杀虫、杀螨剂，具有触杀、胃毒、内吸和熏蒸作用，且具有一定的杀卵效果。低毒，但对鱼、蜜蜂高毒。

在紫外线下转变为具有杀虫活性的物质，对蔬菜上已产生严重抗药性的害虫具有较强的活性。

应用 对成螨、幼螨、若螨及卵均有效，可用于防治果树（柑橘、苹果）、棉花、蔬菜、茶及观赏植物上的螨类（叶螨、锈螨）、蚜虫、粉虱、叶蝉、各种蛾类等害虫，有高防效性。主要以可湿性粉剂配成药液喷雾使用，防治蔬菜小菜蛾、菜青虫和棉花红蜘蛛，一般亩用有效成分 20～30g，持效期 10～15d。叶菜类使用超过标准计量会造成叶片不规则褶皱，严重时会出现灼烧现象。

螨害发生重时，尤其成螨、幼螨、若螨及螨卵同时存在，必须保证必要的用药量，25%丁醚脲不大于 4000 倍喷雾，喷至叶尖滴水为止，杀螨方式新颖，不同其他杀螨剂，保证连续使用两次，15d 一次，可保长时间无螨害。

注意事项

（1）杀螨速效性好；但要使药剂毒素完全释放，须选择阳光直射天气进行喷雾（如晴天喷雾，不选择阴天、清晨、傍晚喷雾等），方达最佳效果。分子结构上的硫脲基在阳光及多功能氧化酶作用下，把硫原子的共价键切断使变成具有强力杀虫、杀螨作用的碳化二亚胺，因此，在晴天使用为宜。

（2）不能与碱性农药混合使用，但可与波尔多液现混现用，短时间内完成喷雾不影响药效。

毒死蜱 clorpyrifos

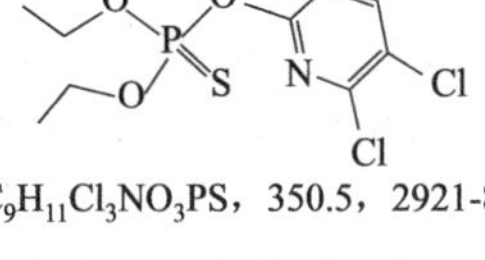

$C_9H_{11}Cl_3NO_3PS$，350.5，2921-88-2

其他名称 氯吡硫磷、氯蜱硫磷、乐斯本、白蚁清、氯吡磷等。

主要剂型 25%、40%、400g/L、480g/L、45%、50%乳油，3%、5%、10%、15%、20%颗粒剂，15%、30%、40%微乳剂，25%、30%、40%水乳剂，25%、30%微囊悬浮剂，15%烟雾剂。

毒性 中毒。

作用机理 是乙酰胆碱酯酶抑制剂，属硫代磷酸酯类杀虫剂。抑制体内神经中的乙酰胆碱酯酶（AChE）或胆碱酯酶（ChE）的活性而破坏正常的神经冲动传导，引起一系列中毒症状：异常兴奋、痉挛、麻痹、死亡。

产品特点 具有胃毒、触杀、熏蒸三重作用，对水稻、小麦、棉花、果树、蔬菜、茶树上多种咀嚼式和刺吸式口器害虫均具有较好防效。混用相容性好，可与多种杀虫剂混用且增效作用明显（如毒死蜱与三唑磷混用）。与常规农药相比毒性低，对天敌安全，是替代高毒有机磷农药（如1605、甲胺磷、氧乐果等）的首选药剂。白色结晶，具有轻微的硫醇味。非内吸性广谱杀虫、杀螨剂，在土地中挥发性较高。杀虫谱广，易与土壤中的有机质结合，对地下害虫特效，持效期长达30d以上。无内吸作用，可保障农产品、消费者的安全，适用于无公害优质农产品的生产。

应用 防治苹果和梨树的桃小食心虫、梨小食心虫，在成虫产卵初期，当树冠中部有虫卵的果达0.5%～1%时，开始喷药防治，喷布毒死蜱40%乳油1660～2500倍液［160～267mg（a.i.）/kg］，7～10d一次，连续2～3次。防治苹果绵蚜喷布毒死蜱40%乳油1000～2000倍液［200～400mg（a.i.）/kg］，14d一次，连续2次。

柑橘上的矢尖蚧和黑刺粉虱，在一二龄幼虫盛发期，于树冠喷布毒死蜱40%乳油800～1000倍液［400～500mg（a.i.）/kg］，14d一次，连续2次。防治柑橘始叶螨，在发梢初期和卵孵盛期喷布毒死蜱40%乳油800～1000倍液［400～500mg（a.i.）/kg］。

注意事项

（1）该品对柑橘树的安全间隔期为28d，每季最多使用1次。

（2）该品对蜜蜂、鱼类等水生生物、家蚕有毒，施药期间应避免对周围蜂群的影响，蜜源作物花期、蚕室和桑园附近禁用。远离水产养殖区施药，禁止在河塘等水体中清洗施药器具。

（3）该品对瓜类、烟草及莴苣苗期敏感，请慎用。

（4）使用该品时应穿戴防护服和手套，避免吸入药液。施药后，彻底清洗器械，并将包装袋深埋或焚毁，并立即用肥皂洗手和洗脸。

（5）使用时应遵守农药安全施用规则，若不慎中毒，可按有机磷农药中毒案例，用阿托品或解磷啶进行救治，并应及时送医院诊治。

（6）建议与不同作用机制杀虫剂轮换使用。

（7）不能与碱性农药混用。

多杀霉素　spinosad

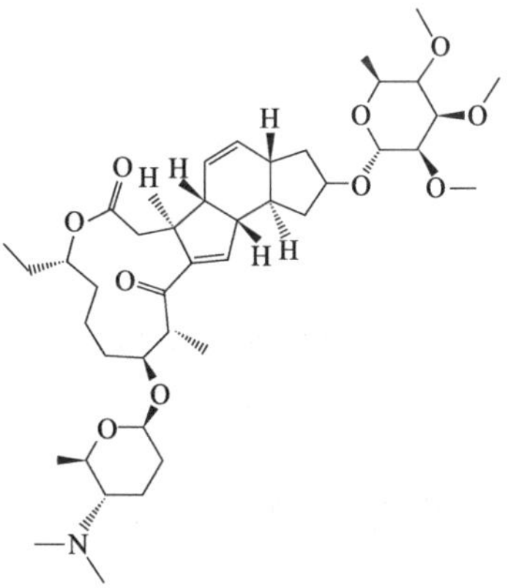

$C_{41}H_{65}NO_{10}$，731.96，131929-60-7

其他名称　多杀菌素、菜喜、催杀。

主要剂型　10%、20%水分散粒剂，5%、10%、20%、25g/L、480g/L 悬浮剂，10%可分散油悬浮剂，0.02%饵剂。

毒性　微毒。

作用机理　作用方式新颖，可以持续激活靶标昆虫乙酰胆碱烟碱型受体，但是其结合位点不同于烟碱和吡虫啉。多杀霉素也可以影响 GABA 受体，但作用机制不清楚。

产品特点 对害虫具有快速的触杀和胃毒作用，对叶片有较强的渗透作用，可杀死表皮下的害虫，残效期较长，对一些害虫具有一定的杀卵作用。无内吸作用。能有效地防治鳞翅目、双翅目和缨翅目害虫，也能很好地防治鞘翅目和直翅目中某些大量取食叶片的害虫种类，对刺吸式害虫和螨类的防治效果较差。对捕食性天敌昆虫比较安全，因杀虫作用机制独特，目前尚未发现与其他杀虫剂存在交互抗药性的报道。对植物安全无药害。适合于蔬菜、果树、园艺、农作物上使用。杀虫效果受下雨影响较小。可使害虫迅速麻痹、瘫痪，最后导致死亡。其杀虫速度可与化学农药相媲美。安全性高，且与目前常用杀虫剂无交互抗性，为低毒、高效、低残留、广谱的生物杀虫剂，既有高效的杀虫性能，又有对益虫和哺乳动物安全的特性，最适合无公害蔬菜、水果生产应用。

应用

(1) 在果树上喷施时，一般使用 480g/L 悬浮剂 12000～15000 倍液，或 25g/L 悬浮剂 800～1000 倍液喷雾，喷雾应均匀、周到，在害虫发生初期用药效果最佳。防治蓟马时重点喷洒幼嫩组织如嫩梢、花、幼果等。

(2) 防治柑橘橘小实蝇时多采用点喷投饵的用药方式，以诱杀橘小实蝇。一般每 $667m^2$ 喷投 0.02%饵剂 10～100mL。

注意事项

(1) 可能对鱼或其他水生生物有毒，应避免污染水源和池塘等。

(2) 药剂储存在阴凉干燥处。

(3) 最后一次施药离收获的时间为 7d。避免喷药后 24h 内遇降雨。

(4) 应注意个人的安全防护。如溅入眼睛，立即用大量清水冲洗。如接触皮肤或衣物，用大量清水或肥皂水清洗。如误服不要自行引吐，切勿给不清醒或发生痉挛患者灌喂任何东西或催吐，应立即将患者送医院治疗。

氟苯脲 teflubenzuron

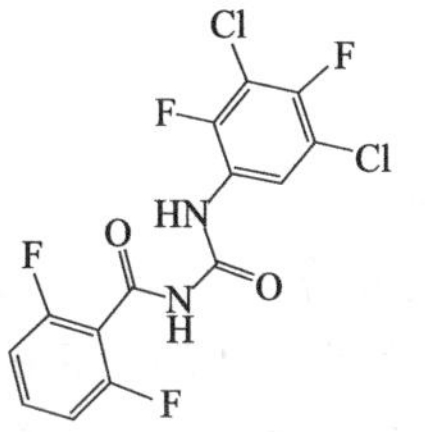

$C_{14}H_6Cl_2F_4N_2O_2$, 381.11, 83121-18-0

其他名称 农梦特、伏虫隆、特氟脲、得福隆、四氟脲、伏虫脲。

主要剂型 5%乳油。

毒性 大鼠急性经口 LD_{50} >5000mg/kg，小鼠 LD_{50} 为 4947～5176mg/kg，大鼠急性经皮 LD_{50} >2000mg/kg，大鼠急性吸入 LC_{50} 5038mg/m^3。对家兔眼睛、皮肤有轻度刺激。3 个月喂养试验对大鼠无作用剂量为每天 800mg/kg，狗为每天 4.75mg/kg。2 年喂养试验对大鼠无作用剂量为每天 5.38mg/kg，狗为每天 3.15mg/kg。动物试验未发现致畸、致突变、致癌现象。鲤鱼 LC_{50} >500mg/L（96h）。对鸟类和蜜蜂低毒，对家蚕有毒。

作用机理 主要是抑制几丁质合成，虫体接触后，破坏昆虫几丁质的形成。影响内表皮生成，使昆虫蜕皮变态时不能顺利蜕皮致死，但是作用缓慢。

产品特点 氟苯脲是一种苯基甲酰基脲类新型杀虫剂，具有胃毒、触杀作用，无内吸作用，属低毒杀虫剂，对作物安全。作用于对有机磷、拟除虫菊酯等产生抗性的鳞翅目和鞘翅目害虫有特效，宜在卵期和低龄幼虫期应用，对叶蝉、飞虱、蚜虫等刺吸式害虫无效。

应用

(1) 防治枣树、苹果等潜叶蛾，在卵的孵化盛期，喷布 5%氟苯脲（农梦特）乳油 1000～2000 倍液+1000 倍“天达 2116”（果树专用型），每 15d 1 次，抽放 1 次新梢，喷布 1～2 次。

(2) 防治枣树、苹果等果树的金纹细蛾、卷叶蛾、刺蛾，可在卵孵化盛期和低龄幼虫期，用5%氟苯脲乳油1000～2000倍液喷雾。

注意事项

(1) 昆虫的发育时期不同，出现药效时间有别，高龄幼虫需3～15d，卵需1～10d，成虫需5～15d，因此要提前施药才能奏效。有效期可长达1个月。对在叶面活动为害的害虫，应在初孵幼虫时喷药；对钻蛀性害虫，应在卵孵化盛期喷药。

(2) 喷药时要求均匀周到。

(3) 本品对水生甲壳类动物有毒，使用时，不要污染水源。

氟虫脲　flufenoxuron

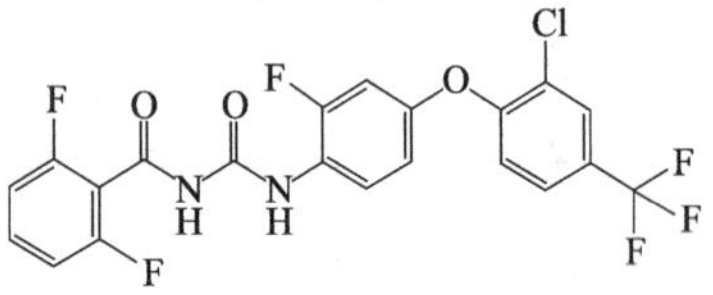

$C_{21}H_{11}ClF_6N_2O_3$, 488.7671, 101463-69-8

其他名称　氟芬隆。

主要剂型　50g/L可分散液剂。

毒性　低毒。

作用机理　是几丁质合成抑制剂，阻碍昆虫正常蜕皮，使卵的孵化、幼虫蜕皮及蛹发育畸形，成虫羽化受阻。

产品特点　其杀虫活性、杀虫谱和作用速度均具特色，并有很好的叶面滞留性。尤其对未成熟阶段的螨和害虫有高的活性，对若螨效果好，不杀成螨，但雌成螨接触药后，产卵量减少，并造成不育或所产的卵不孵化。杀虫谱较广，对鳞翅目、鞘翅目、双翅目、半翅目、蜱螨亚纲等多种害虫有效。广泛用于棉花、大豆、果树、玉米和咖啡上，防治食植性螨类（刺瘿螨、短须螨、全爪螨、锈螨、红叶螨等）和许多其他害虫，并有很好的持效作用，对捕食性螨和昆虫安全。由于该药杀灭作用较慢，所以施药时间要较一般杀虫、杀螨剂提前2～3d，防治钻蛀性害虫宜在卵孵化盛期至幼虫蛀入作物前施药，防治害螨时宜在若螨盛发期施药。

应用 氟虫脲主要通过喷雾防治害虫及害螨。在苹果、柑橘等果树上喷施时，一般使用 50g/L 可分散液剂 1000～1500 倍液喷雾；在蔬菜、棉花等作物上喷施时，一般每 $667m^2$ 使用 50g/L 可分散液剂 30～50mL，兑水 30～45L 喷雾；防治草地蝗虫时，一般每 $667m^2$ 使用 50g/L 可分散液剂 10～15mL，兑水后均匀喷雾。喷药时应均匀、细致、周到。

注意事项 不宜和碱性药剂混用，所以应间隔开施药。先喷氟虫脲时，10d 后再喷波尔多液防病；如果先喷波尔多液后再喷氟虫脲，则间隔期要适当延长。苹果上应在采收前 70d 用药，柑橘上应在收获前 50d 用药。

氟啶脲 chlorfluazuron

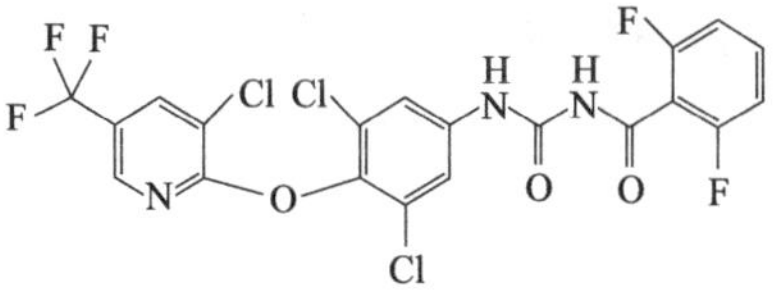

$C_{20}H_9Cl_3F_5N_3O_3$, 540.65, 71422-67-8

其他名称 抑太保、定虫脲、氟伏虫脲、菜得隆、方通蛾、洽益旺、抑统、农美、蔬好、菜亮、保胜、顶星、卷敌、赛信、夺众、奎克、顽结、妙保、友保、雷歌、搏魁、玄锋、力成、瑞照、标正美雷、仰大一保、夜蛾天关。

主要剂型 5%、50g/L、50%乳油。

毒性 低毒。

作用机理 抑制几丁质合成，阻碍昆虫正常蜕皮，使卵的孵化、幼虫蜕皮及蛹发育畸形，成虫羽化受阻。

产品特点 胃毒、触杀。该药药效高，但作用速度较慢，幼虫接触药剂后不会很快死亡，但取食活动明显减弱，一般在药后 5～7d 才能达到防效高峰。对鳞翅目、鞘翅目、直翅目、膜翅目、双翅目等活性高，对蚜虫、叶蝉、飞虱无效。适用于对有机磷类、拟除虫菊酯类、氨基甲酸酯等杀虫剂已产生抗性的害虫的综合治理。

应用 在卵孵化盛期至低龄幼虫期均匀喷药，7d左右1次，特别注意喷洒叶片背面，使叶背均匀着药；害虫发生偏重时最好与速效性杀虫剂混配使用。一般每亩次使用5%乳油或50g/L乳油80～100mL，或50%乳油8～10mL，兑水30～60kg均匀喷雾；或使用5%乳油或50g/L乳油500～700倍液，或50%乳油5000～7000倍液均匀喷雾。

注意事项

（1）本剂无内吸传导作用，施药必须均匀周到，要使药液湿润全部枝叶，才能发挥药效，适期较一般有机磷、除虫菊酯类杀虫剂提早3d左右，在低龄幼虫期喷药，钻蛀性害虫宜在产卵盛期施药。

（2）本品对蜜蜂、鱼类等水生生物、家蚕有毒，施药期间应避免对周围蜂群的影响，蜜源作物花期、蚕室和桑园附近禁用。远离水产养殖区施药，禁止在河塘等水体中清洗施药器具。

（3）棉花和甘蓝每季作物使用不超过3次，柑橘不超过2次。安全间隔期棉花和柑橘均为21d，甘蓝7d。

（4）不能与碱性药剂混用。如果在药液中加入0.03%有机硅或0.1%洗衣粉，可显著提高药效。

氟铃脲 hexaflumuron

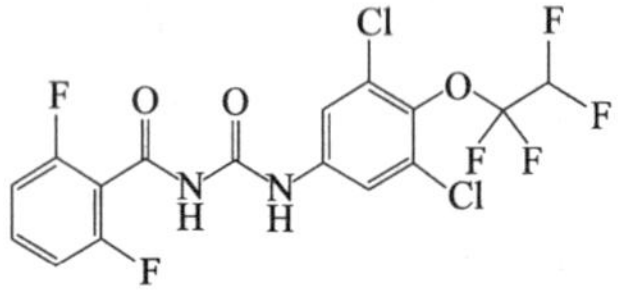

$C_{16}H_8Cl_2F_6N_2O_3$, 461.15, 86479-06-3

其他名称 六福隆、氟羚尿、伏虫灵、果蔬保、六伏隆、伏虫脲、灭幼脲1号、苏脲1号、定打、包打、主打、乐打、战帅、铲蛾、卡保、蛋煞、莱鸟、莱拂、坚固、竞魁、猛斗、道行、诱玫、焚铃、博奇、永休、息灭、兑现、三攻、远化、飞越、农基金卡、天和吊丝敌。

主要剂型 5%乳油，20%悬浮剂。

毒性 低毒。LD_{50}（mg/kg）：大白鼠急性经口大于5000，大白鼠急性经皮大于5000。大白鼠急性吸入LC_{50}（4h）>2.5mg/L（达到的最大浓度）。在田间条件下，仅对水虱有明显的危害。对蜜

蜂的接触和经口 LD_{50} 均大于 0.1mg/只。

作用机理 抑制壳多糖形成，阻碍害虫正常蜕皮和变态，还能抑制害虫进食速度。

产品特点 施药时期要求不严格，可以防治对有机磷及拟除虫菊酯已产生抗性的害虫。具有杀虫活性高、杀虫谱较广、击倒力强、速效等特点。可防治棉花、果树上的鞘翅目、双翅目、鳞翅目、同翅目害虫，兼有杀卵活性。尤其对棉铃虫等害虫效果很好，对螨无效。

应用 可使用于棉花、番茄、辣椒、十字花科蔬菜、苹果、桃、柑橘等多种植物。防治鳞翅目害虫，如菜青虫、小菜蛾、甜菜夜蛾、甘蓝夜蛾、烟青虫、棉铃虫、金纹细蛾、潜叶蛾、卷叶蛾、造桥虫、刺蛾类、毛虫类等。

防治枣树、苹果、梨等果树的金纹细蛾、桃潜蛾、卷叶蛾、刺蛾、桃蛀螟等多种害虫，可在卵孵化盛期或低龄幼虫期用 1000～2000 倍 5%乳油喷洒，药效可维持 20d 以上。

防治柑橘潜叶蛾，可在卵孵化盛期用 5%乳油 1000 倍液喷雾。

防治枣树、苹果等果树的棉铃虫、食心虫等害虫，可在卵孵化盛期或初孵化幼虫入果之前用 1000 倍 5%乳油喷雾。

注意事项

（1）对食叶害虫应在低龄幼虫期施药；钻蛀性害虫应在产卵盛期、卵孵化盛期施药。该药剂无内吸性和渗透性，喷药要均匀、周密。

（2）不能与碱性农药混用。但可与其他杀虫剂混合使用，其防治效果更好。

（3）对鱼类、家蚕毒性大，要特别小心。

高效氯氟氰菊酯 lambda-cyhalothrin

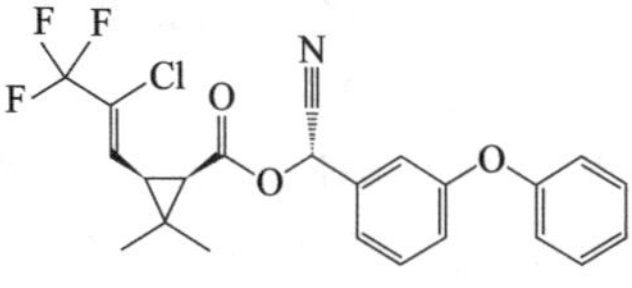

$C_{23}H_{19}ClF_3NO_3$, 449.85, 91465-08-6

其他名称 三氟氯氰菊酯、功夫菊酯、空手道、毒特星、功乐、攻关、功千、功勋、功禾、功锐、功星、功令、功浚、功特、攻猎、功将、功倒、攻索、功高、攻害、功力、功灿、功卡、功灭、金功、银功、立功、顶渺、好功、美功、森功、闪功、展功、广功、澳功、捷功、尊功、领功、稳功、爱功、极功、硬功、迅功、神功、易攻、至功、胜功、炫功、玄宝功、傲功、扑功、强攻、强弩、当关、飞红、红箭、惊彩、彩地、日高防、高发、高兰、高福、共福、泰龙、彪、劲彪、彪戈、英瑞、连斗、斗螽、斗魁、雷帅、碧宝、喷金、金登、金菊、鑫碧、氟虎、暂星、铁骑、铁腕、美赛、赛镖、擒敌、更富、荣茂、闪点、万凯、万祥、万巧、巧克、巧杀、砍杀、统杀、统宁、冲锋、巅逢、封害、狂纵、多击、击破、击断、米格、翠浓、务农、天戟、天矛、天弓、天菊、无患、刚劲、劲跑、劲夫、胜夫、夫伏、强悍、强镇、丝抑、顶秀、希利、真迅、迅拿、迅奇、奇猛、怒猛、蔬香、添翼、力鼎、透拿、速征、森戈、稼尊、震死、植喜、傲申、跃成、方捕、朗穗、朗星、健祥、黑雾、诱敌、闪平、联扑、妙胜、东晟、定生、定剑、乐剑、重歼、射手、单挑、双盾、通惠、惠择、大康、小康、康夫、消卷、穿纵、丰野、稳定杀、四面击、好本事、好农夫、好渗达、好乐士、圣斗士、金锐宁、黄金甲、恒功清、见虫卡、专整虫、虫垮台、绿青丹、雷司令、如雷贯、功得乐、特鲁伊、华夏龙、寒风刀、秋风扫、死翘翘、洽益鹏、百千浪、百业新、金秋风扫、菜茶帮手、苏化正功、丰山农富、上格治服、瑞德丰瑞功。

主要剂型 25g/L、50g/L、10%乳油，10%水乳剂，2.5%、5%微乳剂，25%可湿性粉剂，75g/L 微囊悬浮剂。

毒性 低毒。

作用机理 抑制昆虫神经轴突部位的传导。

产品特点 纯品为白色固体，工业品黄色至棕色黏稠油状液体，光下 pH7～9 缓慢分解，pH＞9 加快分解。易溶于丙酮、甲醇、醋酸乙酯、甲苯等多种有机溶剂，溶解度均＞500g/L；不溶于水。常温下可稳定储藏半年以上；日光下在水中半衰期 20d；土壤中半衰期 22～82d。

高效氯氟氰菊酯为高效、广谱、速效拟除虫菊酯类杀虫、杀螨剂，以触杀和胃毒作用为主，具有趋避作用，无内吸作用。喷洒后耐雨水冲刷，但长期使用昆虫易对其产生抗性，对刺吸式口器的害虫及害螨有一定防效，在螨类发生初期使用，可抑制螨类数量上升，当螨类已大量发生时，就控制不住其数量，因此只能用于虫螨兼治，不能用于专用杀螨剂。对鳞翅目、鞘翅目和半翅目等多种害虫和其他害虫，以及叶螨、锈螨、瘿螨、跗线螨等有良好效果，在虫、螨并发时可以兼治，可防治棉红铃虫和棉铃虫、菜青虫、菜缢管蚜、茶尺蠖、茶毛虫、茶橙瘿螨、叶瘿螨、柑橘叶蛾、橘蚜以及柑橘叶螨、锈螨、桃小食心虫及梨小食心虫等，也可用来防治多种地表和公共卫生害虫。

应用

（1）桃小食心虫、梨小食心虫。卵孵盛期，用高效氯氟氰菊酯 25g/L 乳油 4000～5000 倍液［5～8.3mg（a.i.）/kg］兑水均匀喷雾，每季 2～3 次，还可防苹果上的蚜虫。

（2）苹果全爪螨、山楂叶螨。在苹果落花后两种叶螨幼、若、成螨集中发生期，常规用量，可抵制螨的发生，并可兼治蚜虫、金纹细蛾等害虫。

（3）防治柑橘潜叶蛾，在夏、秋梢芽长 5mm、发梢率 20%以上时，在树冠外围和嫩梢喷布高效氯氟氰菊酯 25g/L 乳油 4000～6000 倍液［12.5～25mg（a.i.）/kg］，对新梢的保护可达 90%以上。

（4）荔枝蒂蛀虫，在荔枝采果前 10～20d，树上喷布高效氯氟氰菊酯 25g/L 乳油 1000～2000 倍液。

注意事项

（1）该药不宜与碱性农药混用。与波尔多液混用容易降低药效。

（2）该药对蜂、蚕高毒。对果园天敌昆虫杀伤严重，使用时应避免伤害蜂、蚕和果园天敌昆虫。

（3）本剂对皮肤、眼睛有刺激性，施用时要尽量减少药液对皮肤的污染，尤其是脸部。

（4）严禁用本剂诱捕和毒杀鱼、虾等水生生物，破坏水产资源。

（5）本剂以触杀作用为主，在喷药时应做到均匀周到，叶片正反都要喷到，才能收到较为理想的效果。

（6）此药兼有抑制害螨的作用，但不要作为专用杀螨剂防治害螨。

高效氯氰菊酯　cyhalothrin

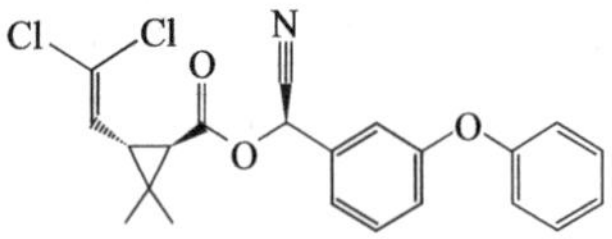

$C_{22}H_{19}Cl_2NO_3$,416.3,65731-84-2

其他名称　高保、高效氯氰菊酯高清、高冠、高打、高亮、高唱、金高、商乐、植乐、太强、赛诺、赛得、赛康、宇豪、拦截、益稼、田备、邦富、万钧、聚焦、三破、亮棒、牺命、超杀、拼杀、铲杀、西杀、伏杀、跳杀、畅杀、勇刺、狂刺、蛾刀、歼打、歼灭、斩灭、大顺、寒剑、乐邦、保士、科海、对劲、电灭、丰元、卫宝、点通、菜菊、妙菊、福禄、绿邦、绿丹、绿泽、绿爽、绿林、绿佬、朗绿、绿隆、绿威、绿福、欣绿、百绿、百成、百媚、厉网、撒网、白隆、能治、盛歌、奇袭、轰动、安治、正龙、顶峰、争峰、博冠、五行、缚虫、寻虫、拷虫、虫寒、战将、庆除、维本、无恙、傻鹅、暴击、倍胜、阻害、叶屏、永进、夺标、金标、抑飞、锐猛、猛斩、欧功、锦功、好除、当先、稳克、准克、克怕、宰割、通祛、欧卡、通食、弗星、蓝钻、蓝科、兰能、澳手、快锐、方锐、胜爽、奥红、红福、民福、永富、内力、野战、天亮、天能、天龙宝、高绿宝、津绿宝、阿锐宝、顺天宝、绿安泰、绿百事、绿田宝、绿可安、绿稼园、绿杀丹、绿青兰、千织网、天邦风、好搭档、虫必除、百虫灭、百隆实、克虫厉、焚虫焚、保绿丰、保绿宁、保绿康、神农箭、菜得丰、好防星、乙太力、大灭灵、大决战、小卫士、瓢甲敌、好悦克、灭害特、利果兴、邦尼忙、杀敌通、普敌克、普虫杀、爱克杀、杀破狼、比杀力、金直击、三步倒、七把刀、福乐农、农喷乐、农人乐、农拜它、奇力灵、护田剑、祥宇剑、一刀准、一片倒、个个倒、莫格里、喷蔬田、焦虫水、净虫灵、选对灵、联诚克、攻下塔、死了得、号角星、钱满袋、保丰净丹、凯明怡园、中农捷捕、威敌高禄、百虫斩首、百蚜净清、横杀百虫、荔蛀春宁、前打后死、悦联兴绿宝、野田杀虫毒、青虫隔叶杀、辉丰菜老大。

主要剂型 2.5%、4.5%乳油，5%可湿性粉剂，4.5%微乳剂，4.5%水乳剂，5%悬浮剂。

毒性 低毒。

作用机理 通过与害虫钠通道相互作用而破坏神经系统的功能。

产品特点 纯品为白色固体，工业品为黄色至棕色黏稠固体。60℃时为黏稠液体。对光稳定，温度大于220℃时缓慢重量损失，在弱酸、中性条件下稳定，遇碱分解，水解半衰期为1d。具有触杀和胃毒作用，无内吸性。杀虫谱广、药效迅速，对光、热稳定，对某些害虫的卵具有杀伤作用。用此药防治对有机磷产生抗性的害虫效果良好，但对螨类和盲蝽防治效果差。该药残效期长，正确使用时对作物安全。

应用

(1) 桃小食心虫、梨小食心虫和梨木虱。在卵的孵化盛期，树冠喷布2.5%乳油800～1200倍液[20～33mg (a.i.)/kg]。

(2) 柑橘潜叶蛾，于夏、秋梢芽长5mm，抽梢率达20%左右时，在树冠外围和新梢喷布4.5%乳油2250～3000倍液[15～20mg (a.i.)/kg]。防治柑橘红蜡蚧在卵孵化盛期喷布50mg (a.i.)/kg。

注意事项

(1) 该药与波尔多液混用易降低药效，应尽量避免混用。可与有机杀菌剂混用，解决虫病兼治问题。

(2) 多次、连续使用该药，易使柑橘潜叶蛾产生抗药性。我国东南沿海和云南广大橘区因产生抗药性，氯氰菊酯已被淘汰使用。因该药与杀螨剂的混用，不能解决害螨猖獗为害问题，笔者提倡梅园尽量少用或不用氯氰菊酯。

（3）该药对蜂、蚕剧毒，靠近蜂、蚕场的果园不要使用。

（4）苹果、桃采果前半个月、柑橘采果前1个月停止使用，避免果实残留毒害。

甲氰菊酯　fenpropathrin

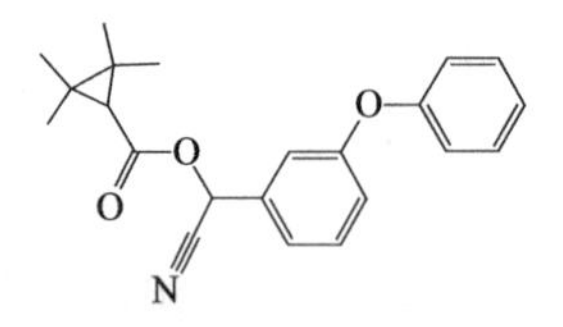

$C_{22}H_{23}NO_3$, 349.42, 64257-84-7

其他名称　灭扫利、中西农家庆、农螨丹、甲氰菊酯乳剂、分扑菊、腈甲菊酯。

主要剂型　20%乳油。

毒性　中毒。

作用机理　抑制昆虫神经轴突部位的传导，属神经毒剂，作用于昆虫的神经系统，使昆虫过度兴奋、麻痹而死亡。

产品特点　甲氰菊酯是一种拟除虫菊酯类杀虫杀螨剂，具有触杀、胃毒和一定的驱避作用，无内吸、熏蒸作用。该药杀虫谱广，击倒效果快，持效期长，其最大特点是对许多种害虫和多种叶螨同时具有良好的防治效果，特别适合在害虫、害螨并发时使用。

甲氰菊酯适用作物非常广泛，常使用于苹果、柑橘、荔枝、桃树、栗树等果树及棉花、茶树、十字花科蔬菜、瓜果类蔬菜、花卉等植物，主要用于防治叶螨类、瘿螨类、菜青虫、小菜蛾、甜菜夜蛾、棉铃虫、红铃虫、茶尺蠖、小绿叶蝉、潜叶蛾、食心虫、卷叶蛾、蚜虫、白粉虱、蓟马及盲蝽类等多种害虫、害螨。

应用

（1）防治桃小食心虫。卵孵盛期施药，当卵果率达0.5%～

1%时，用甲氰菊酯 20%乳油 2000～3000 倍液［67～100mg (a. i.)/kg］喷雾。整季喷药 3～4 次，可有效控制其危害，残效期 10d 左右。

（2）防治苹果叶螨。苹果花前或花后，成、若螨发生期，当每片叶平均达 2 头螨时施药，用甲氰菊酯 20%乳油 3000 倍液喷雾。在螨口密度较低的情况下，残效期为 24～28d。还可用于防治其他果树的潜叶蛾和叶螨。

（3）防治柑橘潜叶蛾，在夏、秋梢芽长 5mm、发梢率 20%以上时，在树冠外围和嫩梢喷布甲氰菊酯 20%乳油 8000～10000 倍液［20～25mg（a. i.)/kg］，对新梢的保护可达 90%以上。喷布甲氰菊酯 20%乳油 2000～3000 倍液［67～100mg（a. i.)/kg］可防治柑橘树红蜘蛛。

注意事项

（1）不能和碱性农药混用，以免减效。

（2）本剂仅有触杀、胃毒效果，喷药时力求均匀周到，才能确保效果。

（3）本药适宜于虫、螨并发时使用，不能作为专用杀螨剂使用。为防止和延缓抗药性产生，最好与其他药剂轮换施用。

（4）施药时要注意防护，皮肤接触药液有轻微刺激性，但很快恢复。

（5）苹果、梨、桃等采果前半个月停止施用。

甲氧虫酰肼 methoxyfenozide

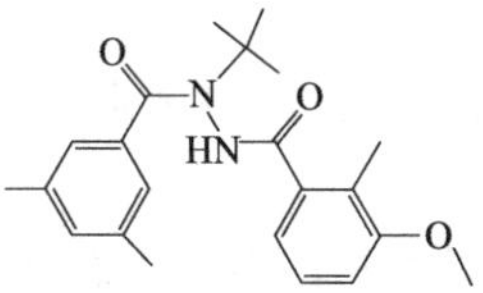

$C_{22}H_{28}N_2O_3$, 368.47, 161050-58-4

其他名称 氧虫酰肼、雷通。

主要剂型 24%悬浮剂。

毒性 低毒。

作用机理 甲氧虫酰肼亦为蜕皮激素激动剂，它引起鳞翅目幼虫停止取食，加快蜕皮进程，使害虫在成熟前因提早蜕皮而致死。该药与抑制害虫蜕皮的药剂的作用机制相反，可在害虫整个幼虫期用药进行防治。

产品特点 对鳞翅目害虫具有高度选择杀虫活性，没有渗透作用及韧皮部内吸活性，主要通过胃毒作用致效，同时也具有一定的触杀及杀卵活性。与环虫酰肼、氯虫酰肼和虫酰肼等其他双酰肼类杀虫剂一样。

应用 甲氧虫酰肼主要用于防治鳞翅目害虫的幼虫，如甜菜夜蛾、甘蓝夜蛾、斜纹夜蛾、菜青虫、棉铃虫、金纹细蛾、美国白蛾、松毛虫、尺蠖及水稻螟虫等，适用作物有十字花科蔬菜、茄果类蔬菜、瓜类、棉花、苹果、桃、水稻、林木等。

防治苹果蠹蛾、苹小食心虫等，在成虫开始产卵前或害虫蛀果前施药，用24%悬浮剂12～16g/亩，兑水200L喷雾。重发区建议用最高推荐剂量，10～18d后再喷1次。安全间隔期14d。

注意事项

（1）施药时期掌握在卵孵化盛期或害虫发生初期。

（2）为防止抗药性产生，害虫多代重复发生时建议与其他作用机理不同的药剂交替使用。

（3）对鱼类毒性中等。

苦皮藤素 *Celastrus angulatus*

其他名称 菜虫净。

主要剂型 1%乳油，0.2%、1%水乳剂。

毒性 低毒。

作用机理 初步研究表明，以苦皮藤素Ⅴ为代表的毒杀成分主要作用于昆虫肠细胞的质膜及其内膜系统；以苦皮藤素Ⅳ为代表的麻醉成分可能是作用于昆虫的神经-肌肉接点，而谷氨酸脱羧酶可能是其主要作用靶标。

产品特点 具有麻醉、拒食和胃毒、触杀作用，并且不产生抗药性，不杀伤天敌，理化性质稳定。克服了一般植物源和生物杀虫剂的起效缓慢、无触杀功效、易光解、易氧化缺点，无环境污染，药效时间较一般植物源和生物杀虫剂长10～15d，对人畜无毒害作用。

应用　还未有在果树上登记的记录。

苦参碱 matrine

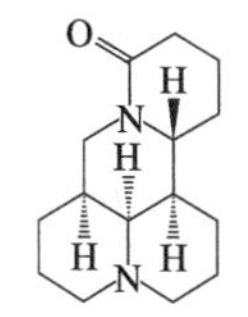

$C_{15}H_{24}N_2O$, 248.37, 519-02-8

其他名称　母菊碱、苦甘草、苦参草、苦豆根、西豆根、苦平子、野槐根、山槐根、干人参、苦骨、绿宝清、百草一号、绿宝灵、维绿特、碧绿。

主要剂型　0.2%、0.3%水剂，1%醇溶液，1.1%粉剂，1%可溶性液剂。

毒性　中毒。

作用机理　害虫一旦触及，神经中枢即被麻痹，继而虫体蛋白质凝固，虫体气孔堵死，使害虫窒息而死。

产品特点　苦参碱是一种低毒的植物杀虫剂。该杀虫剂对害虫具有触杀和胃毒作用，对于蔬菜、苹果树、棉花等作物上的菜青虫、蚜虫、红蜘蛛防治效果较好。

应用

(1) 防治苹果叶螨。在苹果树开花后，叶螨越冬卵开始孵化至孵化结束期间防治，用0.2%水剂100～300倍液喷雾，以整株树叶喷湿为宜。

(2) 防治蚜虫。在蚜虫发生期施药，每亩用1%苦参碱醇溶液50～120mL或0.3%水剂50～65mL，加水40～50kg，叶背、叶面均匀喷雾，着重喷叶背。

注意事项　储存在避光、阴凉、通风处。严禁与碱性农药混用。如作物用过化学农药，5d后方可施用此药，以防酸碱中和影响药效。

乐果 dimethoate

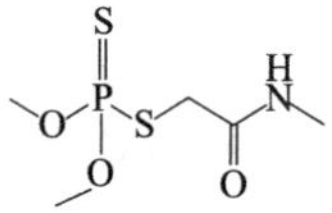

$C_5H_{12}NO_3PS_2$, 229.2, 60-51-5

其他名称 乐戈。

主要剂型 40%、50%乳油，60%可溶性粉剂，20%可湿性粉剂，1.5%、2%粉剂。

毒性 中毒。

作用机理 在昆虫体内能氧化成活性更高的氧乐果，其作用机制是抑制昆虫体内的乙酰胆碱酯酶，阻碍神经传导而导致死亡。

产品特点 乐果是内吸性有机磷杀虫、杀螨剂。杀虫范围广，对害虫和螨类有强烈的触杀和一定的胃毒作用。

乐果纯品为白色针状结晶，在水中溶解度为39g/L（室温）。易被植物吸收并输导至全株。在酸性溶液中较稳定，在碱性溶液中迅速水解，故不能与碱性农药混用。乐果对害虫的毒力随温度的增高而显著增强，气温在15℃以下时，药效较差，当气温升高到40℃以上时，乐果的分解速度又会显著加快，从而缩短药效期。药效期一般为5～7d。

应用 苹果、梨、葡萄、柿、栗等果树在开花前后和夏季，用40%乐果乳油1000～1600倍液喷雾，可防治苹果瘤蚜、绣线菊蚜、苹果绵蚜、梨二叉蚜、梨黄粉蚜、葡萄根瘤蚜等害虫和苹果叶螨、山楂叶螨等害螨。

防治柑橘叶螨、六点始叶螨和全爪螨，于春梢芽长5～10cm，平均每叶有螨3头时，喷布40%乳油1000～1600倍液，7～10d一次，连续2次。乐果对始叶螨防治效果较好，但对全爪螨的效果越来越差。防治柑橘蚜虫，于春梢芽长5～10cm、有蚜株率达25%以上时，喷布40%乳油1000～1600倍液，10d一次，连续2次。

注意事项

(1) 啤酒花、菊科植物、高粱有些品种及烟草、枣树、桃、杏、梅树、橄榄、无花果、柑橘等作物，对稀释倍数在1500倍以下的乐果乳剂敏感，使用前应先做药害实验。

(2) 乐果对牛、羊的胃毒性大，喷过药的绿肥、杂草在1个月内不可喂牛、羊。施过药的地方7～10d内不能放牧牛、羊。对家禽胃毒更大，使用时要注意。

(3) 蔬菜在收获前不要使用该药。

(4) 经口摄入中毒可用生理盐水反复洗胃，接触中毒应迅速离开现场。解毒剂为阿托品、解磷啶、氯磷啶，应加强心脏监护，保护心脏，防止猝死。

(5) 高锰酸钾可使乐果氧化成毒性更强的物质，所以乐果中毒禁用高锰酸钾洗胃。

藜芦碱 vertrine

其他名称 西代丁。

主要剂型 0.5%可溶性液剂，0.6%水剂。

毒性 低毒。

作用机理 经虫体表皮或吸食进入消化系统后，造成局部刺激，引起反射性虫体兴奋，先抑制虫体感觉神经末梢，后抑制中枢神经而致害虫死亡。

产品特点 具有触杀和胃毒作用。藜芦碱对人、畜毒性低，残留低，不污染环境，药效可持续10d以上，用于蔬菜害虫防治有高效。

应用

(1) 防治蔬菜蚜虫，在不同蔬菜的蚜虫发生为害初期，应用0.5%藜芦碱醇溶液400～600倍稀释液进行均匀喷雾1次，持效期可达14d以上。可再轮换喷用其他杀虫剂，以达高效与延缓抗性产生。

(2) 防治甘蓝菜青虫，当甘蓝处在莲座期或菜青虫处于低龄幼虫阶段为施药适期，可用0.5%藜芦碱醇溶液500～800倍液均匀喷雾1次。

(3) 防治柑橘树红蜘蛛，可用0.5%藜芦碱醇溶液600～800倍液均匀喷雾1次。

注意事项 不能与强酸及碱性药剂混用。与有机磷类、拟除虫菊酯类药剂可现混现用，并可提高药效，但应先进行试验。本药易光解，应在避光、干燥、通风、低温条件下储存。

联苯菊酯 bifenthrin

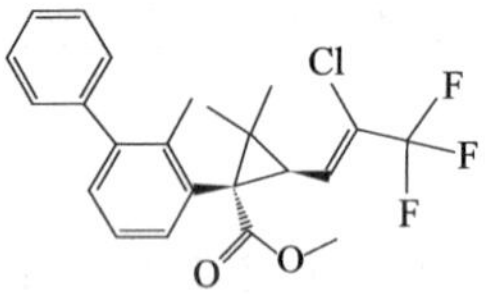

$C_{23}H_{22}ClF_3O_2$, 422.87, 83322-02-5

其他名称 氟氯菊酯、天王星、虫螨灵、毕芬宁。

主要剂型 2.5%和10%乳油。

毒性 中毒。

作用机理 抑制昆虫神经轴突部位的传导，属神经毒剂。

产品特点 原药为浅褐色固体，对光稳定，酸性介质中较稳定，碱性介质中易分解，在常温下储存稳定。溶于丙酮、氯仿、二氯甲烷、乙醚、甲苯等有机溶剂，微溶于庚烷和甲醇，难溶于水，在水中的溶解度为0.1mg/L。对高等动物毒性中等，对皮肤、眼睛无刺激作用。对鸟类低毒，对蜜蜂毒性中等，对鱼类等水生生物和家蚕高毒。

杀虫活性高，主要起触杀和胃毒作用，无内吸和熏蒸作用。杀虫作用迅速，残效期较长，在土壤中不移动，对环境较安全。杀虫谱广，对鳞翅目、半翅目、鞘翅目、缨翅目等多种害虫有效，对蜱螨目害虫也有一定的防治效果，可用于虫螨兼治。

主要用于棉花、茶树、果树、蔬菜、谷类等作物，防治各种蚜虫、棉铃虫、棉红铃虫、茶尺蠖、茶毛虫、茶小绿叶蝉、果树食心虫、柑橘潜叶蛾、菜青虫、甘蓝夜蛾等。可兼治螨类，因效果不稳定，易产生抗药性，不作为专用杀螨剂使用。喷雾要均匀，对钻蛀性害虫应在幼虫蛀入作物前施药，残效期一般为7～15d。

应用

（1）防治桃小食心虫，卵孵盛期施药，当卵果率达0.5%～1%时，用联苯菊酯2.5%乳油800～1200倍液［20～30mg（a.i.）/kg］喷雾。整季喷药3～4次，可有效控制其危害，残效期10d左右。

（2）防治苹果叶螨，苹果花前或花后，成、若螨发生期，当每片叶平均达2头螨时施药，用联苯菊酯2.5%乳油800～1200倍液［20～30mg（a.i.）/kg］喷雾。在螨口密度较低的情况下，残效期为24～28d。还可用于防治其他果树的潜叶蛾和叶螨。

（3）防治柑橘潜叶蛾，在夏、秋梢芽长5mm、发梢率20%以上时，在树冠外围和嫩梢喷布联苯菊酯2.5%乳油2500～3500倍液［7.5～10mg（a.i.）/kg］，对新梢的保护可达90%以上。喷布联苯菊酯2.5%乳油800～1200倍液［20～30mg（a.i.）/kg］可防治柑橘树红蜘蛛。

注意事项

（1）施药时要均匀周到，每年使用最好不超过一次，以延缓抗药性的产生。尽可能与有机磷、有机氮类杀虫剂轮用，以便减缓抗性的产生。

（2）不要和碱性农药混用，否则容易分解，降低药效。

（3）在低气温条件下更能发挥其药效，故春秋两季使用为宜。

（4）防治害螨最好在螨口密度低时使用，不仅效果好，有效控制期也长。害螨盛发时单用联苯菊酯不能控制其为害，最好和其他杀螨剂混用。

（5）该药对果园天敌昆虫伤害较重，施药时应避免在天敌发生盛期时喷洒。

（6）采果前半个月停止用药。

马拉硫磷 malathion

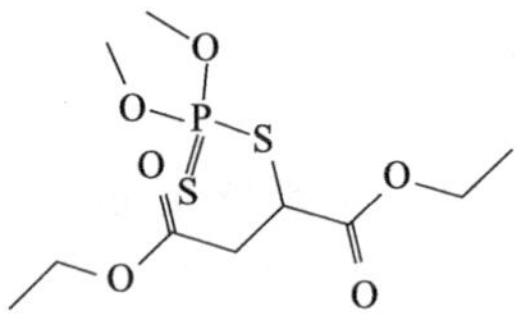

$C_{10}H_{19}O_6PS_2$, 330.3, 121-75-5

其他名称 马拉松、四零四九、马拉赛昂。

主要剂型 25％、45％、50％、70％乳油，1.2％粉剂。

毒性 低毒。

作用机理 进入虫体后氧化成马拉氧磷，从而更能发挥毒杀作用，而进入温血动物时，则被在昆虫体内所没有的羧酸酯酶水解，因而失去毒性。

产品特点 马拉硫磷为高效低毒杀虫、杀螨剂，具有良好的触杀、胃毒和一定的熏蒸作用，无内吸作用。马拉硫磷毒性低，残效期短，对咀嚼式口器的害虫有效。

纯品常温下为无色或浅黄油状液体，有蒜臭味；工业品带深褐色，有强烈气味。挥发性小，熔点 2.85℃。微溶于水，可与大多数有机溶剂混溶。不稳定，在 pH 为 5.0 以下或 pH7.0 以上都容易水解失效，pH 为 12 以上迅速分解，遇铁、铝等金属时也能促其分解。对光和热不稳定。

应用 常用马拉硫磷 45％乳油 1350～1800 倍液［250～333mg（a.i.）/kg］喷雾，防治苹果、梨的各种蚜虫和椿象。马拉硫鳞在春、秋气温低时使用，杀虫毒力降低，应适当提高药液浓度。

注意事项

（1）马拉硫磷易燃。

（2）使用时严格控制浓度。在使用、运输和储存时严禁烟火。对葡萄、梨、樱桃等易产生药害。

（3）马拉硫磷持效期短，施药时务使药液接触虫体，才能发挥药效。

（4）果实采收前10d停止使用。

（5）瓜类、甘薯和番茄幼苗对该药较敏感，需慎用。

灭蝇胺　cyromazine

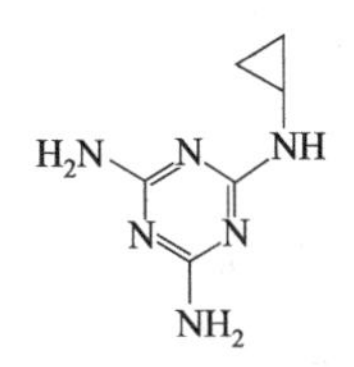

$C_6H_{10}N_6$, 166.2，66215-27-8

其他名称　环丙氨腈、蝇得净、赛诺吗嗪、环丙胺嗪。

主要剂型　99%原药，50%、70%、75%可湿性粉剂，10%水剂，20%、50%可溶性粉剂，10%悬浮剂，70%水分散粒剂。

毒性　低毒。

作用机理　使双翅目昆虫幼虫和蛹在形态上发生畸变，成虫羽化不全或受抑制。

产品特点　该药具有触杀和胃毒作用，并有强内吸传导性，持效期较长，但作用速度较慢。灭蝇胺对人、畜无毒副作用，对环境安全。

应用　灭蝇胺适用于多种瓜果蔬菜，主要对“蝇类”害虫具有良好的杀虫作用。目前瓜果蔬菜生产中主要用于防治：各种瓜果类、茄果类、豆类及多种叶菜类蔬菜的美洲斑潜蝇、南美斑潜蝇、豆秆黑潜蝇、葱斑潜叶蝇、三叶斑潜蝇等多种潜叶蝇，韭菜、葱、蒜的根蛆（韭菜迟眼蕈蚊）等。

注意事项

（1）不能与碱性药剂混用。

（2）注意与不同作用机理的药剂交替使用，以减缓害虫抗药性的产生。

（3）喷药时，若在药液中混加0.03%的有机硅或0.1%的中性洗衣粉，可显著提高药剂防效。

（4）制剂应存放于阴凉、干燥处。

氰戊菊酯　fenvalerate

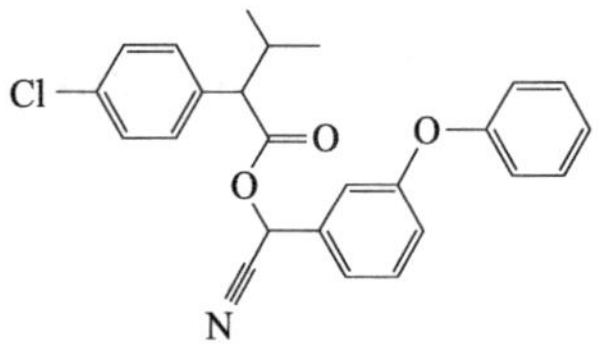

$C_{25}H_{22}ClNO_3$, 419.9, 51630-58-1

其他名称　速灭杀丁、敌虫菊酯、杀虫菊酯、中西杀虫菊酯、速灭菊酯、杀灭菊酯、戊酸氰菊酯、异戊氰菊酯、擂猎、高标、鸣杀、顺歼、锁蚜、奇治、绿友、菜棒、凌丰、正安、速夺、帅刀、孟刀、稳击扑击、力击、力尤、标榜、夯虫、银击、好夺、赛进、喷完、砍剁、太徒通、百灵鸟、稳化利、年成好、田老大、万丁死、速克死、快灭杀、安霍特、关功刀、悦联杀灭、辉丰虎净。

主要剂型　20%乳油。

毒性　中毒。

作用机理　延缓轴突膜内外 Na 门开闭，影响 Na、K 的通透性或产生毒素，引起昆虫组织细胞病变等，使其很快产生痉挛、麻痹症状，最后中毒死亡，而不表现高度兴奋和不协调运动。

产品特点　原药为黄色到褐色黏稠状液体，室温下有部分结晶析出，蒸馏时分解。对热、潮湿稳定，酸性介质中相对稳定，碱性介质中迅速水解。没有致突变、致畸和致癌作用。对蜜蜂、鱼虾、家禽等毒性高，使用时注意不要污染河流、池塘、桑园和养蜂场。对鳞翅目幼虫效果良好，对同翅目、直翅目、半翅目等害虫也有较好的效果，但对螨无效。该品为广谱高效杀虫剂，作用迅速，击倒力强，对害虫有触杀、胃毒和驱避作用，可杀卵，有很强的击倒作用和快速杀虫效果。对作物有刺激生长、增加产量、提高品质、促进早熟的效应。以触杀为主，但对一种害虫连续多次施用后，易产生抗药性。

应用　柑橘潜叶蛾在各季新梢放梢初期施药，用 20%乳油 10000～20000 倍液［10～20mg (a.i.)/kg］喷雾。同时兼治橘蚜、卷叶蛾、木虱等。

防治枣树、苹果等果树的桃小食心虫、梨小食心虫、刺蛾、卷叶虫等，在成虫产卵期间，于初孵幼虫蛀果前喷布20%乳油10000～20000倍液［10～20mg（a.i.)/kg］可杀灭虫卵、幼虫，防止蛀果，其残效期可维持10～15d，保果率高。

注意事项

（1）本药剂不适宜与波尔多液混用，混用易减效。

（2）本药对苹果树叶螨活动态有一定药效，但杀螨卵毒力很低且对果园天敌昆虫伤害大，多次使用易引起害螨种群数量上升。防治害虫时，最好与杀螨剂混用，兼治害螨。

（3）本药连续多次使用，害虫易产生抗药性，最好一年不超过一次，可与有机磷等农药轮换、交替使用，以延缓和减少抗药性。

（4）苹果采果前半月内、柑橘采果前7d不要喷布该药。苹果和柑橘果实中最高允许残留量为2mg/L。

（5）对蜜蜂、鱼虾、家蚕等毒性高，施药时不要污染河流、池塘、桑园、养蜂场所。以免这些地区的生物受到毒害。

（6）在使用过程中如药液溅到皮肤上，应立即用肥皂清洗，如药溅到眼中，应立即用大量清水冲洗。如误食，可用促吐、洗胃治疗，对全身中毒初期患者，可用二苯甘醇酰脲或乙基巴比特对症治疗。

球孢白僵菌 *Beauveria bassiana*

主要剂型 150亿孢子/g颗粒剂，100亿孢子/mL、200亿孢子/g、300亿孢子/g可分散油悬浮剂，400个亿孢子/g可湿性粉剂，400亿个孢子/g水分散粒剂。

毒性 低毒。

作用机理 是一种真菌类微生物杀虫剂，作用方式是球孢白僵菌接触虫体感染，分生孢子侵入虫体内破坏其组织，使其致死。

产品特点 由于球孢白僵菌能有效地控制虫口数量，同时不伤害其他天敌昆虫和有益生物，完全符合有害生物综合治理的宗旨，同时由于其容易大量生产，防治成本较有竞争力，因而其具有广泛的应用前景。

应用 国内外研究人员利用球孢白僵菌防治玉米螟、松毛虫、小蔗螟、盲椿、谷象、柑橘红蜘蛛和蚜虫等农林害虫。特别是对玉米螟和松毛虫的生物防治，在国内已作为常规手段连年使用。

注意事项

（1）轻拿轻放，缓慢打开盖子，以防粉尘飞扬。

（2）戴好口罩，防止口鼻吸入。

（3）禁止同杀菌剂一起堆放或混用。

（4）废弃。建议用控制焚烧法或安全掩埋法处置。塑料容器要彻底冲洗，不能重复使用。把倒空的容器归还厂商或在规定场所掩埋。

（5）灭火方法。消防人员须佩戴防毒面具，穿全身消防服，在上风向灭火。切勿将水流直接射至熔融物，以免引起严重的流淌火灾或引起剧烈的沸溅。灭火剂：雾状水、泡沫、干粉、二氧化碳、沙土。

（6）泄漏应急处理。隔离泄漏污染区，周围设警告标志，建议应急人员戴自给式呼吸器，穿化学防护服。避免扬尘，小心扫起，收集运至废物处理场所；也可以用大量水冲洗，经稀释的洗水放入废水系统。对污染地带进行通风。如大量泄漏，收集回收或无害处理后废弃。

（7）用过的容器应妥善处理，不可作他用，也不可随意丢弃。

（8）避免孕妇及哺乳期妇女接触。

噻虫啉 thiacloprid

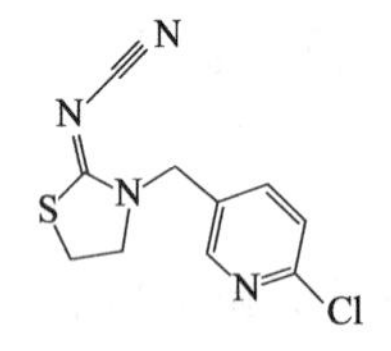

$C_{10}H_9ClN_4$, 252.72, 111988-49-9

主要剂型 1％、1.5％微囊粉剂，2％、3％微囊悬浮剂，70％水分散粒剂，40％悬浮剂，25％可湿性粉剂。

毒性 低毒。

作用机理 它主要作用于昆虫神经接合后膜，通过与烟碱乙酰胆碱受体结合，干扰昆虫神经系统正常传导，引起神经通道的阻塞，造成乙酰胆碱的大量积累，从而使昆虫异常兴奋，全身痉挛、麻痹而死。

产品特点 具有较强的内吸、触杀和胃毒作用，与常规杀虫剂（如拟除虫菊酯类、有机磷类和氨基甲酸酯类）没有交互抗性，因而可用于抗性治理。对人畜安全。噻虫啉对松褐天牛有很高的杀虫活性，但其毒性极低，对人畜具有很高的安全性，而且药剂没有臭味或刺激性，对施药操作人员和施药区居民安全。对环境安全。由于其有效成分的蒸气压低，噻虫啉不会污染空气。由于半衰期短，噻虫啉残质进入土壤和河流后也可快速分解，对环境造成的影响很小。对水生生物安全。噻虫啉对鱼类和其他水生生物的毒性也很低，通常情况下对水生生物基本上没有影响。对有益昆虫安全。噻虫啉对有益昆虫的影响非常小，特别是对蜜蜂很安全，在树木和作物花期也可以使用。

应用 除了对蚜虫和粉虱有效外，还对各种甲虫（如马铃薯甲虫、苹果象甲、稻象甲）和鳞翅目害虫（如苹果树上潜叶蛾和苹果蠹蛾）也有效，对相应的作物都适用。根据作物、害虫、使用方式的不同，推荐用量为 48～180g（a.i.）/hm^2 做叶面喷施，也有推荐 20～60g（a.i.）/hm^2 的。

注意事项 安全间隔期为 7d。

噻虫嗪 thiamethoxam

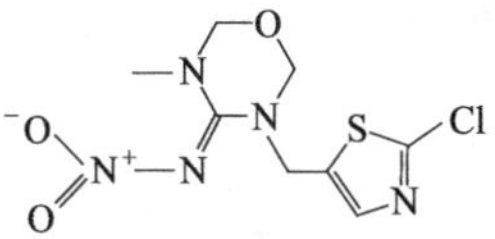

$C_8H_{10}ClN_5O_3$, 291.71, 153719-23-4

其他名称 阿克泰、锐胜。

主要剂型 25%、50%水分散粒剂，30%、70%种子处理可分散粒剂，21%悬浮剂。

毒性 低毒。

作用机理 可选择性抑制昆虫中枢神经系统烟酸乙酰胆碱酯酶受体，进而阻断昆虫中枢神经系统的正常传导，造成害虫出现麻痹及死亡。

产品特点 不仅具有触杀、胃毒、内吸活性，而且具有更高的活性、更好的安全性、更广的杀虫谱及作用速度快、持效期长等特点，是取代那些对哺乳动物毒性高、有残留和环境问题的有机磷、氨基甲酸酯、有机氯类杀虫剂的较好品种。持效期可达 1 个月左右，但害虫死亡较慢，死虫高峰通常在施药后 2～3d 出现。对鞘翅目、双翅目、鳞翅目，尤其是同翅目害虫有高活性，可有效防治各种蚜虫、叶蝉、飞虱类、粉虱、金龟子幼虫、马铃薯甲虫、线虫、地面甲虫、潜叶蛾等害虫及对多种类型化学农药产生抗性的害虫。与吡虫啉、啶虫脒、烯啶虫胺无交互抗性。既可用于茎叶处理、种子处理，也可用于土壤处理。适宜作物为稻类作物、甜菜、油菜、马铃薯、棉花、菜豆、果树、花生、向日葵、大豆、烟草等。

应用 防治柑橘潜蚜虫用噻虫嗪 25%水分散粒剂 10000～12000 倍液［20.8～25mg (a.i.)/kg］进行喷雾。

防治葡萄介壳虫用噻虫嗪 25%水分散粒剂 4000～5000 倍液［50～62.5mg (a.i.)/kg］进行喷雾。

注意事项

(1) 不能与碱性药剂混用。

(2) 不要在低于 10℃和高于 35℃的环境储存。

(3) 对蜜蜂有毒，用药时要特别注意。

噻嗪酮 buprofezin

$C_{16}H_{23}N_3SO$, 305.4, 69327-76-0

其他名称 扑虱灵。

主要剂型 25%可湿性粉剂。

毒性 低毒。

作用机理　抑制昆虫体内几丁质的合成和干扰新陈代谢，致使若虫蜕皮畸形或翅畸形而缓慢死亡。

产品特点　是一种抑制昆虫生长发育的选择性杀虫剂，以触杀作用为主，兼具胃毒作用。药效发挥较慢，一般施药后3～7d才能显效，对成虫没有直接杀伤力，但可缩短其寿命，减少其产卵量，并且使产出的多是不育卵，幼虫即使孵化也很快死亡。噻嗪酮具高选择性，对同翅目的飞虱、叶蝉、粉虱及介壳虫等害虫有良好的防治效果，对某些鞘翅目害虫和害螨也具有持久的杀幼虫活性。可有效地防治：水稻上的飞虱和叶蝉，茶、马铃薯上的叶蝉，柑橘、蔬菜上的粉虱，柑橘上的盾蚧和粉蚧；也能防治果树及茶树上的介壳虫等。药效期长达30d以上。对害虫的天敌较安全，综合效应好。与其他杀虫剂无交互抗药性问题。

应用　果树害虫的防治：防治柑橘矢尖蚧，在低龄若虫盛发期，用25%可湿性粉剂1500～2000倍液（125～167mg/kg）均匀喷雾，效果良好。

注意事项　不宜在茶叶上使用；药液不宜直接接触白菜、萝卜，否则将出现褐斑及绿叶白化等药害；不可用毒土法使用，应兑水稀释后搅拌均匀喷洒。

杀铃脲　triflumuron

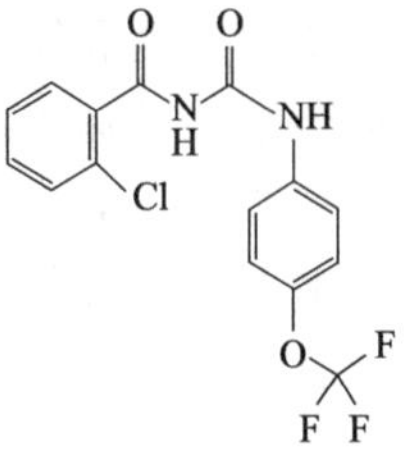

$C_{15}H_{10}ClF_3N_2O_3$, 358.7, 64628-44-0

主要剂型　5%、40%悬浮剂，5%乳油。

毒性　低毒。

作用机理　它能抑制昆虫几丁质合成酶的活性，阻碍几丁质合成，即阻碍新表皮的形成，使昆虫的蜕皮化蛹受阻，活动减缓，取食减少，甚至死亡。

产品特点 它对昆虫主要是胃毒作用，有一定的触杀作用，但无内吸作用，有良好的杀卵作用。适用于防治咀嚼式口器昆虫，对刺吸式口器昆虫无效，对鸟类、鱼类、蜜蜂等无毒，不破坏生态平衡。

应用 主要用于防治金纹细蛾、菜青虫、小菜蛾、小麦黏虫、松毛虫等鳞翅目和鞘翅目害虫，防治效果均达到 90％以上，并且药效期可达 30d。

防治苹果树上的金纹细蛾一般在害虫卵孵盛期及幼虫期用药防治效果最佳，以 5％悬浮剂 1000～1515 倍液喷雾防治，防治柑橘树潜叶蛾以 40％悬浮剂 5000～7000 倍喷药。

注意事项

（1）产品在柑橘树上使用，每季最多使用 2 次，2 次用药间隔 15d，最后一次施药距采收间隔期为 45d。产品在苹果树上使用的安全间隔期为 21d，每季最多使用 1 次。

（2）本品为迟效性农药，施药后 3～4d 药效明显增大。

（3）如发现沉降，摇匀后可继续使用，一般不影响药效。

（4）本品对蚕高毒，蚕区和桑园附近禁用。对蟹、虾生长发育有害，避免污染水源和池塘等水体。远离水产养殖区施药，禁止在河塘等水域内清洗施药器具。

（5）使用时应穿戴好防护用具，避免药液溅到眼睛和皮肤上，防止吸入药液。施药期间不要吃东西和饮水。用药后立即洗净双手和清洁暴露在外的皮肤。避免孕妇及哺乳期妇女接触。

（6）本品不能和碱性农药等物质混用。

（7）用过的包装物应妥善处理，不可他用，也不可随意丢弃。本品存放时应注意防冻。

杀螟硫磷 fenitrothion

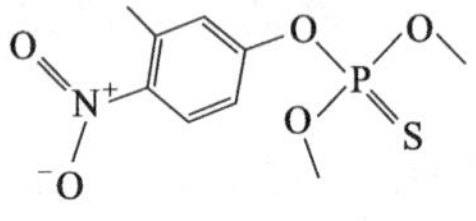

$C_9H_{12}NO_5PS$, 277.23, 122-14-5

其他名称 杀螟松、杀螟磷、速灭虫、速灭松。

主要剂型 45%、50%乳油，2%杀螟硫磷粉剂，40%可湿性粉剂，0.8%、1%、5%饵剂。

毒性 中毒。

作用机理 抑制胆碱酯酶的活性。

产品特点 杀螟硫磷（杀螟松）属有机磷杀虫剂。原药是黄褐色油状液体，带有蒜臭味，沸点140～145℃，不溶于水，易溶于多种有机溶剂。对鱼类毒性中等，对青蛙无害，对蜜蜂高毒，但施药2～3d后无害。无致畸、致癌作用，有较弱的致突变作用。杀螟硫磷具触杀和胃毒作用，无内吸和熏蒸作用，并能渗透到植物组织内杀死钻蛀性害虫。有杀卵作用。残效期较短，5d后药效显著下降，10d后完全无效。杀虫谱广，对鳞翅目幼虫有特效，也可防治半翅目、鞘翅目等害虫。该药剂对光稳定，遇高温易分解失效，碱性介质中水解，铁、锡、铝、铜等会引起该药分解，玻璃瓶中可储存较长时间。

应用 防治苹果小食心虫及梨星毛虫、梨小食心虫、旋纹细蛾，在幼虫发生期，用杀螟硫磷50%乳油1000～2000倍液［250～500mg（a.i.）/kg］喷雾防治。防治桃小食心虫，在幼虫蛀果期，用杀螟硫磷50%乳油1000～2000倍液［250～500mg（a.i.）/kg］进行喷雾。

注意事项

（1）对萝卜、油菜、青菜、卷心菜等十字花科蔬菜及高粱易产生药害。

（2）本剂不能与碱性农药混用，以免分解失效。

（3）本剂对鱼类毒性较大。

（4）在果实采收前10d停止使用。

蛇床子素 cnidiadin

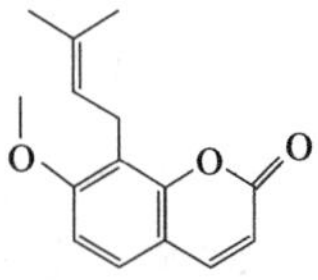

$C_{15}H_{16}O_3$, 244.29, 484-12-8

其他名称 7-甲氧基-8-异戊烯基香豆素、蛇床籽素、王草脑、欧芹酚甲醚。

主要剂型 0.5%、1%水乳剂，1%水剂，0.4%可溶液剂。

毒性 低毒。

作用机理 其有效成分作用于害虫神经系统，导致昆虫肌肉非功能性收缩，最终衰竭而死。

产品特点 蛇床子素可用作大田杀虫剂、杀菌剂，以触杀作用为主，胃毒作用为辅，药液通过体表吸收进入昆虫体内。对多种害虫如菜青虫、茶尺蠖、棉铃虫、甜菜夜蛾以及各种蚜虫有较好的触杀效果。

注意事项

（1）本产品对蜜蜂和家蚕有毒，蜜源作物花期、桑园和蚕室附近禁用。

（2）远离水产养殖区、河塘等水体施药，禁止在河塘等水体中清洗施药器具，鱼或虾蟹饲养处及稻田施药后的水体不得直接排入水体。

（3）勿与碱性农药等物质混用。

（4）使用本品时应穿戴防护服和手套，避免吸入药液。施药期间不可吃东西和饮水。施药后应及时洗手和洗脸。孕妇及哺乳期妇女避免接触。

虱螨脲 lufenuron

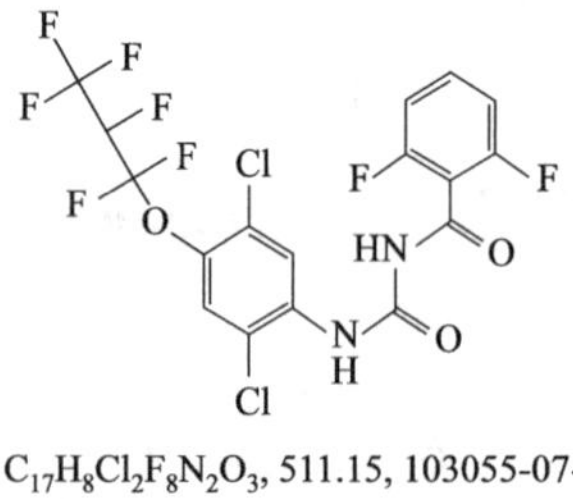

$C_{17}H_8Cl_2F_8N_2O_3$, 511.15, 103055-07-8

其他名称 氟丙氧脲、禄芬隆、氯芬奴隆、氯芬新、氟芬新。

主要剂型 5%乳油，5%、10%悬浮剂。

毒性 低毒。

作用机理 药剂通过作用于昆虫幼虫，阻止其蜕皮过程而杀死害虫。

产品特点 最新一代取代脲类杀虫剂，对害虫兼有胃毒和触杀作用。对鳞翅目害虫有良好的防效。尤其对果树等食叶毛虫有出色的防效，对蓟马、锈螨、白粉虱有独特的杀灭机理，适于防治对合成除虫菊酯和有机磷农药产生抗性的害虫。药剂的持效期长，有利于减少打药次数；对作物安全，玉米、蔬菜、柑橘、棉花、马铃薯、葡萄、大豆等作物均可使用，适合于综合虫害治理。药剂不会引起刺吸式害虫再猖獗，对益虫的成虫和捕食性蜘蛛作用温和。药效持久，耐雨水冲刷，对有益的节肢动物成虫具有选择性。用药后，首次作用缓慢，有杀卵功能，可杀灭新产虫卵，施药后 2～3d 见效果。对蜜蜂和大黄蜂低毒，对哺乳动物低毒，蜜蜂采蜜时可以使用。比有机磷、氨基甲酸酯类农药相对更安全，可作为良好的混配剂使用。

应用 对于卷叶虫、潜叶蝇、苹果锈螨、苹果蠹蛾等，可用有效成分 5g 兑水 100kg 进行喷雾。对于番茄夜蛾、甜菜夜蛾、花蓟马、番茄棉铃虫、土豆蛀茎虫、番茄锈螨、茄子蛀果虫、小菜蛾等，可用 3～4g 有效成分兑水 100kg 进行喷雾。

注意事项

(1) 本品对甲壳类动物高毒，对蜜蜂有轻微毒性。

(2) 勿将本品弃入水中，以免污染水源。使用过的空包装用清水冲洗 3 次，压烂后土埋，切勿重复使用或改作其他用途。所有施药器具使用后立即用清水或洗涤剂清洗。远离水产养殖区、河塘等水体施药。禁止在河塘等水体清洗施药器具，蚕室及桑园附近禁用。

(3) 本品安全间隔期 10d。每季作物最多用药次数为 2 次。

苏云金杆菌 *Bacillus thuringiensis*

其他名称 虫死定、千胜、苏得利、青虫灵、菌杀敌、益万农、果菜净、快来顺、生力、敌宝、菜虫特杀、苏特灵、康多惠。

主要剂型 8000IU/mg、16000IU/mg 可湿性粉剂，2000IU/μL、4000IU/μL 悬浮剂。

毒性 低毒。

作用机理 当害虫蚕食了伴孢晶体和芽孢之后，在害虫的肠内碱性环境中，伴孢晶体溶解，释放出对鳞翅目幼虫有较强毒杀作用的毒素。这种毒素使幼虫的中肠麻痹，Na、K 泵失去作用，呈现中毒症状，食欲减退，对接触刺激反应失灵，厌食，呕吐，腹泻，行动退缓，身体萎缩或卷曲。经一段发病过程，害虫肠壁破损，毒素进入血液，引起败血症，同时芽孢被吞食后在消化道内迅速繁殖，加速害虫的死亡。β-外毒素为 RNA 聚合酶为竞争性抑制剂，当昆虫幼虫吞食菌体后，菌体内的 β-外毒素抑制 RNA 聚合酶，使合成幼虫发育的激素收到抑制，使幼虫不能正常化蛹或发育畸形。

产品特点 大约 48h 方能达到杀灭害虫的目的，不像化学农药作用那么快，但染病后的害虫，上吐下泻，不吃不动，不再危害作物。主要是胃毒作用，可用于防治直翅目、鞘翅目、膜翅目，特别是鳞翅目的多种幼虫。

对人畜无毒，使用安全。Bt 细菌的蛋白质毒素在人和家畜、家禽的肠胃中不起作用。

选择性强，不伤害天敌。Bt 细菌只特异性地感染一定种类的昆虫，对天敌起到保护作用。

不污染环境，不影响土壤微生物的活动，是一种干净的农药。

连续使用，会形成害虫的疫病流行区，造成害虫病原苗的广泛传播，达到自然控制虫口密度的目的。

没有残毒，生产的产品可安全食用，同时，也不改变蔬菜和果实的色泽和风味。

不易产生抗药性，这只是相对而言的。人类与有害昆虫的斗争，是极其艰苦和复杂的，最近已经发现了抗药性的报道，但不像化学农药产生的那么快。

应用 各种松毛虫、杨树舟蛾、美国白蛾等森林食叶害虫在 2～3 龄幼虫发生期，用 8000IU/mg 可湿性粉剂 800～1200 倍液均匀喷雾，2000IU/μL 悬浮剂 200～300 倍液均匀喷雾，飞机喷雾每公顷用菌量 600×10^4～1200×10^4 IU。

茶毛虫、枣尺蠖、金纹细蛾等果树食叶类害虫用 8000IU/mg

可湿性粉剂 600～800 倍液均匀喷雾，2000IU/μL 悬浮剂 150～200 倍液均匀喷雾。

注意事项

（1）用于防治鳞翅目害虫的幼虫，施用期比使用化学农药提前 2～3d，对害虫的低龄幼虫效果好，30℃以上施药效果最好。

（2）本品对蜜蜂、家蚕有毒，施药期间应避免对周围蜂群的影响，蜜源作物花期、蚕室和桑园附近禁用；对鱼类等水生生物有毒，应远离水产养殖区施药，禁止在河塘等水体中清洗施药器具。

（3）不能与内吸性有机磷杀虫剂或杀菌剂混合使用（如乐果、甲基内吸磷、稻丰散、伏杀硫磷、杀虫畏）及碱性农药等物质混合使用。

（4）使用本品时应穿戴防护服和手套，避免吸入药液。施药期间不可吃东西和饮水。施药后应及时洗手和洗脸。

（5）孕妇和哺乳期妇女避免接触。

（6）本品应保存在低于 25℃的干燥阴凉仓库中，防治暴晒和潮湿，以免变质。

烯虫酯　methoprene

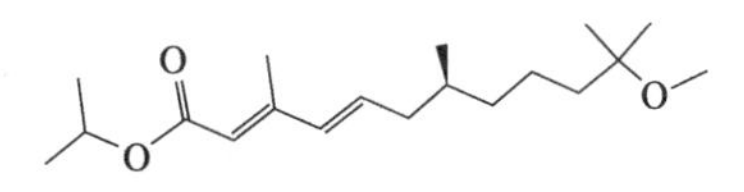

$C_{19}H_{34}O_3$, 310.4715, 65733-16-6

其他名称　烯虫丙酯、烯虫丙酯（ZR515）、甲氧普烯、昆虫诱芯、灭虫泼利尼、可保特山德士、控虫素、甲氧保幼素。

主要剂型　4.1%可溶性液剂，乳油，颗粒剂，缓释剂。

毒性　低毒，大鼠急性经口 LD_{50}＞34600mg/kg。急性经皮 LD_{50}：3000～10000mg/kg（兔）。小鸡 LC_{50}（8d）＞4640mg/kg。蓝腮翻车鱼 LC_{50}（96h）4.6mg/L，虹鳟 4.4mg/L。蜜蜂 LD_{50}＞1000μg/只。

作用机理　干扰昆虫的蜕皮过程。

产品特点　烯虫酯是一种昆虫保幼激素的仿生产物，作为杀虫剂使用时，它不杀成虫，而是作为一种生长调节剂，干扰昆虫体内激素平衡，可阻止昆虫卵的胚胎发育，可使幼虫增加蜕皮次数，可使成虫产生不孕现象，引起昆虫各期的反常现象，破坏了昆虫生物的生命周期，防止复发的侵扰。

烯虫酯具有极高的保幼激素活性，尤其对双翅目、鞘翅目活性更为突出，它的活性与天然保幼激素相比，对伊蚊活性高 1000 倍，对大黄粉甲活性高 130 倍，与有机磷杀虫剂相比，对家蝇的生物活性较甲基对硫磷高 100 倍，比 DDT 高 600 倍。

应用 用于防治烟草仓储害虫粉螟和甲虫等。在烟草甲虫发生危害期，用 4.1％可溶性液剂 4000～5000 倍液均匀喷雾。

注意事项

(1) 本品具极强可燃性，严禁未经稀释直接使用雾品，要远离火源和高热物体表面，保持密封。

(2) 本品对眼睛有刺激性。

烯啶虫胺 nitenpyram

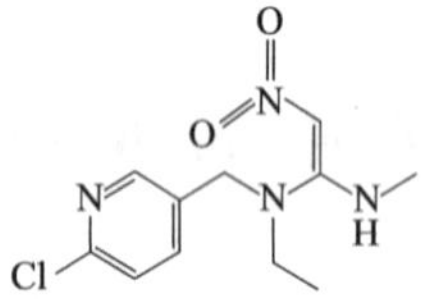

$C_{11}H_{15}ClN_4O_2$, 270.72, 150824-47-8

主要剂型 10％水剂，50％可溶性粉剂，20％、60％可湿性粉剂，20％水分散粒剂。

毒性 微毒。

作用机理 与其他的新烟碱类杀虫剂相似，烯啶虫胺主要作用于昆虫神经系统，对害虫的突触受体具有神经阻断作用，在自发放电后扩大隔膜位差，并最后使突触隔膜刺激下降，结果导致神经的轴突触隔膜电位通道刺激消失，致使害虫麻痹死亡。

产品特点 烯啶虫胺是一种高效、广谱、新型烟碱类杀虫剂，具有卓越的内吸和渗透作用，用量少，毒性低，持效期长，对作物安全无药害，广泛应用于园艺和农业上防治同翅目和半翅目害虫，持效期可达 14d 左右。是防治刺吸式口器害虫（如白粉虱、蚜虫、梨木虱、叶蝉、蓟马）的换代产品。

烯啶虫胺具有高效、低毒、内吸、无交互抗性等特点，是优良的同翅目害虫防治药剂，可广泛应用于水稻、小麦、棉花、黄瓜、茄子、萝卜、番茄、马铃薯、甜瓜、西瓜、桃、苹果、梨、柑橘、葡萄、茶上防治各种稻飞虱、蚜虫、蓟马、白粉虱、烟粉虱、叶蝉、蓟马等，作用于对传统杀虫剂已产生抗性的害虫有较好的防治效果，是至今烟碱类农药发展最新产品之一。

应用 防治柑橘蚜虫可用烯啶虫胺10%水剂4000～5000倍液[20～25mg (a. i.)/kg] 喷雾防治。

注意事项

(1) 安全间隔期为7～14d，每个作物周期最多使用次数为4次。

(2) 本品对蜜蜂、鱼类、水生物、家蚕有毒，用药时远离。

(3) 本品不可与碱性物质混用。不要同同类的烟碱类产品（如吡虫啉、啶虫脒等）进行复配，以免诱发交互抗性。该产品可以同甲维盐、阿维菌素类进行复配。

(4) 为延缓抗性，要与其他不同作用机制的药剂交替使用。

辛硫磷 phoxim

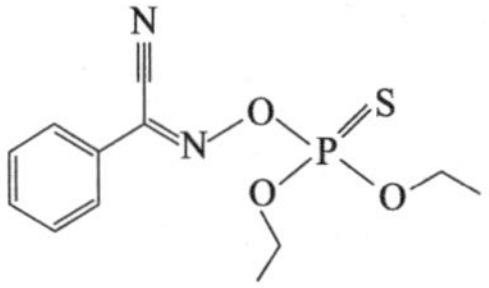

$C_{12}H_{15}N_2O_3PS$, 298.3, 14816-18-3

其他名称 倍腈松、肟硫磷、倍氰松、腈肟磷、拜辛松。

主要剂型 40%、45%、50%乳油，25%微胶囊剂，1.5%、3.5%颗粒剂。

作用机理 抑制胆碱酯酶的活性。

产品特点 纯品为浅黄色油状液体，熔点3～4℃；工业品为浅红色至红棕色油状物。20℃水中的溶解度为7mg/L，易溶于有机溶剂中，见光和碱性条件下易分解。对高等动物低毒。对鱼类、蜜蜂、寄生蜂、瓢虫、捕食螨的毒性较大，但施药后 2～3d 对蜜蜂和害虫天敌就无害。本剂是一种高效低毒有机磷杀虫剂，以触杀和胃毒作用为主，无内吸作用，但有一定的熏蒸作用和渗透性，对虫卵也有杀伤力，对害虫击倒快，残效期短。杀虫谱广，可用于防治多种果树的鳞翅目、双翅目、同翅目害虫和害螨。本剂施入土中的有效期可长达 30～60d；叶面喷雾有效期仅 2～3d。生产上适用于防治地下害虫及经济作物害虫。

应用　在苹果、梨等落叶果树上常用 40%乳油 1000～2000 倍液［200～400mg（a. i.)/kg］喷雾，可防治各种蚜虫、卷叶虫、星毛虫、天幕毛虫、舞毒蛾等多种害虫及害螨。

桃小食心虫树下防治，在越冬幼虫出土盛期可用 25%辛硫磷微囊悬浮剂 200～300 倍液，在树下地面喷雾，喷药前先清除地面杂草、枯枝落叶等杂物，喷药后用耙或锄将土、药混匀。或用每亩用 5%乳剂 0.5kg，拌细土 50kg 制成药土，施于树冠下地面上，再耙入土中，防治效果很好。

注意事项

（1）辛硫磷易光解失效，应在傍晚或阴天时喷药，避免阳光照射影响药效。

（2）本剂应存放在阴凉避光处；不能与碱性农药混用；果实采收前 15d 停止使用。不能与碱性物质混合使用。

（3）黄瓜、菜豆、甜菜、玉米、高粱等作物对辛硫磷敏感，果园内如间作有这些作物或附近种植有这类作物时，用药要慎重。

（4）药液要随配随用，配好的药液不要超过 4h 后施用，以免影响药效。

（5）中毒症状，急救措施与其他有机磷类相同。

溴氰菊酯　deltamethrin

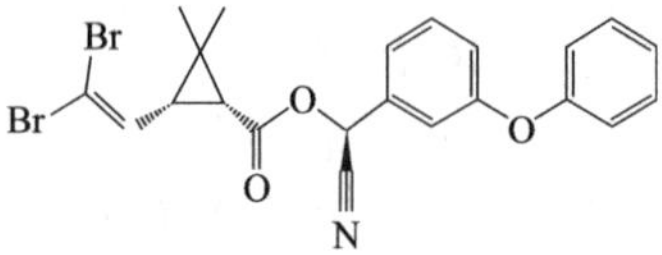

$C_{22}H_{19}Br_2NO_3$, 505.2, 52918-63-5

其他名称 敌杀死、氰苯菊酯、扑虫净、克敌、康素灵、凯安保、凯素灵、天马、骑士、金鹿、保棉丹、增效百虫灵。

主要剂型 2.5%乳油，10%悬浮剂。

毒性 中毒。

产品特点 溴氰菊酯是白色斜方针状晶体，熔点101～102℃，沸点300℃。常温下几乎不溶于水，溶于多种有机溶剂。对光及空气较稳定。在酸性介质中较稳定，在碱性介质中不稳定。对眼和咽喉有刺激作用。对鱼类、蜜蜂、家蚕及寄生蜂、草蛉、瓢虫等毒力很大，在低温时有很好的杀伤效力。溴氰菊酯是菊酯类杀虫剂中毒力最高的一种，对害虫的毒效可达滴滴涕的100倍，马拉硫磷的550倍，对硫磷的40倍。具有触杀和胃毒作用，触杀作用迅速，击倒力强，没有熏蒸和内吸作用，在高浓度下对一些害虫有驱避作用。持效期长（7～12d）。配制成乳油或可湿性粉剂，为中等杀虫剂。杀虫谱广，对鳞翅目、直翅目、缨翅目、半翅目、双翅目、鞘翅目等多种害虫有效，但对螨类、介壳虫、盲蝽象等防效很低或基本无效，还会刺激螨类繁殖，在虫螨并发时，要与专用杀螨剂混用。对滴滴涕产生抗药性的昆虫，对溴氰菊酯表现有交互抗药性。

应用

（1）桃小食心虫。在成虫产卵期幼虫蛀果前，当卵果率达0.5%～1.5%防治指标时，喷布溴氰菊酯2.5%乳油2500～5000倍液，杀虫保果效果好，其残效期为15d。

（2）苹果瘤蚜、绣线菊蚜。在苹果开花前喷布溴氰菊酯2.5%乳油2500～5000倍液[5～10mg（a.i.）/kg]，杀蚜保叶好，并可兼治卷叶虫等害虫。

（3）在梨园梨小食心虫卵初孵幼虫蛀果期，当卵果率达防治指标时，喷布溴氰菊酯2.5%乳油2500～5000倍液[5～10mg（a.i.）/kg]，保梢保果效果极佳。

（4）柑橘虫害。柑橘花蕾期，于3～4月间柑橘现蕾初期，在树冠和地面（树盘）喷布溴氰菊酯5～10mg（a.i.）/kg。柑橘叶甲，春梢抽发、成虫出土上树为害新叶时，喷布溴氰菊酯2.5%乳油2500～5000倍液[5～10mg（a.i.）/kg]。柑橘蚜虫，春、夏芽长 5～10cm，新梢受害率 20%左右时，喷布溴氰菊酯 [5～10mg (a.i.)/kg]。柑橘潜叶蛾，夏、秋梢芽长 5～10cm 时，喷布溴氰菊酯 2.5%乳油 2500～5000 倍液 [5～10mg (a.i.)/kg]，兼治尺蛾和卷叶蛾幼虫。

注意事项

(1) 溴氰菊酯对果树上的害螨无效，又杀伤天敌，多次使用该药易引起害虫猖獗发生。在虫、螨并发时，应与杀螨剂混用，兼治害螨。

(2) 溴氰菊酯与对硫磷混用，增加对人畜毒性，跟波尔多液混用减效，都应避免。

(3) 该药对人的眼、鼻黏膜及皮肤有刺激作用，施药时应注意保护。

(4) 溴氰菊酯连年多次使用容易产生抗药性，为减缓抗药性，一年使用次数以一次为宜，最好与非有机磷农药轮换、交替使用。

(5) 苹果采收前 10d、柑橘采收前 1 个月停止使用该药。

(6) 施用本剂时要均匀周到，对于钻蛀害虫的防治，于虫蛀入枝、叶、果之前施药。

(7) 本品为负温度系数杀虫剂，使用中避开高温天气。

印楝素　azadirachtin

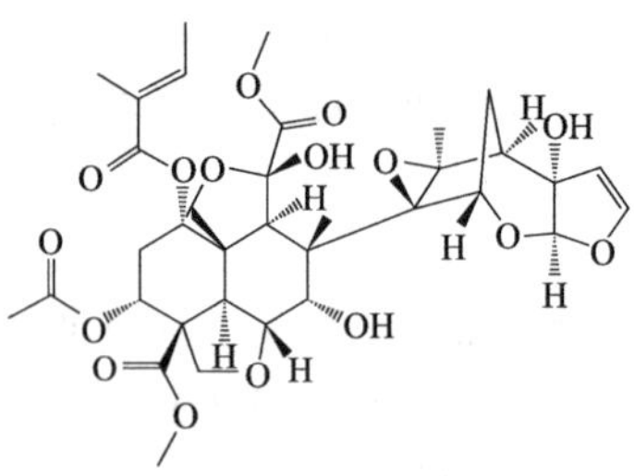

$C_{35}H_{44}O_{16}$, 720.7143, 11141-17-6

主要剂型　0.3%、0.5%、0.6%、0.7%乳油，0.5%可溶液剂，2%水分散粒剂，1%微乳剂。

毒性　微毒。

作用机理　一般公认的印楝素对昆虫的作用机理有如下几个方面：直接或间接通过破坏昆虫口器的化学感应器官产生拒食作用；通过对中肠消化酶的作用使得食物的营养转换不足，影响昆虫的生命力；通过抑制脑神经分泌细胞对促前胸腺激素（PTrH）的合成与释放，影响前胸腺对蜕皮固醇类的合成和释放，以及咽侧体对保幼激素的合成和释放，昆虫血淋巴内保幼激素正常浓度水平破坏使得昆虫卵成熟所需要的卵黄原蛋白合成不足而导致不育。

印楝素能降低昆虫的血细胞数量，降低血淋巴中蛋白质含量，降低血淋巴中海藻糖和金属阳离子浓度，能抑制昆虫中肠酯酶和脂肪体中蛋白酶、淀粉酶、脂肪酶、磷酸酶和葡萄糖酶的活性，降低昆虫的取食率和对食物的转化利用率，能影响昆虫的正常呼吸节律，降低昆虫脂肪体中DNA和RNA含量，降低雌虫卵巢、输卵管、受精囊中蛋白质、糖原和脂类的含量及一些酶的活性，对雄虫生殖系统有影响，使昆虫的脑、咽侧体、心侧体、前胸腺、脂肪体等发生病变，影响昆虫体内激素平衡，从而干扰昆虫生长发育。

产品特点　印楝素及其制剂对昆虫具有拒食、忌避、生长调节、绝育等多种作用。2013年已知印楝素制剂对400余种昆虫表现不同的生物活性。

植物源杀虫剂，对昆虫具有强烈的拒食作用。鳞翅目害虫对其敏感。昆虫经印楝素处理后出现幼（若）虫蜕皮延长及不完全，体形畸形，或在蜕皮时死亡。但印楝素的毒力相对较低，作用也较缓慢，且持效期较短（5～7d），但它具有很好的内吸传导作用。

应用　果树在摘果后5～7d，用0.3%印楝素1000倍液加上0.5%氨基寡糖素500倍液再加上有机多元叶面肥混合喷雾，间隔7d再喷1次，可壮株并防治害虫借宿主越冬，减轻翌年为害。春季在果树现15%～20%花蕾时，再喷施0.3%印楝素500～800倍液。防治潜叶蛾、红蜘蛛、锈壁虱、食心虫、天幕毛虫、蚜虫等，在初见期或盛发期，用0.3%印楝素800～1000倍液+20%杀灭菊酯1500倍液喷雾，间隔7d再喷1次，再间隔10d用0.3%印楝素1000～1500倍液+18%阿维菌素2000倍液喷雾，可达到防治目的。

乙酰甲胺磷 acephate

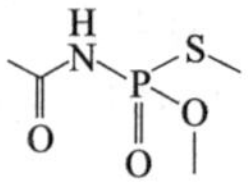

$C_4H_{10}NO_3PS$, 183.1, 30560-19-1

其他名称 高灭磷、虫灵。

主要剂型 1%饵剂，30%、40%乳油，25%可湿性粉剂，75%可溶性粉剂。

毒性 低毒。

作用机理 是乙酰胆碱酯酶抑制剂，属硫代磷酸酯类杀虫剂。抑制昆虫体内神经中的乙酰胆碱酯酶（AChE）或胆碱酯酶（ChE）的活性而破坏其正常的神经冲动传导，引起一系列中毒症状：异常兴奋、痉挛、麻痹、死亡。

产品特点 具有胃毒和触杀作用，并可杀卵，有一定的熏蒸作用，能渗透到叶片组织内，抗雨水冲刷，残效期达10～15d。与有机磷、氨基甲酸酯、拟除虫菊酯类药混用，均有显著增效作用。防治多种咀嚼式、刺吸式口器害虫和害螨及卫生害虫。是缓效型杀虫剂，在施药后初效作用缓慢，2～3d后效果显著，后效作用强，适用于蔬菜、茶树、烟草、果树、棉花、水稻、小麦、油菜等作物，保管及使用不当可引起人畜中毒。

应用

（1）苹果、梨虫害。防治食心虫，在成虫产卵高峰期、卵果率达0.5%～1%时，喷布30%乙酰甲胺磷乳油500～1000倍液。

（2）柑橘虫害。防治柑橘矢尖蚧、黄圆蚧和红蜡蚧，在1龄幼蚧盛发期，喷布30%乳油500～1000倍液，10～15d一次，连续2次。防治柑橘始叶螨和全爪螨，在日平均气温20℃左右时，喷布30%乳油1000～1500倍液。

注意事项

（1）本产品在果树上的安全间隔期为14d，每季最多使用1次。

(2) 使用时均匀喷雾表面，以利于提高药效。

(3) 处理本品时要穿戴好防护用品，喷雾时应在上风，戴好口罩，勿吸入雾滴。用药后要用肥皂和清水冲洗干净。

(4) 本品不宜在桑、茶树上使用。向日葵对乙酰甲胺磷敏感，果园内和周围有向日葵时应慎用。

(5) 本剂储存后乳剂有结块现象，应摇匀或浸于热水中溶解后再用。

(6) 本品不可与碱性药剂混用，以免分解失效。

(7) 本品易燃，严禁火种。在运输和储存过程中注意防火，远离火源，应储存在阴凉处。

抑食肼

其他名称 虫死净。

主要剂型 20%抑食肼可湿性粉剂。

毒性 中毒。

作用机理 是昆虫生长调节剂，对鳞翅目、鞘翅目、双翅目幼虫具有抑制进食、加速蜕皮和减少产卵的作用。

产品特点 对害虫以胃毒作用为主，施药后 2～3d 见效，持效期长，无残留，适用于蔬菜上多种害虫（如菜青虫、斜纹夜蛾、小菜蛾等）的防治，对水稻稻纵卷叶螟、稻黏虫也有很好效果。

应用 对鳞翅目及某些同翅目害虫高效，如二化螟、苹果蠹蛾、舞毒蛾、卷叶蛾。对有抗性的马铃薯甲虫防效优异。叶面喷雾和其他施药方法均可降低幼虫和成虫的取食能力，还能抑制其产卵。如 20%可湿性粉剂防治水稻稻纵卷叶螟、稻黏虫，以 150～300g/hm^2 剂量喷雾；防治蔬菜（叶菜类）菜青虫、斜纹夜蛾，以 150～195g/hm^2 剂量喷雾；防治小菜蛾的用量为 240～375g/hm^2。20%悬浮剂防治甘蓝菜青虫时，用量为 195～300g/hm^2。

注意事项

(1) 该药速效性稍差，应在害虫发生初期施用。

(2) 由于该药持效期长，蔬菜收获前 10d 停止用药。

(3) 该药不能与碱性物质混用。

鱼藤酮　rotenone

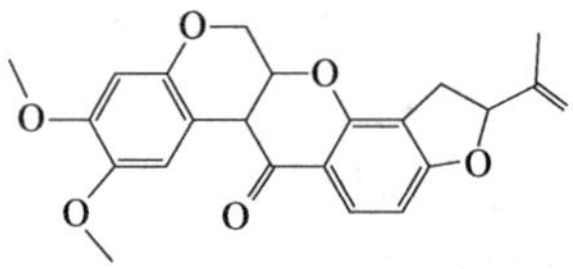

$C_{23}H_{22}O_6$, 394.4, 83-79-4

主要剂型　2.5％乳油。

毒性　中毒。

作用机理　主要影响昆虫的呼吸作用，主要与 NADH 脱氢酶和辅酶 Q 之间的某一成分发生作用。鱼藤酮使害虫细胞的电子传递链受到抑制，从而降低生物体内的 ATP 水平，最终使害虫得不到能量供应，然后行动迟滞、麻痹而缓慢死亡。

产品特点　专属性强，杀虫迅速。对昆虫、尤其是蚜虫、蓟马和跳甲有很强的杀除作用，对菜粉蝶幼虫、小菜蛾等幼虫有强烈的触杀和胃毒作用。鱼藤酮的杀虫持效期长，在 10d 左右。见光易分解，残留极少。在叶子外表的药液见光极易分解，不会污染环境，施药间隔期 3d。对环境、人畜安全。鱼藤酮除对水生动物有害外，对其他人畜安全。

应用　在光照下鱼藤酮易氧化成去氢鱼藤酮而失去杀虫活性。主要用于蔬菜、果树、茶树、花卉等作物防治各种蚜虫、螨、网蝽、瓜蝇、甘蓝夜蛾、斜纹夜蛾、蓟马、黄条跳甲、黄守瓜、二十八星瓢虫、茶毛虫、茶尺蠖等，也可用于防治卫生害虫，如蚊、蝇、跳蚤、虱子等。

注意事项　鱼藤酮不能与碱性药剂混用。本剂对家畜、鱼类和家蚕高毒，施药时要避免药液飘移到附近水池及桑树上。易分解，应随配随用。应储存于阴凉、黑暗处，避免高温、曝光，应远离火源。十字花科蔬菜的安全采收间隔期为 3d。

第三章

果园常用杀螨剂

苯丁锡　fenbutatin oxide

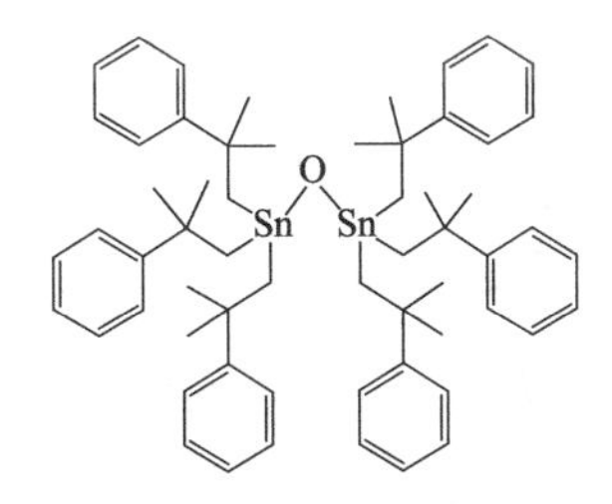

$C_{60}H_{78}OSn_2$, 1052.68, 13356-08-6

其他名称　克螨锡、托尔克、杀螨锡。

主要剂型　25%、50%可湿性粉剂，40%、50%悬浮剂。

毒性　低毒。

产品特点　对高等动物低毒，对鱼类等水生生物高毒，对鸟类、蜜蜂低毒，对害螨天敌捕食螨、食虫瓢虫、草蛉等较安全。杀螨活性较高，主要起触杀作用，对幼螨和成、若螨杀伤力较强，对螨卵的杀伤力不大，对有机磷、有机氯杀虫剂有抗药性的害螨无交互抗药性。属感温型杀螨剂，气温在22℃以上时药效增加，22℃以下时活性降低，15℃以下时药效较差，不宜在冬季使用。施药后药效作用发挥较慢，3d 后活性开始增强，14d 可达高峰，残效期较长，可达 2～5 个月。

应用 可用于果树、茶树、花卉等作物，防治柑橘叶螨、柑橘锈螨、苹果叶螨、茶橙瘿螨、茶短须螨、菊花叶螨、玫瑰叶螨等。

应在螨害发生初期（平均每叶 2～3 头害螨）时使用，效果最佳。防治柑橘红蜘蛛在 4 月下旬到 5 月用 50%可湿性粉剂 2000 倍液均匀喷雾。夏秋季节降雨少可用 50%可湿性粉剂 2500 倍液均匀喷雾。防治柑橘锈壁虱在柑橘果期和果实上虫口增长期用 50%可湿性粉剂 2000 倍液均匀喷雾，效果最佳。防治苹果红蜘蛛在夏季害螨盛发期 50%可湿性粉剂 2000 倍液均匀喷雾效果理想。苯丁锡没有内吸性，喷雾务必均匀周到，尤其是害螨较多的叶背务必喷到。

注意事项

（1）本品不能与碱性较强的药剂混用（如波尔多液、石硫合剂）。

（2）残液不能倒入河塘沟渠等水体，施药器械不得在河塘沟渠中洗涤。对鱼类高毒，禁止在河塘等水体中清洗施药器具。

（3）安全间隔期：柑橘 21d 以上。

哒螨灵 pyridaben

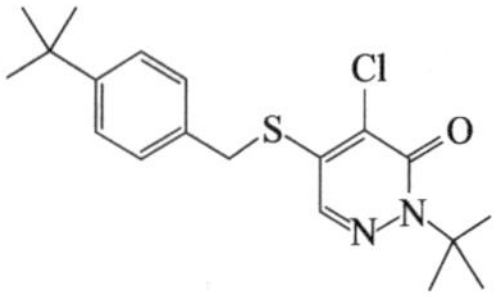

$C_{19}H_{25}ClN_2OS$, 364.93,96489-71-3

其他名称 哒螨酮、牵牛星、扫螨净。

主要剂型 20%可湿性粉剂，15%乳油，15%水乳剂，30%、45%悬浮剂。

毒性 低毒。

产品特点 为广谱、触杀性杀螨剂，无内吸性，对叶螨、全爪螨、小爪螨和瘿螨等食植性害螨均具有明显防治效果，对螨的整个生长期（即卵、幼螨、若螨和成螨）都有很好的效果，对移动期的成螨同样有明显的速杀作用。该药不受温度变化的影响，无论早春或秋季使用，均可达到满意效果。

应用 适用于柑橘、苹果、梨、山楂、棉花、烟草、蔬菜（茄子除外）及观赏植物。如用于防治柑橘和苹果红蜘蛛、梨和山楂等锈壁虱时，在害螨发生期均可施用（为提高防治效果最好在平均每叶2～3头时使用），将20%可湿性粉剂或15%乳油兑水稀释至50～70mg/L（2300～3000倍）喷雾。安全间隔期为15d，即在收获前15d停止用药。

注意事项

（1）本品在植物体内无内吸作用，喷雾时须均匀周到。不可与石硫合剂及波尔多液等强碱性农药混用，以免分解失效。

（2）本品在苹果上的安全间隔期为14d，每季最多使用2次；在柑橘上的安全间隔期为20d，每季最多使用2次。对茄科植物敏感，喷药作业时药液雾滴不能飘移到这些作物上，否则产生药害。

（3）本品对蜜蜂、鱼类等水生生物、家蚕有毒，施药期间应避免对周围蜂群的影响，开花植物花期、蚕室和桑园附近禁用。远离水产养殖区施药，禁止在河塘等水体中清洗施药器具。

炔螨特　propargite

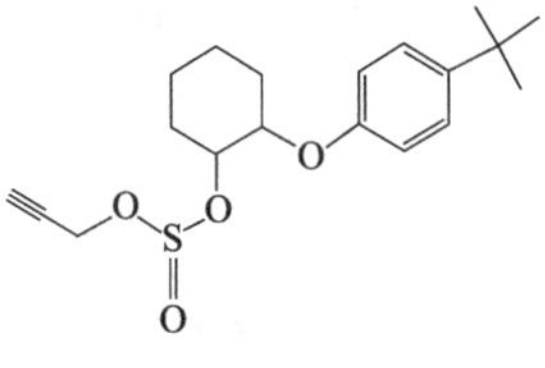

$C_{19}H_{26}O_4S$, 350.47, 2312-35-8

其他名称 克螨特、丙炔螨特、除螨净、奥美特。

主要剂型 40%、57%、73%乳油，40%水乳剂。

毒性 低毒。

产品特点 本品是一种有机硫杀螨剂，具有触杀和胃毒作用，无内吸和渗透传导作用。对成螨、若螨有效，杀卵的效果差。本品在温度 20℃以上条件下药效可提高，但在 20℃以下随降温递降。

应用 广谱杀螨剂，可用于防治棉花、蔬菜、苹果、柑橘、茶、花卉等作物上的各种害螨，对多数天敌安全。

春季始卵孵盛期，防治柑橘红蜘蛛、柑橘锈壁虱、苹果红蜘蛛、山楂红蜘蛛，用 73%乳油 2000～3000 倍液喷雾。

注意事项 本药在柑橘树上的安全间隔期为 30d，每季度最多使用次数为 3 次。在高温下用药对果实容易产生日灼病，还会导致脐部附近褪绿。所以，用药要注意，不得随意提高浓度，在高温、高湿条件下喷洒高浓度的克螨特对某些作物的幼苗和新梢嫩叶有药害，为了作物安全，对 25cm 以下的瓜、豆、棉苗等，73%乳油的稀释倍数不宜低于 3000 倍，对柑橘新梢不宜低于 2000 倍。本产品除不能与波尔多液及强碱农药混合使用外，可与一般农药混用。炔螨特为触杀型农药，无组织渗透作用，故需均匀喷洒作物叶片的两面及果实表面。本品对蜜蜂、鱼类等水生生物、家蚕有毒，施药期间应避免对周围蜂群的影响，开花植物花期、蚕室和桑园附近禁用。远离水产养殖区施药，禁止在河塘等水体中清洗施药器具。

螺螨酯 spirodiclofen

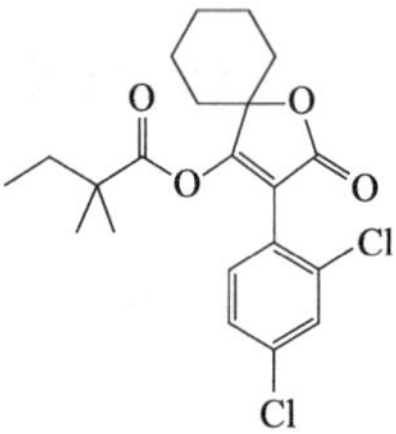

$C_{21}H_{24}Cl_2O_4$, 411.32, 148477-71-8

其他名称 螨威多、螨危。

主要剂型 240g/L、34%悬浮剂，15%水乳剂。

毒性 低毒。

作用机制 主要抑制螨的脂肪合成，阻断螨的能量代谢。

产品特点 杀卵效果特别优异，同时对幼若螨也有良好的触杀作用。虽然不能较快地杀死雌成螨，但对雌成螨有很好的绝育作用。雌成螨触药后所产的卵有96%不能孵化，死于胚胎后期。持效期长，生产上能控制柑橘全爪螨危害达40～50d。螺螨酯施到作物叶片上后耐雨水冲刷，喷药2h后遇中雨不影响药效的正常发挥。

杀螨谱广、适应性强。螨危对红蜘蛛、黄蜘蛛、锈壁虱、茶黄螨、朱砂叶螨和二斑叶螨等均有很好防效，可用于柑橘、葡萄等果树和茄子、辣椒、番茄等茄科作物的螨害治理。此外，螺螨酯对梨木虱、榆蛎盾蚧以及叶蝉类等害虫有很好的兼治效果。低毒、低残留、安全性好。在不同气温条件下对作物非常安全，对人畜及作物安全，低毒。适合于无公害生产。可与大部分农药（强碱性农药与铜制剂除外）现混现用。与其他作用机理不同的杀螨剂混用，既可提高螺螨酯的速效性，又有利于螨害的抗性治理。

应用　在害螨为害早期施药。施用时应使作物叶片正反面、果实表面以及树干、枝条等充分均匀着药，用药量为240g/L悬浮剂4000～6000倍液喷雾防治，螺螨酯在柑橘生长季节内最好只施用一次，与其他不同杀螨机理的杀螨剂轮换使用，既能有效地防治抗性害螨，同时可降低叶螨对螨危产生抗性的风险。

注意事项

（1）安全间隔期：柑橘、苹果树和棉花30d；每个生长季最多施用1次。

（2）为了避免害螨产生抗药性，建议与其他作用机制不同的药剂轮用。

（3）避免在作物花期施药，以免对蜂群产生影响。

（4）在配制和施用本品时，应穿防护服，戴手套、口罩，严禁吸烟和饮食。施药后应用肥皂和足量清水清洗手部、面部和其他裸露的身体部位以及药剂污染的衣物等。

（5）本品对鱼类等水生生物有毒，远离水产养殖区施药，禁止在河塘等水体中清洗施药器具。用药过后的空瓶应置于安全场所，不应随意放置。

（6）孕妇及哺乳期的妇女应避免接触。

三唑锡　azocyclotin

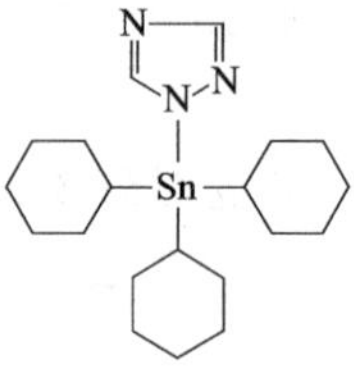

$C_{20}H_{35}N_3Sn$, 436.22, 41083-11-8

其他名称　锉螨特、夏螨杀、螨顺通、螨必败、阿帕奇、红螨灵、高克佳、锡先高、白螨灵、南北螨、红金焰、扑螨洗、使螨伐、螨无踪、清螨丹2号、清螨丹、遍地红、克蛛勇、螨津、福达、倍乐霸、歼螨丹、永旺、扑捕、正螨、劲灭、满秀、顶点、通击、火焰、背螨、蛛即落、夏螨杀、倍乐霸。

主要剂型　20%、25%可湿性粉剂，20%悬浮剂，8%、10%、80%乳油。

毒性　中等毒。

作用机理　通过抑制神经组织信息传递，使害螨麻痹死亡。

产品特点　该品是触杀性杀螨剂，可杀灭幼螨、若螨、成螨和夏卵等螨虫。温度越高杀螨杀卵效果越强，是高温季节对害螨控制期最长的杀螨剂，同时可配用其他杀螨剂、杀菌剂喷雾。无致畸、致癌、致突变作用，对鱼毒性高，对蜜蜂毒性极低。残效期较长，常用浓度下对作物安全，对光和雨水有较好的稳定性。

应用　在柑橘树春梢大量抽发期或橘园采果后，平均每叶有螨2～3头时，兑水以20%可湿性粉剂1500～2500倍喷雾。

防治苹果树红蜘蛛于红蜘蛛活动幼螨发生初期兑水均匀喷雾，用药量20%悬浮剂1000～2000倍喷药，7～10d后可再施药，在果树新梢期慎用。

注意事项

(1) 本药安全间隔期柑橘树为30d，每季度最多使用2次。

(2) 本剂对蚕有长时间的毒性，所以不要在桑园附近使用。

(3) 对鱼虾类毒性很强，所以在喷药作业以后，严禁将洗容器的水以及剩下的药液等倒入河川中。禁止施药后在河塘等水体中清洗器具，以免污染水源。

（4）该药不能与波尔多液、石硫合剂等碱性农药混用。

（5）建议与不同机制的杀螨剂轮换使用。甜橙在 32℃以上时喷雾，对新梢嫩叶会引起药害，在高温季节应避免使用，以防产生药害。大风天或预计 6h 内降雨，请勿施药。

（6）本品对冬卵无效，不可作为冬季清园用。

四螨嗪 clofentezine

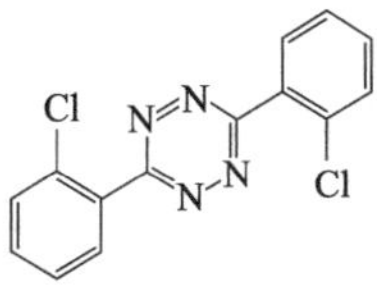

$C_{14}H_8Cl_2N_4$, 303.15, 74115-24-5

主要剂型 20%、40%、50%悬浮剂，75%、80%水分散粒剂，10%可湿性粉剂。

毒性 低毒。

产品特点 胚胎发育抑制剂，主要杀螨卵，对幼螨也有一定效果，但对成螨无效。药效发挥较慢，持效期 50～60d，施药后 2～3 周可达到最高杀螨效果。用于果树、豌豆、观赏植物、棉花等作物，防治全爪螨属和叶螨属害螨，对榆全爪螨（苹果红蜘蛛）的冬卵特别有效。对捕食性螨和有益昆虫安全。一般在开花前后各施 1 次，每次按 100～125mg/L 浓度喷施。

应用 苹果红蜘蛛于卵初孵期或若螨发生初盛期，均匀喷雾，在螨卵初孵期用 500g/L 悬浮剂 5000～6000 倍液喷雾防治，在螨的密度大或温度较高时施用最好，与其他杀成螨药剂混用，在气温低（15℃左右）和虫口密度小时施用效果好。

在柑橘树上防治红蜘蛛，用 20%悬浮剂 1600～2000 倍稀释液均匀喷雾。在螨卵初孵期用药效果最佳，视病情可连续使用 2 次，每次间隔 30d 左右。

喷施农药时，工作人员应在上风位置，随时注意风向变化，及时改变作业的行走方向，尽量顺风施药。遇雨要及时补喷。大风天或预计 1h 内降雨，请勿施药。

注意事项 产品在苹果树上的安全间隔期为 30d，柑橘树上使用的安全间隔期为 14d，每季最多使用 2 次；与噻螨酮有交互抗性，不能交替使用；避免长期单一使用，应与其他不同作用机制的杀螨剂交替使用；蚕室及桑园附近禁用；赤眼蜂等天敌放飞区域禁用。远离水产养殖区用药，禁止在河塘等水体中清洗施药器具，避免药液污染水源地；用过的容器应妥善处理，不可他用，也不可随意丢弃。开启包装时注意用力不要过大，以免药液散溅；使用本品时应穿戴防护服、手套、口罩等，避免吸入药液；施药期间不可吃东西、饮水等；施药后应及时洗手、洗脸等。孕妇及哺乳期妇女禁止接触本品。

噻螨酮 hexythiazox

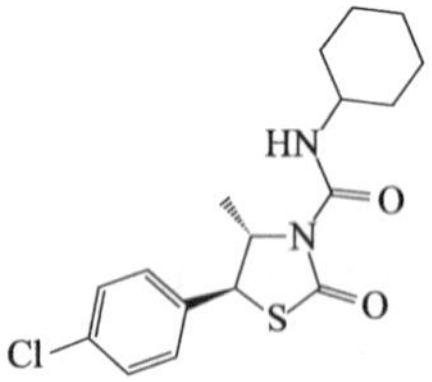

HN
O
N
O
S
Cl

$C_{17}H_{21}ClN_2O_2S$, 352.88, 78587-05-0

其他名称 尼索朗。

主要剂型 5%乳油，5%可湿性粉剂。

毒性 低毒。

作用机制 其作用机制为抑制昆虫几丁质合成和干扰新陈代谢，致使若虫不能蜕皮，或蜕皮畸形，或羽化畸形而缓慢死亡，具有高杀若虫活性。

产品特点 乳油外观为淡黄色或浅棕色液体，可湿性粉剂外观为灰白色粉末，在阴凉干燥条件下保存 2 年不变质。对人、畜低毒，对眼有轻微刺激作用，对鸟类低毒，在常量下对蜜蜂无毒性反应，对天敌影响很小，对鱼类有毒。对多种植物害螨具有强烈的杀卵、杀幼若螨的特性，对成螨无效，但对接触到药液的雌成螨所产的卵具有抑制孵化的作用。对叶螨防效好，对锈螨、瘿螨防效较差。可与波尔多液、石硫合剂等多种农药混用。以触杀作用为主，对植物组织有良好的渗透性，无内吸性作用。环境温度高低不影响使用效果，一般施药后 10d 才能显示出较好的防效，持效期可保持 50d 左右。

对同翅目的飞虱、叶蝉、粉虱及介壳虫等害虫有良好的防治效果，对某些鞘翅目害虫也具有持久的杀幼虫活性。可有效地防治水稻上的飞虱和叶蝉、茶和马铃薯上的叶蝉、柑橘和蔬菜上的粉虱、柑橘上的盾蚧和粉蚧。一般推荐剂量不能直接杀死成虫，但能减少产卵，降低卵孵化率和缩短其寿命。一般施药后 3～7d 才能看出效果，对成虫没有直接杀伤力，但可缩短其寿命，减少产卵量，并且产出的多是不育卵，幼虫即使孵化也很快死亡。对天敌较安全，噻螨酮与其他类杀虫剂无交互抗性问题，综合效应好。该药作用缓慢，施药后 3～7d 才能控制害虫危害。虫口密度高时，应与速效药剂混用。

应用

(1) 防治柑橘红蜘蛛。在红蜘蛛发生始盛期，平均每叶有螨 2～3头时，用 5%乳油或 5%可湿性粉剂 1500～2000 倍液均匀喷雾。

(2) 防治苹果红蜘蛛。在幼若螨盛发期，平均每叶有 3～4 只螨时，用 5%乳油或 5%可湿性粉剂 1500～2000 倍液喷雾。收获前 7d 停止使用。

注意事项

(1) 本药在柑橘树上的安全间隔期为 30d，每季度最多使用 2 次。

(2) 本剂对锈壁虱没有效果，在锈壁虱发生时，请用对锈壁虱有效果的药剂。

(3) 一般叶螨类的繁殖速度很快，随着繁殖密度越大其防除越是困难，因此在发生初期，请谨慎均匀喷药。

(4) 避免在梨、枣树上使用本品。

(5) 本品对鱼类、蜜蜂和鸟类低毒，对人畜低毒。注意保护环境，使用后剩余的空容器要妥善处理，不得留做他用，不要因处理废药液而污染水源和水系。建议与其他作用机制不同的杀螨剂轮换使用。

（6）本品对成螨无作用，要掌握在成螨虫口较低时或比其他杀螨剂稍早些使用效果更佳。对柑橘锈螨无效，在用该药防治红蜘蛛时应注意锈螨的发生为害。

唑螨酯 fenpyroximate

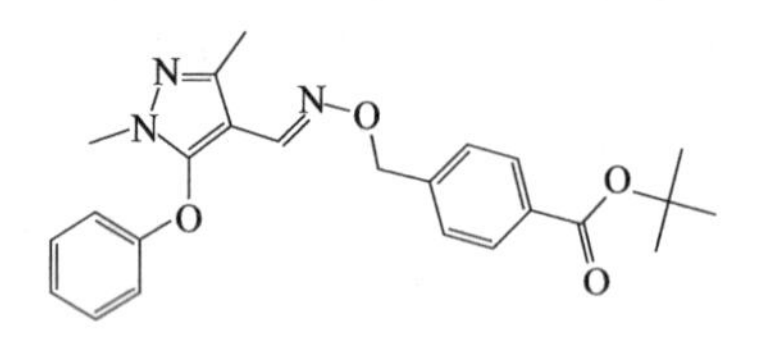

$C_{24}H_{27}N_3O_4$, 421.49, 111812-58-9

其他名称 霸螨灵。

主要剂型 5%、28%悬浮剂。

毒性 中毒。

产品特点 属苯氧基吡唑类杀螨剂，抗性风险低。对螨卵、若螨和成螨各个生育期的害螨均具有较强的触杀作用。高剂量时可直接杀死螨类，低剂量时可抑制螨类蜕皮或产卵，具有击倒和抑制蜕皮作用，无内吸作用，不受温度影响，正常使用技术条件下对作物安全。

应用 防治柑橘红蜘蛛和锈壁虱于盛发初期施药，用5%悬浮剂1000～2000倍液喷雾，注意喷雾均匀周到，视螨害发生情况，每15d施药一次，可连续用药2次。苹果树红蜘蛛在螨害发生初期用5%悬浮剂2000～2500倍液喷雾施药效果最好，注意喷雾均匀、周到；视螨害发生情况间隔10～12d，连续施药2次。

注意事项

（1）在柑橘和苹果树上使用的安全间隔期为15d，每个作物周期最多使用2次。为吡唑类杀螨剂，建议与其他作用机制不同的杀螨剂轮换使用。不能与石硫合剂混用。

（2）对鱼类等水生生物、家蚕有毒，施药时在蚕室和桑园附近应慎用；远离水产养殖区施药，应避免药液流入河塘等水体中，清洗喷药器械时切忌污染水源。

（3）使用时应穿戴防护服、手套等，避免吸入药液。施药期间不可吃东西、饮水等；施药后应及时冲洗手、脸及其他裸露部位。

（4）丢弃的包装物等废弃物应避免污染水体，建议用控制焚烧法或安全掩埋法处置包装物或废弃物。不可他用。

（5）避免孕妇及哺乳期的妇女接触本品。

第四章 果园常用杀菌剂

氨基寡糖素 oligosaccharins

其他名称 施特灵、好普、净土灵、天达裕丰、百净。

主要剂型 0.5%、2%乳油，0.5%、2%、3%水剂。

毒性 低毒。

作用机理 氨基寡糖素能对一些病菌的生长产生抑制作用，影响真菌孢子萌发，诱发菌丝形态发生变异，孢内生化发生改变等。能激发植物体内基因，产生具有抗病作用的几丁酶、葡聚糖酶、植保素及PR蛋白等，并具有细胞活化作用，有助于受害植株的恢复，促根壮苗，增强作物的抗逆性，促进植物生长发育。

产品特点 是具有杀毒、杀细菌、杀真菌作用的广谱性低毒农药。不仅对真菌、细菌、病毒具有极强的防治和铲除作用，而且还具有营养、调节、解毒、抗菌的功效。可广泛用于防治果树、蔬菜、地下根茎、烟草、中药材及粮棉作物的病毒、细菌、真菌引起的花叶病、小叶病、斑点病、炭疽病、霜霉病、疫病、蔓枯病、黄矮病、稻瘟病、青枯病、软腐病等病害。

应用

(1) 防治枣树、苹果、梨等果树的枣疯病、花叶病、锈果病、炭疽病、锈病等病害，在发病初期用1000倍2%天达裕丰+1000倍天达2116（果树专用型）细致喷雾，每10～15d 1次，连喷2～3次，防治效果良好。

（2）防治瓜类、茄果类病毒病、灰霉病、炭疽病等病害，自幼苗期开始每10d左右喷洒1次1000倍天达裕丰+600倍天达壮苗灵或天达2116（瓜茄果型）+其他有关防病药剂，连续喷洒2～3次，可防治以上病害发生。

（3）防治烟草花叶病毒病、黑胫病等病害，自幼苗期开始每10d左右喷洒1次1000倍2%天达裕丰+600倍天达壮苗灵或天达2116（烟草专用型）+其他有关防病药剂，连续喷洒2～3次，可有效地防治病毒病、黑胫病等病害发生。

注意事项

（1）不得与碱性药剂混用。

（2）为防止和延缓抗药性，应与其他有关防病药剂交替使用，每一生长季中最多使用3次。

（3）用该药与有关杀菌保护剂混用，可显著增加药效。

百菌清 chlorothalonil

$C_8Cl_4N_2$, 265.91, 1897-45-6

其他名称 四氯间苯二甲腈、百菌清胶悬剂、百菌清悬浮剂、百菌清烟剂。

主要剂型 40%悬浮剂，50%、75%可湿性粉剂，75%水分散粒剂，10%油剂，5%、25%颗粒剂，2.5%、10%、30%、45%烟剂，5%粉剂。

毒性 低毒。

作用机理 能与真菌细胞中的三磷酸甘油醛脱氢酶发生作用，与该酶中含有半胱氨酸的蛋白质相结合，从而破坏该酶活性，使真菌细胞的新陈代谢受破坏而失去生命力。

产品特点　高效、广谱杀菌剂，具有保护作用，可防治瓜类霜霉病、白粉病、炭疽病、疫病；番茄早疫病、晚疫病；黄瓜灰霉病、叶霉病等。对弱酸、弱碱及光热稳定，无腐蚀作用。在植物表面易黏着，耐雨水冲刷，残效期一般7～10d。

应用　从初发病时开始，至8月中旬，每10～15d喷洒1次56％嘧菌·百菌清水乳剂800～1000倍液＋1000倍“果宝”（果树专用型），可防治多种果树腐烂病、霜霉病、炭疽病、褐斑病和白粉病等。注意与其他杀菌剂交替使用。

防治黄瓜霜霉病、白粉病等病害，可于发病初期喷洒56％嘧菌·百菌清水乳剂800～1000倍液＋1000倍“果宝”（果树专用型），每7～10d 1次，连续喷洒2～3次。

防治多种蔬菜的疫病、霜霉病、白粉病等病害，于发病初期开始喷洒56％嘧菌·百菌清水乳剂800～1000倍液＋1000倍“菜宝”（瓜茄果专用型），每7～10天1次，连续喷洒2～3次。

防治番茄早疫病、晚疫病及霜霉病，在病害发生初期，每亩用56％嘧菌·百菌清水乳剂800～1000倍液喷雾，每隔7～10d喷1次。

注意事项

（1）使用百菌清时注意不能与石硫合剂等碱性农药混用。FU（烟剂）和DP（粉剂）最好在叶面有结露的条件下使用，有利于发挥药效。

（2）使用浓度：56％嘧菌·百菌清水乳剂800～1000倍液，70％可湿性粉剂600倍液，50％可湿性粉剂400倍液；45％烟剂每亩200～250g；5％粉剂1kg。

（3）该药对皮肤和眼睛有刺激作用，喷药时要注意保护。

苯醚甲环唑　difenoconazole

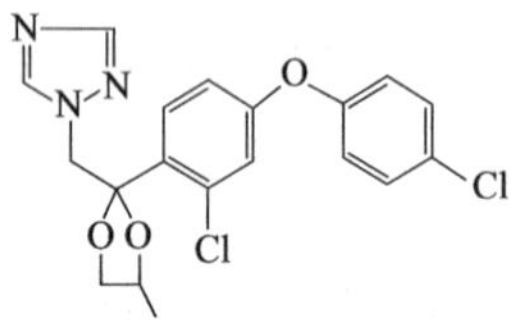

$C_{19}H_{17}Cl_2N_3O_3$, 406.26, 119446-68-3

其他名称 嘧醚唑、显粹、思科、世高。

主要剂型 3%悬浮种衣剂，10%、37%水分散粒剂，25%乳油，30%悬浮剂，10%可湿性粉剂。

毒性 低毒。

产品特点 内吸性杀菌剂，杀菌谱广，对子囊菌纲、担子菌纲和包括链格孢属、壳二孢属、尾孢霉属、刺盘孢属、球痤菌属、茎点霉属、柱隔孢属、壳针孢属、黑星菌属在内的半知菌类，如白粉菌科、锈菌目及某些种传病原菌有持久的保护和治疗作用。广泛应用于果树、蔬菜等作物，可有效防治黑星病、黑痘病、白腐病、斑点落叶病、白粉病、褐斑病、锈病、条锈病、赤霉病等，叶面处理或种子处理可提高作物的产量和保证品质。

应用

(1) 梨黑星病 在发病初期用10%水分散颗粒剂6000～7000倍液，或每100L水加制剂14.3～16.6g（有效浓度14.3～16.6mg/L)。发病严重时可提高浓度，建议用3000～5000倍液或每100L水加制剂20～33g（有效浓度20～33mg/L)，间隔7～14d连续喷药2～3次。

(2) 苹果斑点落叶病 发病初期用10%水分散颗粒剂2500～3000倍液或每100L水加制剂33～40g（有效浓度33～40mg/L)，发病严重时用1500～2000倍液或每100L水加制剂50～66.7g（有效浓度50～66.7mg/L)，间隔7～14d，连续喷药2～3次。

(3) 葡萄炭疽病、黑痘病 用10%水分散颗粒剂1500～2000倍液或每100L水加制剂50～66.7g（有效浓度50～66.7mg/L）喷雾。

(4) 柑橘疮痂病 用10%水分散颗粒剂2000～2500倍液或每100L水加制剂40～50g（有效浓度40～50mg/L）喷雾。

注意事项

(1) 柑橘树安全间隔期28d，梨树安全间隔期14d，苹果树安全间隔期21d，葡萄安全间隔期21d，石榴树麻皮病安全间隔期14d。

(2) 避免药液接触皮肤、眼睛和污染衣物，避免吸入雾滴。切勿在施药现场抽烟或饮食。在饮水、进食和抽烟前，应先洗手、洗脸。

（3）配药时，应戴手套和面罩，穿靴子、长袖衣和长裤。喷药时，应穿靴子、长袖衣和长裤。施药后，彻底清洗防护用具，洗澡，并更换和清洗工作服。

（4）对鱼及水生生物有毒，药液及废液不得污染各类水域，勿将药液、清洗施药器具的废水或空瓶弃于水中，避免影响鱼类和污染水源。

（5）使用过的空包装，用清水冲洗三次后妥善处理，切勿重复使用或改作其他用途。所有施药器具，用后应立即用清水或适当的洗涤剂清洗。未用完的制剂应保存在原包装内，切勿将本品置于饮、食容器内。

吡唑醚菌酯　pyraclostrobin

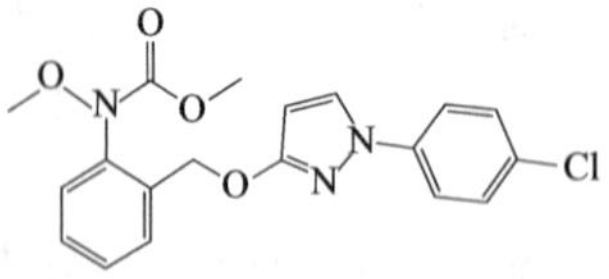

$C_{19}H_{18}ClN_3O_4$, 387.82, 175013-18-0

其他名称　唑菌胺酯、百克敏、吡亚菌平。

主要剂型　250g/L、20％、25％乳油，23％悬浮剂，20％颗粒剂，20％可湿性粉剂，200g/L浓乳剂，20％水分散粒剂。

毒性　低毒。

作用机理　为线粒体呼吸抑制剂。即通过阻止细胞色素 b 和 c_1 间电子传递而抑制线粒体呼吸作用，使线粒体不能产生和提供细胞正常代谢所需要的能量（ATP），最终导致细胞死亡。具有保护、治疗、叶片渗透传导作用。

产品特点　具有广谱的杀菌活性，吡唑醚菌酯对谷类的叶部和穗粒的病害有突出的防治效果，并且增产效果显著。

应用　对黄瓜白粉病、霜霉病和香蕉黑星病、叶斑病有较好的防治效果。防治黄瓜白粉病、霜霉病的用药量为有效成分 75～

150g/hm^2（折成乳油商品量为 20～40mL/667m^2）。加水稀释后于发病初期均匀喷雾，一般喷药 3～4 次，间隔 7d 喷 1 次药。防治香蕉黑星病、叶斑病的有效成分浓度为 83.3～250mg/kg（稀释倍数为 1000～3000 倍），于发病初期开始喷雾，一般喷药 3 次，间隔 10d 喷 1 次药。喷药次数视病情而定。对黄瓜、香蕉安全，未见药害发生。

注意事项 药械不得在池塘等水源和水体中洗涤。施药残液不得倒入水源和水体中。

丙环唑 propiconazole

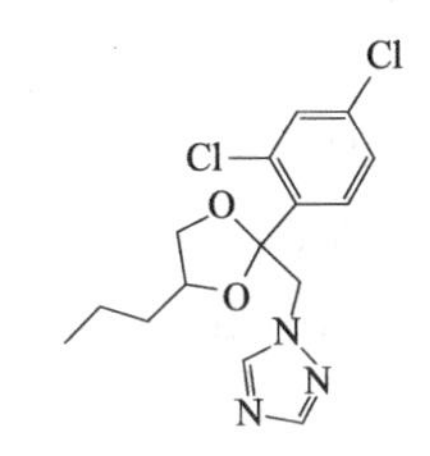

$C_{15}H_{17}Cl_2N_3O_2$, 342.22, 60207-90-1

其他名称 敌力脱。

主要剂型 20％、25％乳油，25％水乳剂，40％微乳剂。

毒性 原药对大鼠急性经口 LD_{50} ＞1517mg/kg，急性经皮 LD_{50}＞4000mg/kg。对家兔眼睛和皮肤有轻度刺激作用。

作用机理 影响类固醇的生物合成，使病原菌的细胞膜功能受到破坏，最终导致细胞死亡，从而起到杀菌、防病和治病的功效。

产品特点 是一种具有保护和治疗作用的内吸性三唑类杀菌剂，可被根、茎、叶部吸收，并能很快地在植物体内向上传导，防治子囊菌、担子菌和半知菌引起的病害，特别是对小麦全蚀病、白粉病、锈病、根腐病，水稻恶菌病，香蕉叶斑病具有较好的防治效果。内吸性强，能迅速向上传导，施药 2h 即可将入侵的病原体杀死，1～2d 控制病情扩展，阻止病害的流行发生，渗透力及附着力极强，特别适合在雨季使用；持效期长达 15～35d，比常规药剂节省 2～3 次用药；即使喷药不均匀，药液也会在作物的叶片组织中均匀分布，起到理想的防治效果。

应用

（1）防治香蕉叶斑病　在发病初期，用丙环唑（20%乳油）1000～1500倍液喷雾效果最好，间隔21～28d。根据病情的发展，可考虑连续喷施第2次。

（2）防治葡萄炭疽病　如果在发病初期前，用于保护性防治，可用丙环唑（20%乳油）2500倍稀释喷雾。

注意事项

（1）本药在香蕉上的安全间隔期为42d，每季作物最多使用2次。

（2）使用本品时应穿戴防护服和手套，佩戴防尘面具，避免吸入药液。施药期间不可吃东西和饮水，施药后应及时洗手和洗脸。

（3）本品对鱼类、蜜蜂和鸟类低毒。远离水产养殖区用药，禁止在河塘等水体中清洗施药器具；避免药液污染水源地。

（4）使用过的容器应妥善处理，不可他用，也不可随意丢弃。

（5）在不通风的温室或大棚中用药，建议施药后通风。喷药后1～2h即可内吸，不怕雨水冲刷，持效期因病菌而异。

（6）本品不能和碱性物质混合使用。

（7）孕妇及哺乳期妇女避免接触。

（8）建议与其他作用机制不同的杀菌剂轮换使用。

丙森锌　propineb

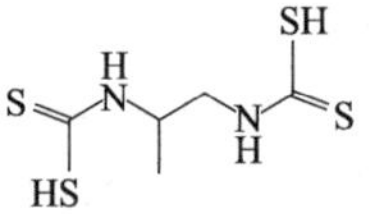

$C_5H_{10}N_2S_4$, 226.41, 12071-83-9

其他名称　安泰生。

主要剂型　70%可湿性粉剂。

毒性　低毒。

作用机理　丙森锌能作用于真菌细胞壁和蛋白质的合成，能抑制孢子的侵染和萌发，同时能抑制菌丝体的生长，导致其变形、死亡。

产品特点　是一种新型、高效、低毒、广谱的氨基甲酸酯类保护性有机硫杀菌剂。具有速效和持效作用兼备的保护性杀菌作用。丙森锌持效期较长，对作物、人畜和其他有益生物安全，由于它不含可能会对作物造成药害的锰，对作物更安全，毒性低，对使用者无害，在作物各个生育期（包括花期）均可用药。丙森锌可释放锌离子以补充作物生长所需的锌元素，因此具有叶面肥的功效，用药后果菜着色好、品质高。

应用 于发病初期防治苹果斑点落叶病用 70%可湿性粉剂 600～700 倍液喷雾，葡萄霜霉病 400～600 倍液，柑橘炭疽病600～800 倍液，视病情的严重程度间隔 10～14d 用药一次，可连续用药 2～3 次，配药时要搅拌均匀，施药时应喷雾均匀周到，全树喷雾。

注意事项

（1）本产品在苹果树和葡萄上使用的安全间隔期为 14d，柑橘树为 21d。每个作物周期的最多使用次数为 4 次。

（2）本品不能与铜制剂、碱性物质混合使用。

（3）本品对鱼类、藻类、溞类等水生生物有毒，应远离水产养殖区施药，禁止在河塘等水体中清洗施药器具；对天敌赤眼蜂有极高危险性，应避开天敌活动高峰期。

（4）施药时须穿戴防护衣服，避免药液接触皮肤和眼睛。请勿吸烟、饮食、喝水。施药后要用肥皂和清水彻底清洗手、脸和其他裸露部位。

（5）建议与其他作用机制不同的杀菌剂轮换使用，以延缓抗性产生。

（6）用过的容器应妥善处理，不可他用，也不可随意丢弃。

（7）孕妇及哺乳期妇女避免接触。

代森联 metiram

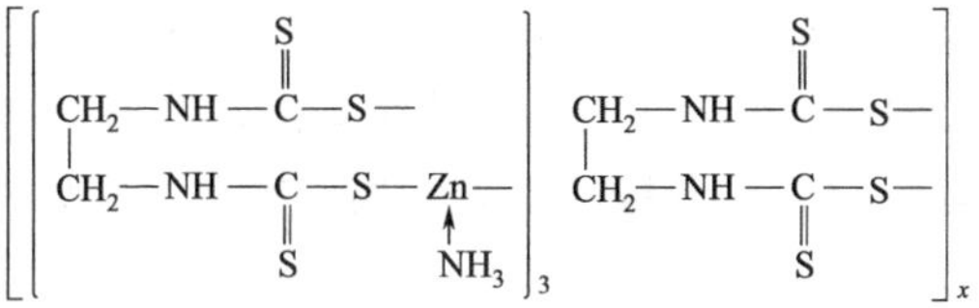

$$\left[\left[\begin{array}{l} CH_2-NH-C(=S)-S- \\ | \\ CH_2-NH-C(=S)-S-Zn(\leftarrow NH_3)- \end{array}\right]_3 \begin{array}{l} CH_2-NH-C(=S)-S- \\ | \\ CH_2-NH-C(=S)-S- \end{array}\right]_x$$

$(C_{16}H_{33}N_{11}S_{16}Zn_3)_x$, $(1088.7)_x$, 9006-42-2

主要剂型　70%水分散粒剂，70%可湿性粉剂。

毒性　低毒。

产品特点　代森联是一种优良的保护性杀菌剂，属低毒农药。由于其杀菌范围广、不易产生抗性，防治效果明显优于其他同类杀菌剂，所以在国际上用量一直是大吨位产品。是目前代森锰锌的替代产品，国内多数复配杀菌剂都以代森锰锌加工配制而成，但锰锌制剂会引起作物微量元素积累中毒。对防治梨黑星病、苹果斑点落叶病、瓜菜类疫病、霜霉病、大田作物锈病等效果显著。

应用　苹果轮纹病和炭疽病第一次施药应在苹果谢花后7～10d以70%水分散粒剂300～700倍液喷雾防治，间隔10～15d，连续施药；斑点落叶病施药适期为新梢抽生期，分别于春梢和秋梢生长期以70%水分散粒剂300～700倍液喷雾防治，施药2～3次，间隔10～15d。柑橘树疮痂病发病前或发病初期以70%水分散粒剂300～700倍液喷雾，每季3次，间隔7～14d，兑水均匀喷雾。

注意事项　施药全面周到是保证药效的关键，苹果树和梨树每季作物最多使用3次，安全间隔期为21d；柑橘树每季作物最多使用3次，安全间隔期为10d。

代森锰锌　mancozeb

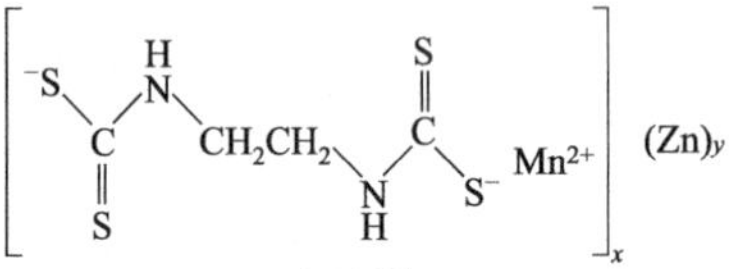

$x{:}y=1{:}0.091$

$(C_4H_6MnN_2S_4)_xZn_y$, 8018-01-7

其他名称　太盛、大生、大生富、喷克、必得利、新万生、猛杀生、山德生、猛飞灵、施普乐、果富达、沙隆达、惠光、双吉、韩孚、利民、国光、蓝丰、美生、欢生、进富等。

主要剂型　75%水分散粒剂，50%、70%、80%可湿性粉剂，30%、430g/L悬浮剂。

毒性　低毒。

作用机理　主要通过金属离子杀菌，抑制病菌代谢过程中丙酮酸的氧化，而导致病菌死亡，该抑制过程具有六个作用位点，故病菌极难产生抗药性。

产品特点　代森锰锌属保护性杀菌剂，对病害没有治疗作用，必须在病菌侵害寄主植物前喷施才能获得理想的防治效果。锰、锌微量元素对作物有明显的促壮、增产作用，通过十几年田间应用，对防治梨黑星病、苹果斑点落叶病、瓜菜类疫病、霜霉病、大田作物锈病等效果显著，不用其他任何杀菌剂完全可有效控制病害发生，质量稳定、可靠。代森锰锌可以连续多次使用，病菌极难产生抗药性。

可湿性粉剂为灰黄色，各种制剂在水中均形成灰黄色悬浮液，喷施到植物表面后黏着性好，较耐雨水冲刷，但易形成黄色药斑。制剂对皮肤有一定刺激作用，但在试验剂量下未发现致畸、致突变作用。对鱼类有毒。

应用

(1) 苹果斑点落叶病、轮纹病、炭疽病　对往年发病较重的果园，在落花后 20d 开始喷洒质量优良的代森锰锌，可用 80%代森锰锌可湿性粉剂 500～800 倍液，套袋以后可以使用普通的代森锰锌，降雨以后，适当降低浓度可和内吸杀菌剂混合使用。注意与其他药剂交替使用。

(2) 梨黑星病　在发芽后开始喷药，每隔 15d 左右喷 1 次 70%代森锰锌可湿性粉剂 600～800 倍液，可兼治梨黑斑病和梨锈病。

(3) 桃褐腐病　桃树落花后 10d 至采收前 1 个月，每隔 15d 左右喷 70%代森锰锌可湿性粉剂 500～700 倍液 1 次，注意和其他杀菌剂交替使用。

(4) 桃炭疽病　在花前、花后及生长期喷 70%代森锰锌可湿性粉剂 500～700 倍液 3～4 次，可兼治疮痂病等病害。

(5) 葡萄白腐病、黑痘病、霜霉病　发病初喷 80%代森锰锌可湿性粉剂 500～700 倍液，15d 左右喷 1 次，共喷 3～4 次，可与其他杀菌剂交替使用，延长药效。

（6）柑橘树疮痂病、炭疽病　发病初期喷 70%代森锰锌可湿性粉剂 400～600 倍液，均匀喷雾，视病情发展情况可连续用药2～3 次，注意施药时以果实及幼嫩叶、梢为重点，对整株树均匀透彻喷雾。预计 1h 内降雨，请勿施药。

注意事项

（1）在柑橘使用的安全间隔期为 21d，梨树安全间隔期为 15d，在苹果树、荔枝树上使用的安全间隔期为 10d，每季作物周期最多使用 3 次。

（2）可与内吸性杀菌剂交替使用，以延缓抗药性的产生。

（3）对蜜蜂、鱼类等水生生物有毒，应远离蚕室、桑园、水产养殖区施药，禁止在河塘等水体中清洗施药器具。

（4）不能与铜及强碱性物质混用。在喷过铜、汞、碱性药剂后要间隔一周后才能喷施此药。

（5）施药需要佩戴防护设施，戴好口罩等，以免吸入药液。皮肤污染后应尽快用碱性液体或清水冲洗。

代森锌　zineb

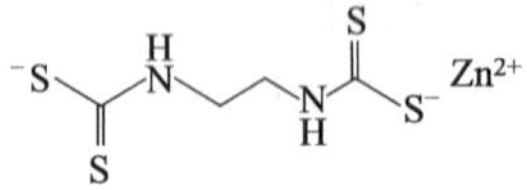

$C_4H_6N_2S_4Zn$，275.75，12122-67-7

主要剂型　65%、80%可湿性粉剂。

毒性　低毒。

作用机理　在水中易被氧化成异硫氰化合物，对病原菌体内含有—SH 的酶有较强的抑制作用，并能直接杀死病菌孢子，抑制孢子的发芽，阻止病菌侵入植物体内，但对已侵入植物体内的病原菌丝体的杀伤作用很小。

产品特点　是具有保护、抑制作用的杀菌剂，能抑制新病源并清除病害。喷雾后能以药膜形式展布于作物表面形成保护层，防止病菌再次侵染。能补充植物所需的微量元素锌，在病害发生前或发生初期使用效果更好。

应用

（1）柑橘炭疽病于发病前或发病初期用80%可湿性粉剂500～600倍液喷雾，每隔10～15d一次。

（2）苹果树斑点落叶病和炭疽病发病前或发病初期用80%可湿性粉剂500～700倍液喷雾防治。以后每隔7～10d喷药一次，用药6～8次。药液应均匀喷雾于叶片上下表面及果面上。

注意事项

（1）在苹果树上使用的安全间隔期为10d，每个作物周期的最多使用次数为2次。柑橘每季最多使用2次，采收前21d停止用药。

（2）对蜜蜂、鱼类等水生生物、家蚕有毒，施药期间应避免对周围蜂群的影响，开花植物花期、蚕室和桑园附近禁用。远离水产养殖区施药，禁止在河塘等水体中清洗施药器具，避免污染水源。

（3）不可与呈碱性的农药等物质混合使用。

（4）使用本品时应穿戴防护服和手套，避免吸入药液。施药期间不可吃东西和饮水。施药后应及时洗手和洗脸。

（5）孕妇及哺乳期妇女应避免接触。

（6）建议与其他作用机制不同的杀菌剂轮换使用，以延缓抗性产生。

（7）用过的容器应妥善处理，不可他用，也不可随意丢弃。

丁香菌酯 coumoxystrobin

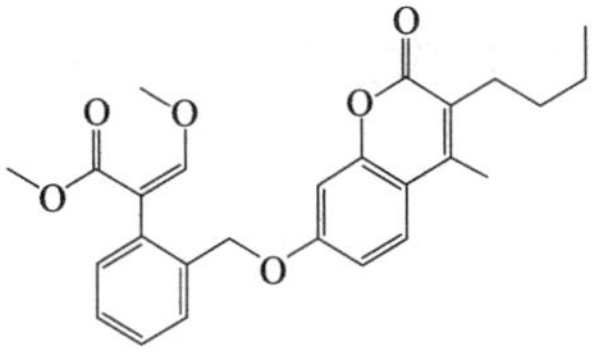

$C_{26}H_{28}O_6$, 436.5, 850881-70-8

其他名称 武灵士。

主要剂型 20%悬浮剂，96%原药。

毒性 低毒。

作用机理 能阻断细胞色素b和c之间的电子传递，从而抑制线粒体的呼吸作用，使ATP的合成受阻，使真菌缺乏能量供应，逐渐丧失侵染能力。

产品特点 丁香菌酯，是由沈阳化工研究院研制，吉林省八达农药有限公司开发的一款高端的杀菌剂，属甲氧基丙烯酸酯类，是一种保护性杀菌剂，同时兼有一定的治疗作用。其具有广谱、低毒、高效、安全的特点，有免疫、预防、治疗、增产增收作用。对苹果树腐烂病有特效，是全国防治腐烂病最具权威的药剂。杀菌谱广，对瓜果、蔬菜、果树霜霉病、晚疫病、黑星病、炭疽病、叶霉病有效；同时对轮纹病、炭疽病，棉花枯萎病，水稻瘟疫病、纹枯病，小麦根腐病，玉米小斑病亦有效。

应用 丁香菌酯对由鞭毛菌、接合菌、子囊菌、担子菌及半知菌引起的植物病害具有良好的防效。对苹果树腐烂病、轮纹病、斑点病，香蕉叶斑病、黑星病，油菜菌核病，瓜果蔬菜的霜霉病、白粉病、疫病，梨树的干腐病、粗皮病，桃树的流胶病，枣树的锈病等多种病原菌有较好的抑制作用。

注意事项 丁香菌酯系列杀菌剂最好是避免和有机磷或有机硅类农药混用，该类农药可能会降低丁香菌酯的药效。一般发病初期，用20%丁香菌酯1500～2000倍液喷雾，防治番茄霜霉病、灰霉病和疫病，白菜霜霉病，香蕉叶斑病和黑星病等，每隔7～10d喷药一次，喷药次数不得超过3次。发病严重时可适当的加大用量，同时也可与一些药混配施用。

啶氧菌酯 picoxystrobin

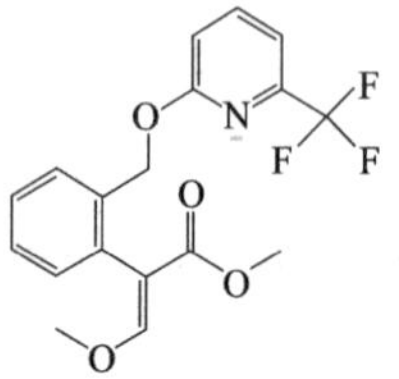

$C_{18}H_{16}F_3NO_4$, 367.3191, 117428-22-5

其他名称　(*E*)-3-甲氧基-2-{2-[6-(三氟甲基)-2-吡啶氧甲基]苯基}丙烯酸甲酯。

主要剂型　22.5%、250g/L悬浮剂。

毒性　低毒。

作用机理　线粒体呼吸抑制剂，即通过在细胞色素b和c_1间电子转移抑制线粒体的呼吸。

产品特点　广谱、内吸性杀菌剂。

应用　防治葡萄霜霉病、黑痘病用22.5%啶氧菌酯悬浮剂1500～2000倍液喷雾。

防治香蕉叶斑病、黑星病用22.5%啶氧菌酯悬浮剂1500～1750倍液喷雾。

注意事项　使用时应远离鱼塘、河流、湖泊等地方。

多菌灵　carbendazim

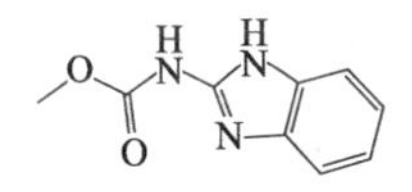

$C_9H_9N_3O_2$, 191.19, 10605-21-7

其他名称　棉萎灵、苯并咪唑44号。

主要剂型　25%、50%可湿性粉剂，40%、50%悬浮剂，80%水分散粒剂。

毒性　低毒。

作用机理　干扰病原菌有丝分裂中纺锤体的形成，影响细胞分裂，起到杀菌作用。

产品特点　多菌灵是一种高效、低毒内吸性广谱型杀菌剂，有内吸治疗和保护作用，对多种作物由真菌（如半知菌、子囊菌）引起的病害有防治效果。可用于叶面喷雾、种子处理和土壤处理等。

应用

(1) 防治瓜类白粉病、疫病，番茄早疫病，豆类炭疽病、疫病，油菜菌核病，每亩用50%可湿性粉剂100～200g，兑水喷雾，于发病初期喷洒，共喷2次，间隔5～7d。

(2) 防治大葱、韭菜灰霉病，用50%可湿性粉剂300倍液喷雾；防治茄子、黄瓜菌核病，瓜类、菜豆炭疽病，豌豆白粉病，用50%可湿性粉剂500倍液喷雾；防治十字花科蔬菜、番茄、莴苣、菜豆菌核病，番茄、黄瓜、菜豆灰霉病，用50%可湿性粉剂600～800倍液喷雾；防治十字花科蔬菜白斑病、豇豆煤霉病、芹菜早疫病（斑点病），用50%可湿性粉剂700～800倍液喷雾。以上喷雾均在发病初期第一次用药，间隔7～10d喷1次，连续喷药2～3次。

(3) 防治番茄枯萎病，按种子重量的0.3%～0.5%拌种；防治菜豆枯萎病，按种子重量的0.5%拌种，或用60～120倍药液浸种12～24h。

(4) 防治蔬菜苗期立枯病、猝倒病，用50%可湿性粉剂1份，均匀混入半干细土1000～1500份。播种时将药土撒入播种沟后覆土，每平方米用药土10～15kg。

(5) 防治黄瓜、番茄枯萎病，茄子黄萎病，用50%可湿性粉剂500倍液灌根，每株灌药0.3～0.5kg，发病重的地块间隔10d再灌第2次。

(6) 对花生控旺有一定作用。

(7) 防治苹果轮纹病用40%多菌灵悬浮剂600～1000倍喷雾。

(8) 防治梨树黑星病用40%多菌灵悬浮剂400～600倍喷雾。

(9) 防治柑橘炭疽病用40%多菌灵悬浮剂250～333倍喷雾。

注意事项

(1) 多菌灵可与一般杀菌剂混用，但与杀虫剂、杀螨剂混用时要随混随用，不宜与碱性药剂混用。

(2) 长期单一使用多菌灵易使病菌产生抗药性，应与其他杀菌剂轮换使用或混合使用。

(3) 作土壤处理时，有时会被土壤微生物分解，降低药效。如土壤处理效果不理想，可改用其他使用方法。

（4）安全间隔期 15d。

多抗霉素　polyoxin

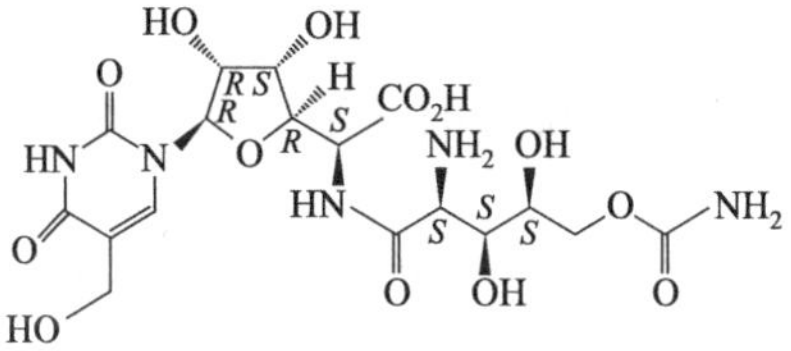

$C_{17}H_{25}N_5O_{13}$，507.47，19396-06-6

其他名称　多氧霉素、多效霉素、多氧清、保亮、宝丽安、保利霉素。

主要剂型　1.5%、2%、3%、10%可湿性粉剂，1%、3%水剂。

毒性　低毒。

作用机理　干扰真菌细胞壁几丁质的生物合成，使病斑不能扩展。

产品特点　多抗霉素（polyoxin）是一类广谱的抗真菌农用抗生素。由于它是一种高效、低毒、无环境污染的安全农药，所以被广泛应用于粮食作物，特用作物，水果和蔬菜等重要病害的防治。由于多氧霉素是一类结构很相似的多组分抗生素，各主要组分的作用又不相同，因此在农业上使用主要分两类：一类以 a、b 组分为主，主要用于防治苹果斑点落叶病、轮纹病，梨黑斑病，葡萄灰霉病，草莓、黄瓜、甜瓜的白粉病、霜霉病，人参黑斑病和烟草赤星病等十多种作物病害；另一类以 d、e、f 组分为主，主要用于水稻纹枯病的防治。

应用

（1）人参黑斑病的防治　每亩用 10%可湿性粉剂 100g，兑水 50kg 喷在人参栽培畦面，隔 10d 喷 1 次，共 3～4 次。

（2）草莓灰霉病的防治　每亩用 10%可湿性粉剂 100～150g，加水 50～75kg 喷雾，每周喷 1 次，共 3～4 次。

（3）苹果斑点落叶病的防治　每亩用 10%可湿性粉剂 1000～

2000倍液，在春梢生长初期喷药，每隔1周喷1次，与波尔多液交替使用，效果更好。

（4）蔬菜苗期猝倒病的防治　用10%可湿性粉剂1000倍液土壤消毒。

（5）黄瓜霜霉病、白粉病的防治　用2%可湿性粉剂1000倍液土壤消毒。

（6）防治番茄晚疫病　用2%可湿性粉剂100mg/L溶液喷雾。

（7）防治瓜类枯萎病　用300mg/L溶液灌根。

注意事项

（1）不能与碱性或酸性农药混用。

（2）密封保存，以防潮结失效。

（3）虽属低毒药剂，使用时仍应按安全规则操作。

氟硅唑　flusilazole

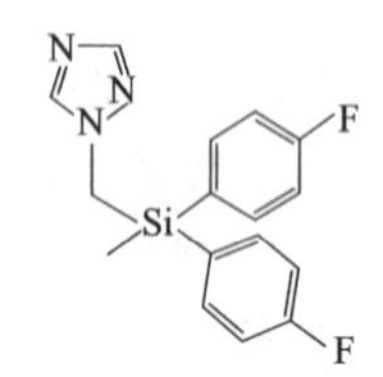

$C_{16}H_{15}F_2N_3Si$，315.39，85509-19-9

其他名称　福星、克菌星、秋福。

主要剂型　10%、15%、25%水乳剂，8%、25%微乳剂，400g/L乳油，8%热雾剂。

毒性　低毒。

作用机理　破坏和阻止麦角固醇的生物合成，导致细胞膜不能形成，使病菌死亡。

产品特点　内吸性杀菌剂，具有保护和治疗作用，渗透性强。主要可用于防治子囊菌纲、担子菌纲和半知菌类真菌，如苹果黑星菌、白粉病菌，禾谷类的麦类核腔菌、壳针孢属菌、钩丝壳菌等，球座菌及甜菜上的各种病原菌，花生叶斑病菌。对油菜菌核病高效，对卵菌无效，对梨黑星病有特效。

应用 氟硅唑是当前防治梨黑星病的特效药剂，在梨树谢花后，见到病芽梢时开始喷40%乳油8000～10000倍液，以后根据降雨情况15～20d喷1次，共喷5～7次，或与其他杀菌剂交替使用。对砀山梨易产生药害，不宜使用。

氟硅唑对苹果轮纹烂果病菌有很强的抑制作用，田间可防治苹果、梨的轮纹烂果病，可使用40%乳油8000倍液喷雾。

注意事项

(1) 本品安全间隔期为21d，每季作物最多使用次数，因各地气候、土壤等条件不同，具体用法用量请在当地农技部门指导下使用。

(2) 酥梨品种幼果前期嫩叶萌发时，使用本品偶有新叶片卷缩现象，过一段时间会恢复，但仍请避开此时期使用。对藻状菌纲引起的病害无效。

(3) 防止对鱼毒害和污染水源。禁止在河塘等水域中清洗施药器具，蚕室与桑园附近禁用。

(4) 使用时必须穿戴口罩、手套等防护用品。施药时不得吸烟、进食、饮水等，身体不适时勿施药。未使用完的药液请勿随意倾倒，避免污染水源。

(5) 孕妇及哺乳期妇女禁止接触本品。

腐霉利 procymidone

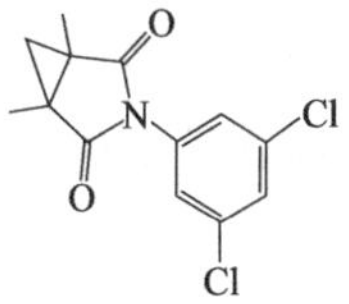

$C_{13}H_{11}Cl_2NO_2$，284.14，32809-16-8

其他名称 Sumilex、二甲菌核利、杀霉利、速克灵、扑来灭宁、腐霉利烟剂、黑灰净、必克灵、消霉灵、扫霉特、棚丰、福烟、克霉宁、灰霉灭、灰霉星、胜得灵、天达腐霉利。

主要剂型 50%可湿性粉剂，30%颗粒熏蒸剂，25%流动性粉剂，25%胶悬剂，10%、15%烟剂，20%悬浮剂。

毒性 低毒。

作用机理 阻碍真菌菌丝顶端正常细胞壁合成，抑制菌丝的发育，达到保护和治疗双重作用。

产品特点 广谱杀菌剂，可防治多种作物上的灰霉病等病害。

应用 （1）内吸性杀菌剂，兼有保护和治疗的作用，低温高湿条件下使用效果明显。用于油菜、萝卜、茄子、黄瓜、白菜、番茄、向日葵、西瓜、草莓、洋葱、桃、樱桃、花卉、葡萄等作物，防治灰霉病、菌核病、灰星病、花腐病、褐腐病、蔓枯病等，也可用于对甲基硫菌灵、多菌灵有抗性的病原菌。如防治灰霉病，在开花初期、盛花期、结果期分别用50%可湿性粉剂1000～2000倍液喷雾；防治菌核病在发病初期，用50%可湿性粉剂1500～2000倍液喷雾，在初花期、盛花期喷1～2次。

（2）防治葡萄灰霉病用50%腐霉利可湿性粉剂1000～2000倍喷雾防治。

（3）用于防治保护地番茄灰霉病等病害。

注意事项

（1）药剂配好后要尽快喷用，不要长时间放置。

（2）防治病害应尽早用药，最好在发病前，最迟也要在发病初期使用。

（3）药剂应放在阴暗、干燥通风处。药液不慎溅入眼睛应用肥皂冲洗，若误食，应立即洗胃，防止进入气管和肺中。

（4）不能与碱性药剂混用，并不宜与有机磷农药混配。

（5）长时间单一使用该药容易使病菌产生抗药性，应与其他杀菌剂轮换使用。

福美双 thiram

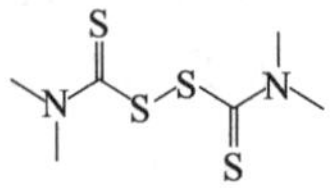

$C_6H_{12}N_2S_4$，240.43，137-26-8

其他名称 秋兰姆、赛欧散、阿锐生。

主要剂型 80%水分散粒剂，50%可湿性粉剂。

毒性 低毒。

产品特点 一种广谱保护性的福美系杀菌剂，对鱼有毒，对人皮肤和黏膜有刺激性，高剂量对田间老鼠有一定驱避作用。

应用 防治苹果炭疽病，在苹果谢花后，用80%水分散粒剂1000～1200倍液喷雾防治，用药3～4次，每隔7～10d施药1次可有效防治炭疽病。防治香蕉叶斑病在发病前用80%水分散粒剂700～900倍液喷雾，连续用药3次，每次用药间隔7～10d。施药要细致、周到，将叶片正反面均匀喷湿为止。大风天或预计1h内降雨，请勿施药。

注意事项

(1) 产品在苹果上使用的安全间隔期为21d，每个作物周期的最多使用次数为4次。在香蕉上的安全间隔期为14d，每季作物可用药3次。

(2) 不能与铜、汞制剂及碱性药剂等物质混用或前后紧接使用。

(3) 施药人员需要穿戴防护服装、防护靴、口罩及手套等防护用品，施药完毕应立即更衣洗手，勿逆风施药，避免皮肤接触药液或吸入药雾。

(4) 施药后要清洗工具，并妥善处理污水和废药液。

(5) 本品对水生生物有毒，使用及操作本品时尽量避免接触鱼塘等水体，远离水产养殖区施药，禁止在河塘等水体中清洗施药器具。

(6) 本品对蜜蜂、家蚕有毒，施药期间应避免对周围蜂群的影响，开花植物花期、蚕室和桑园附近禁用。

(7) 避免孕妇及哺乳期妇女接触。

(8) 建议与其他作用机制不同的杀菌剂轮换使用。

(9) 用过的容器应妥善处理，不可他用，也不可随意丢弃。

己唑醇　hexaconazole

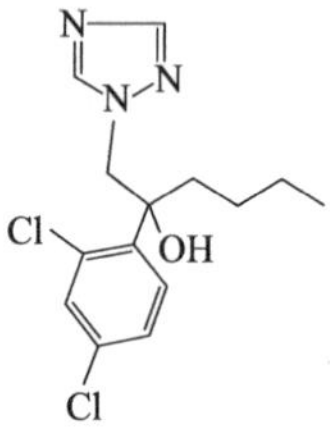

$C_{14}H_{17}Cl_2N_3O$，314.21，79983-71-4

主要剂型　5%微乳剂，5%、10%、25%、30%悬浮剂，5%、10%乳油，50%水分散粒剂。

毒性　低毒。

作用机理　破坏和阻止病菌的细胞膜重要组成成分麦角固醇的生物合成，导致细胞膜不能形成，最终使病菌死亡。

产品特点　具有抑菌谱广、渗透性和内吸传导性强、预防和治疗效果好等特点，该药能有效防治子囊菌、担子菌和半知菌引起的病害，尤其对担子菌和子囊菌引起的病害（如白粉病、锈病、黑星病、褐斑病、炭疽病、纹枯病、稻曲病）等有较好的预防和治疗作用，但对卵菌纲和细菌无效。按推荐剂量在适宜作物上应用，对环境友好，对作物安全。适宜作物与果树：苹果、葡萄、香蕉，蔬菜（瓜果、辣椒等），花生，咖啡，禾谷类作物和观赏植物等。己唑醇具有渗透性和内吸性。例如在苹果叶中部进行条带交叉施药，药剂渗透进入叶片后能够疏导移动和重新分布，对于未施药的末梢部分具有很好的保护作用，对基部也有很好的保护作用。

应用　防治梨树黑星病和苹果斑点落叶病用5%己唑醇悬浮剂1000～1500倍液喷雾，防治桃树褐腐病800～1000倍。防治水稻纹枯病用5%悬浮剂60～100g。根据报道己唑醇还可以用于防治葡萄白粉病和白腐病，用药浓度为10～15mg/kg，苹果白粉病、锈病10～20mg/kg。此外己唑醇对咖啡锈病有很好的治疗效果，亩用量有效成分2g。防治花生叶斑病有效成分3～4.5g/亩。

注意事项

（1）安全间隔期：苹果 14d，葡萄 21d。作物每季最多施药 4 次。

（2）药液及其废液不得污染各类水域、土壤等环境。

（3）使用时注意对蜜蜂和鸟类的不利影响，蜜源作物禁止使用。

（4）使用时远离水产养殖区施药，严禁药液流入河塘等水体，施药器械不得在河塘等水体内洗涤，以免造成水体污染。

（5）使用时操作人员应穿戴防护服和手套、防尘口罩等劳动保护用品，施药期间禁止吸烟、饮食，施药后及时清洗手和脸等。

（6）孕妇、哺乳期妇女禁止接触本品。

（7）建议与其他作用机制不同的杀菌剂轮换使用，以延缓抗性产生。

甲基硫菌灵 thiophanate-methyl

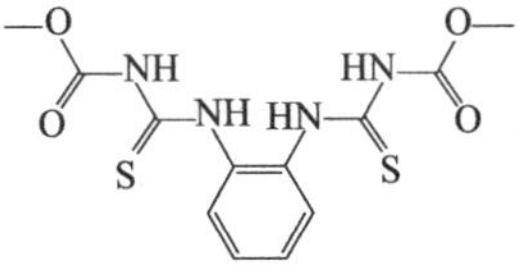

$C_{12}H_{14}N_4O_4S_2$，342.394，23564-05-8

其他名称 甲基托布津、1,2-双（甲氧羰基-2-硫脲基）苯、1,2-二（3-甲氧羰基-2-硫脲基）苯、1,2-双（3-甲氧羰基-2-硫脲基）苯。

主要剂型 50％、70％可湿性粉剂，36％、50％悬浮剂，30％粉剂，3％糊剂。

毒性 低毒。

作用机理 甲基硫菌灵被吸入作物体内后，它在植物体内通过先转化为多菌灵，再干扰病菌的有丝分裂中纺锤体的形成，进而影响细胞分裂。

产品特点 是一种广谱型内吸性低毒杀菌剂，具有内吸、预防和治疗作用。能够有效防治多种作物的病害。

应用 防治柑橘树绿霉病、青霉病用36%甲基硫菌灵可湿性粉剂800倍液浸果。

防治梨树白粉病、黑星病用36%甲基硫菌灵可湿性粉剂800～1200倍液喷雾防治。

防治苹果树白粉病、黑星病用36%甲基硫菌灵可湿性粉剂800～1200倍液喷雾防治。

防治葡萄白粉病用36%甲基硫菌灵可湿性粉剂800～1000倍液喷雾防治。

注意事项

（1）安全间隔期21d，每季最多使用2次。

（2）本品不能与碱性及无机铜制剂混用。长期单一使用本品易产生抗性，与苯并咪唑类杀菌剂有交互抗性，建议与其他作用机制不同的杀菌剂轮换使用，以延缓抗性产生。

（3）施用本品应防止药液流入江河湖泊，禁止在河塘等水体中洗施药器具。用过的包装容器应妥善处理，不可他用，也不可随意丢弃，应将包装深埋或焚烧处理。

（4）开启或使用本品时，应穿戴好防护服，戴手套口罩，作业前不能饮酒，作业时不能吸烟，作业后应及时用肥皂水清洗，更换衣服。

（5）孕妇及哺乳期妇女避免接触。

甲霜灵　metalaxyl

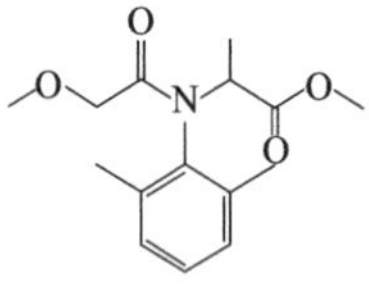

$C_{15}H_{21}NO_4$，279.3315，57837-19-1

其他名称 瑞毒霉、甲霜安、瑞毒霜、灭达乐、万霉灵、氨丙灵、韩乐农、阿普隆、雷多米尔、雷多米尔-锰锌、Ridomil、立达霉、保种灵。

主要剂型 25%、50%可湿性粉剂，35%种子处理制剂，5%

颗粒剂。

毒性 低毒。

作用机理 其内吸和渗透力很强，施药后 30min 即可在植物体内上下双向传导，对病害植株有保护和治疗作用，且药效持续期长，主要抑制病菌菌丝体内蛋白质的合成，使其营养缺乏，不能正常生长而死亡。

产品特点 本品属取代苯类杀菌剂，有效成分为甲霜灵，微有挥发性，在中性及弱酸性条件下较稳定，遇碱易分解。可湿性粉剂外观为白色至米色粉末，pH 为 5～8，不易燃；种子处理制剂外观为紫色粉末，pH 为 6～9。均在常温下储存稳定 2 年以上。对人、畜低毒，对皮肤、眼有轻度刺激作用，对鸟类、鱼类、蜜蜂毒性较低。具有保护、治疗及内吸等杀菌作用，耐雨水冲刷，持效期 10～14d。

应用

(1) 一般用 25% WP（可湿性粉剂）750 倍液，防治黄瓜霜霉病和疫病，茄子、番茄及辣椒的棉疫病，十字花科蔬菜白锈病等，每隔 10～14d 喷 1 次，用药次数每季不得超过 3 次。

(2) 谷子白粉病的防治，每 100kg 种子用 35%拌种剂 200～300g 拌种，先用 1%清水或米汤将种子湿润，再拌入药粉。

(3) 烟草黑茎病的防治，苗床在播种后 2～3d，每亩用 25%可湿性粉剂 133g，进行土壤处理，本田在移栽后第 7 天用药，每亩用 58%可湿性粉剂兑水 500 倍喷雾。

(4) 马铃薯晚疫病的防治，初见叶斑时，每亩用 25%可湿性粉剂 500 倍液喷雾，每隔 10～14d 喷 1 次，不得超过 3 次。

注意事项

(1) 应避免长期单一施用本剂，每季蔬菜上使用不宜超过 3 次，应与其他农药混用或轮用，以避免产生抗药性。

(2) 应在通风干燥、温度不超过 35℃的条件下储存。

(3) 与代森锰锌、三乙膦酸铝、琥胶肥酸铜、福美双等有混配剂，与异菌脲有混用，可见各条。精甲霜灵是甲霜灵的活性异构体。

井冈霉素 validamycin

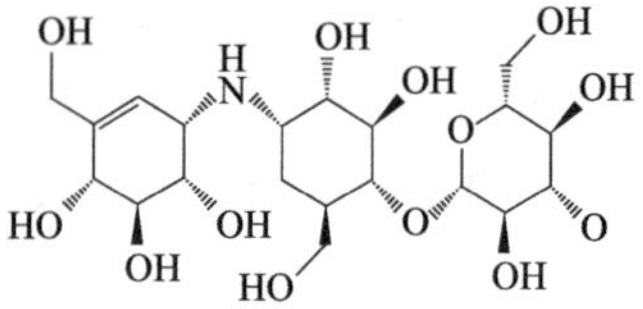

$C_{20}H_{35}NO_{13}$, 497.23, 37248-47-8

其他名称 有效霉素。

主要剂型 5%、30%水剂，2%、3%、4%、5%、12%、15%、17%水溶性粉剂，0.33%粉剂，28%井冈·多菌灵悬浮剂。

毒性 低毒。

作用机理 是一种放线菌产生的抗生素，具有较强的内吸性，易被菌体细胞吸收并在其内迅速传导，干扰和抑制菌体细胞生长和发育。

产品特点 本品属抗生素类杀菌剂，易溶于水，吸湿性强，在中性和微酸性条件下稳定，在强酸和强碱条件下易分解，也能被多种微生物分解。水剂外观为棕色透明液体，无臭味，pH 为 2～4；可溶粉剂外观为棕黄色或棕褐色疏松粉末，pH 为 5.5～6.5；粉剂外观为棕褐色疏松粉末，pH 为 4～7，一般有效期为 2 年。对病害具有内吸杀菌作用，耐雨水冲刷，持效期 15～20d。

应用

(1) 水稻病害的防治 纹枯病一般在水稻封行后至抽穗前期或盛发初期，每次每亩用 5%可溶性粉剂 100～150g，兑水 75～100kg，针对水稻中下部喷雾或泼浇，间隔期 7～15d，施药 1～3 次；水稻稻曲病，在水稻孕穗期，每亩用 5%水剂 100～150mL，兑水 50～75kg 喷雾。

(2) 棉花立枯病的防治 用 5%水剂 500～1000 倍液，按 $3mL/m^2$ 药溶液量灌苗床。

(3) 麦类纹枯病的防治 100kg 种子用 5%水剂 600～800mL，兑少量的水均匀喷在麦种，搅拌均匀，堆闷几小时后播种。也可在田间病株率达到 30%左右时，每亩用 5%井冈霉素水剂 100～

150mL，兑水60～75kg喷雾。

（4）防治苹果轮纹病用13%的井冈霉素水剂1000～1500倍液喷雾防治。

注意事项

（1）可与除碱以外的多种农药混用。

（2）属抗生素类农药，应存放在阴凉干燥处，并注意防腐、防霉、防热。

（3）粉剂在晴朗天气可早、晚两头趁露水未干时喷施，夜间喷施效果尤佳，阴雨天可全天喷施，风力大于3级时不宜喷粉。

（4）保质期2年，保质期内粉剂如有吸潮结块现象，溶解后不影响药效。

菌核净 dimetachlone

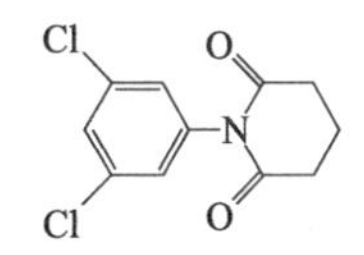

$C_{10}H_7Cl_2NO_2$，244.0741，24096-53-5

其他名称 纹枯利、环丙胺、纹枯灵。

主要剂型 40%、50%可湿性粉剂。

毒性 低毒。

作用机理 抑制病菌产孢和病斑扩大等，当病菌菌丝体接触药剂后，溢出细胞的内含物，而不能正常发育，导致病菌死亡。

产品特点 本品属有机杂环类（亚胺类）杀菌剂，有效成分为菌核净，在常温下及遇酸较稳定，遇光照及遇碱易分解。可湿性粉剂外观为淡棕色粉末。对人、畜、鱼类低毒。对病害具有直接杀菌和内渗治疗杀菌作用，持效期长，对菌核病有较好的防治效果。

应用

（1）用40%菌核净可湿性粉剂喷雾：将可湿性粉剂兑水稀释后喷施。

①用500倍液，防治番茄、甘蓝等的菌核病，莴苣和莴笋的菌核病、（小核盘菌）软腐病。

② 用 800 倍液，防治黄瓜褐斑病、菜豆菌核病。

③ 用 800～1500 倍液，防治番茄、黄瓜等的灰霉病。

④ 用 1000 倍液，防治黄瓜、芹菜等的菌核病。

（2）用可湿性粉剂喷雾。

① 防治油菜菌核病每亩用 40% 可湿性粉剂 100～150g，加水 75～100kg，在油菜盛花期第 1 次用药，隔 7～10d 再以相同剂量处理 1 次，喷于植株中下部。

② 防治烟草赤星病每亩用 40% 可湿性粉剂 187.5～337.5g，于烟草发病时喷药，每隔 7～10d 喷药 1 次。

③ 防治水稻纹枯病每次每亩用 40% 可湿性粉剂 200～250g，兑水 100kg，于发病初期开始喷药，每次间隔 1～2 周，共防治 2～3 次。

注意事项

（1）本剂不能与碱性农药混用。在番茄、茄子、辣椒、菜豆、大豆等作物上易产生药害，因此最好先试后用，以防药害。

（2）本剂应密封，储存在通风干燥、避光阴凉处。

（3）建议与其他作用机制不同的杀菌剂轮换使用，以延缓抗性产生。

（4）施药时应按农药使用规则进行操作，穿戴防护服、口罩和手套，避免吸入药液。施药期间禁止吃东西和饮水，施药后应及时洗脸、洗手。

（5）施药和清洗药械时避免污染池塘和水源。

（6）孕妇及哺乳期妇女应避免接触此药。

（7）用过的容器应妥善处理，不可他用，也不可随意丢弃。

喹啉铜　oxine-copper

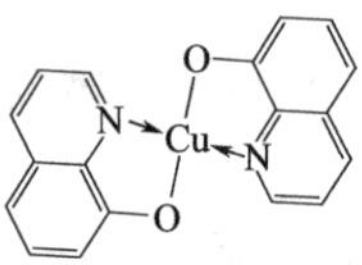

$C_{18}H_{12}CuN_2O_2$，351.85，10380-28-6

其他名称 必绿、千金。

主要剂型 33.5%油悬浮剂，50%可湿性粉剂。

毒性 低毒。

作用机理 有机喹啉和铜盐具有双重杀菌活性，根源在于其作用机理独特。有机喹啉抑制病菌孢子新陈代谢，控制细胞再次分裂和分化，同时螯合铜离子被萌发的病原菌孢子吸收，直接在病原菌内部杀死孢子细胞，从而达到防病的作用。

产品特点 是一种广谱、高效、低残留的有机铜螯合物，对真菌、细菌性病害具有良好预防和治疗作用。在作物表面形成一层严密的保护膜，抑制病菌萌发和侵入，从而达到防病治病的目的。并且刺激植物体内各种酶的活性，提高光合作用，促进生长，使叶片浓绿同时净化果面，增加产量，改善品质，适用于果树、蔬菜、瓜菜、烟等多种作物多种病害的防治。

杀灭病菌作用点多，多次使用病菌不会产生抗性，作用于对常规杀菌剂已经产生抗药性的病害有高效的预防、治疗效果。对真菌、细菌有全面的预防治疗作用，持效期长达15d。不刺激落叶，保叶又保果，特别是幼叶、幼果期使用安全可靠。pH值呈中性，具有优异的混配性，可以和大多数农药混配，使用前建议先作试验，保证用药安全。喹啉酮是生产绿色无公害食品（蔬菜、瓜果等）的常用优秀杀菌剂。

应用 宜在发病前或发病初期使用，以50%可湿性粉剂3000～4000倍液喷雾防治苹果树轮纹病，喷药时药液应均匀周到，喷至药液在叶片上欲滴而不流下为止；大风天或预计1h内降雨，请勿施药。

注意事项 本产品在苹果作物上使用的安全间隔期为21d。对人、畜低毒，对鱼有毒，请勿污染水源；禁止在河塘等水域中清洗施药器具。使用本品时应穿戴防护服和手套，避免吸入药液。施药期间不可吃东西和饮水，施药后应及时洗手和洗脸。建议与其他作用机制不同的杀菌剂轮换使用。用过的容器应妥善处理，不可他用，不可随意丢弃。赤眼蜂等天敌放飞区域禁用。

硫酸铜钙　copper calcium sulphate

其他名称　多宁。

主要剂型　77%可湿性粉剂。

毒性　低毒。

产品特点　保护性杀菌剂，广泛应用于防治果树和蔬菜上的真菌病害。络合态硫酸铜钙，其独特的铜离子和钙离子大分子络合物，确保铜离子缓慢、持久释放。硫酸铜钙遇水才释放杀菌的铜离子，而病菌也只有遇雨水后才萌发侵染，两者完全同步，杀菌较好，保护较长，在正常使用技术条件下，对作物安全。颗粒细，呈绒毛状，能均匀分布并紧密黏附在作物的叶面和果面，耐雨水冲刷，持效期较长。pH 值为中性偏酸。

应用　应现配现用，配液时采用二次稀释法，先用少量的水将粉剂调成糊状，再加入其余的水搅拌均匀，即可喷施。于病害发病前或发病初期用药，用 77%可湿性粉剂，防治柑橘树疮痂病用 400～800 倍液，防治病溃疡用 400～600 倍液，防治苹果树褐斑病用 600～800 倍液，防治葡萄霜霉病用 500～700 倍液，兑水均匀喷雾。大风天或预计 1h 内有雨，请勿施药。

注意事项

（1）安全间隔期：柑橘 32d，每季最多使用 4 次；黄瓜 10d，每季最多使用 3 次；葡萄 34d，每季最多使用 4 次；苹果 28d，每季最多使用 4 次。不能与含有其他金属元素的药剂和微肥混合使用，也不宜与强碱性和强酸性物质混用。

（2）桃、李、梅、杏、柿子、大白菜、菜豆、莴苣、荸荠等对本品敏感，不宜使用。苹果、梨树的花期、幼果期对铜离子敏感，本品含铜离子，施药时注意避免飘移至上述作物。

（3）使用过的药械需清洗三遍，在洗涤药械和处理废弃物时不要污染水源。

（4）施药时穿防护衣、戴口罩，避免眼睛、皮肤接触，避免吸入。

（5）用过的包装材料不可挪作他用，应焚烧或深埋，或交给当地环保部门统一处理。

(6) 对蜜蜂、鱼类等水生生物、家蚕有毒，施药期间应避免对周围蜂群的影响，开花植物花期、蚕室和桑园附近禁用。远离水产养殖区施药，禁止在河塘等水体中清洗施药器具。

络氨铜 cuaminosulfate

其他名称 瑞枯霉、增效抗苦霉。

主要剂型 15%、23%、25%水剂。

毒性 低毒。

作用机理 主要通过铜离子发挥杀菌作用，铜离子与病原菌细胞膜表面上的 K^+、H^+ 等阳离子交换，使病原菌细胞膜上的蛋白质凝固，同时部分铜离子渗透入病原菌细胞内与某些酶结合，影响其活性。

产品特点 络氨铜能防治真菌、细菌引起的多种病害，具有预防、铲除和治疗作用，并能促进植物根深叶茂，增加叶绿素含量，增强光合作用及抗旱能力，有明显的增产作用。

应用 对瓜类和茄科作物的枯萎病、黄萎病、霜霉病、早疫病、晚疫病、黄叶病，水稻、小麦的纹枯病、白叶枯病、烂秧病、白粉病、锈病，柑橘，芒果的溃疡病、炭疽病、疮痂病、黑斑病等病害都具有预防、铲除和治疗作用。

防治柑橘树溃疡病在病害发生前或发生初期用15%水剂稀释200～300倍均匀喷雾，病菌主要借雨水发生、侵染，雨水对病害的发生、发展有重要的影响，尤其注意雨前雨后的防治，合理掌握喷药间期。高温高湿易感时期，喷药间期相应缩短，每7～10d喷一次。

防治苹果树腐烂病，在春季腐烂病病期，用15%水剂 $95mL/m^2$ 涂抹病疤，用药3次，间隔7d，效果较好。

注意事项

(1) 本品不宜与其他农药化肥混用。不能与酸性药剂混用。

(2) 作叶面喷雾时，使用浓度不能高于规定浓度，以免发生药害。使用时要严格按照《农药操作规程》作业。

（3）施药时注意安全防护，切勿吸烟或进食，药后及时清洗污染衣物及皮肤裸露部位。

（4）施药时应避免对水源、鱼塘的影响，施药后不要在河塘等及鱼塘中清洗药械。药液及其废液不得污染各类水域。

（5）用过的包装物应妥善处理，不可他用，也不可随意丢弃。长期使用铜制剂的果园，建议少用或不用。

（6）孕妇及哺乳期妇女禁止接触本品。

嘧菌酯　azoxystrobin

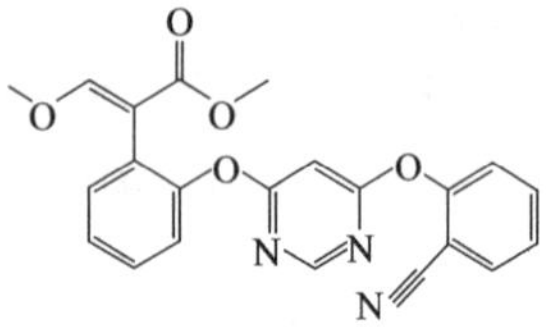

$C_{22}H_{17}N_3O_5$，403.3875，131860-33-8

其他名称　安灭达、阿米西达。

主要剂型　25%悬浮液，25%乳油。

毒性　低毒。

作用机理　阿米西达是β-甲氧基丙烯酸酯类杀菌剂。线粒体呼吸抑制剂，破坏病菌的能量合成，即通过在细胞色素b向细胞色素c的电子转移，从而抑制线粒体的呼吸。作用于对C_{14}-脱甲基化酶抑制剂、苯甲酰胺类、二羧酰胺类和苯并咪唑类产生抗性的菌株有效。具有保护、铲除、渗透、内吸活性。抑制孢子萌发和菌丝生长并抑制产孢。

产品特点

（1）杀菌谱广：一药治多病，减少用药量，降低生产成本；

（2）增加抗病性：少生病，长势旺，早生快发，提早上市，售价高；

（3）提高抗逆力：气候不良也高产；

（4）延缓衰老：拉长收获期，增加总产量，提高总收益；

（5）持效期长：持效期15d，减少用药次数，蔬菜农业残留少，优质优价多卖钱；

(6) 高效安全：内吸强渗透效果明显，天然低毒安全无公害。

应用

(1) 使用25%乳油：每公顷用有效成分量100g，防治马铃薯晚疫病、白菜霜霉病。

(2) 使用25%悬浮剂：①用2500倍液，防治芹菜斑枯病。②在一季作物的生长期内可使用3～4次，分别在苗期、花期、果实膨大期，连续结果的作物，如黄瓜的第四次用药则在第三次用药后30d。用1500倍液（喷雾器内装15kg水，再加10mL包装的药剂1袋），防治番茄（最多使用3次）的早疫病、晚疫病、灰霉病、叶霉病、基腐病等，辣椒（最多使用3次）的炭疽病、灰霉病、疫病、白粉病等，茄子（最多使用3次）的疫病、白粉病、炭疽病、褐斑病、黄萎病等，黄瓜（最多使用3～4次）的霜霉病、疫病、白粉病、炭疽病、灰霉病、黑星病等。

(3) 防治葡萄霜霉病，黑痘病，穗、轴褐枯病，白腐病，炭疽病，3～4次，7d。

(4) 防治西（甜）瓜炭疽病、疫病、猝倒病、叶斑病、枯萎病等3次，3～7d。

(5) 防治香蕉叶斑病等，3次，3d。

(6) 防治荔枝霜霉病、疫霉病等，3次，3d。

注意事项

(1) 本药剂不可使用次数过多，不可连续用药，为防止病菌产生抗药性，严禁一个生长季节使用次数超过4次，而且要根据病害种类与其他药剂交替使用（如：百菌清、苯醚甲环唑、金雷多米尔、嘧霉胺、氢氧化铜等）。如气候特别有利于病害发生时，使用过嘧菌酯的蔬菜也会轻度发病，可选用其他杀菌剂进行针对性的预防和治疗。

(2) 可在作物病害发生前用药，也可在作物生长关键期（如：展叶期、开花期、果实生长期）用药。保证有足够的药液量喷施，药液要充分混合均匀再喷雾。

(3) 避免和乳油及有机硅混用。在苹果、梨上严禁使用本剂。

（4）在番茄上用药时，在阴天禁止用药，应在晴天上午用药。

（5）注意安全间隔期，番茄、辣椒、茄子等为 3d，黄瓜为 2～6d，西（甜）瓜为 3～7d，葡萄为 7d。

醚菌酯 kresoxim-methyl

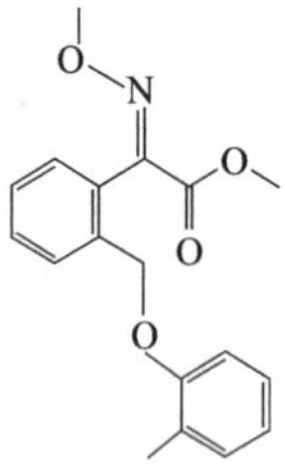

$C_{18}H_{19}NO_4$，313.35，143390-89-0

其他名称 苯氧菌酯、翠贝。

主要剂型 30%可湿性粉剂，50%干悬浮剂，50%水分散性粒剂。

毒性 低毒。

作用机理 本药剂直接作用于真菌细胞的细胞壁、质膜、细胞核、网体、线粒体等器官，并破坏细胞线粒体内电子传递，阻止 ATP 酶合成，使病菌细胞因缺乏能量供应而死亡。生物活性主要表现为抑制病菌孢子萌发与侵入，抑制菌丝生长与孢子产生。本药剂为半内吸传导型，通过叶表面的蜡质层和表皮层表面的扩散来实现，在叶片内部几乎不扩散。与内吸传导型杀菌剂相比，此种方式能使药剂活性成分分散的更均匀，不会在植物体内部产生传导损失，本药剂通过植物维管束传导的量极少，不会在植物体内产生残留。药剂亲脂性颗粒吸附于叶表面蜡质层上，很少溶于水，不易被雨水冲刷；被吸附有效成分再以扩散的形式释放，故药效将得到延长。同时对作物安全，可增加作物生理活性，使叶片更浓绿，有效提高光合作用效率，延缓衰老，增加产量。

产品特点 醚菌酯是一种高效、广谱、新型杀菌剂。对草莓白粉病、甜瓜白粉病、黄瓜白粉病、梨黑星病等病害具有良好的防效。它能控制治疗子囊菌纲、担子菌纲、半知菌纲、卵菌纲等病菌引起的大多数病害。对孢子萌发及叶内菌丝体的生长有很强的抑制作用，具有保护、治疗和铲除活性。有很好的渗透性及局部内吸活性，持效期长。被广泛用于防治果树类、蔬菜类、茶树、烟草等作物上的病害。另外，本品能对作物产生积极的生理调节作用，它能抑制乙烯的产生，帮助作物有更长的时间储备生物能量确保成熟度；能显著提高作物的硝化还原酶的活性，当作物受到病毒袭击时，它能加速抵抗病毒中蛋白的形成。

应用

(1) 防治黄瓜白粉病、霜霉病的用药量为有效成分 75～150g/hm^2（折成乳油商品量为 20～40mL/667m^2）。加水稀释后于发病初期均匀喷雾，一般喷药 3～4 次，间隔 7d 喷 1 次药。

(2) 防治香蕉黑星病、叶斑病的有效成分浓度为 83.3～250mg/kg（稀释倍数为 1000～3000 倍），于发病初期开始喷雾，一般喷药 3 次，间隔 10d 喷 1 次药。喷药次数视病情而定。对黄瓜、香蕉安全，未见药害发生。

(3) 西瓜及甜瓜的炭疽病、白粉病，从病害发生初期或初见病斑时开始喷药，10d 左右 1 次，与不同类型药剂交替使用，连喷 3～4 次。一般使用 250g/L 悬浮剂 1000～1500 倍液，或 50%水分散粒剂 2000～3000 倍液均匀喷雾。

(4) 黄瓜霜霉病、白粉病、黑星病、蔓枯病，以防治霜霉病为主，兼防白粉病、黑星病、蔓枯病。从定植后 3～5d 或初见病斑时开始喷药，7～10d 1 次，与不同类型药剂交替使用，连续喷药。一般每亩每次使用 250g/L 悬浮剂 60～90mL，或 50%水分散粒剂 30～45g，兑水 60～90kg 均匀喷雾。植株小时用药量适当降低。

(5) 丝瓜霜霉病、白粉病、炭疽病，从病害发生初期开始喷药，10d 左右 1 次，与不同类型药剂交替使用，连喷 2～4 次。药剂使用量同“黄瓜霜霉病”。

(6) 冬瓜霜霉病、疫病、炭疽病，从病害发生初期开始喷药，7～10d 1 次，与不同类型药剂交替使用，连喷 3～4 次。药剂使用量同“黄瓜霜霉病”。

(7) 番茄晚疫病、早疫病、叶霉病，前期以防治晚疫病为主，兼防早疫病，从初见病斑时开始喷药，7～10d 1 次，与不同类型药剂交替使用，连喷 3～5 次；后期以防治叶霉病为主，兼防晚疫病、早疫病，从初见病斑时开始喷药，10d 左右 1 次，连喷 2～3 次，重点喷洒叶片背面。药剂使用量同“黄瓜霜霉病”。

（8）辣椒炭疽病、疫病、白粉病，从病害发生初期或初见病斑时开始喷药，10d 左右 1 次，与不同类型药剂交替使用，连喷 3～4 次。一般每亩每次使用 250g/L 悬浮剂 50～70mL，或 50%水分散粒剂 25～35g，兑水 60～75kg 均匀喷雾。

（9）十字花科蔬菜霜霉病、黑斑病，从病害发生初期开始喷药，10d 左右 1 次，连喷 1～2 次。一般每亩每次使用 250g/L 悬浮剂 40～60mL，或 50%水分散粒剂 20～30g，兑水 45～60kg 均匀喷雾。

（10）花椰菜霜霉病，从初见病斑时开始喷药，7～10d 1 次，连喷 2 次左右。药剂使用量同“十字花科蔬菜霜霉病”。

（11）芸豆、豌豆、豇豆等豆类蔬菜的白粉病、锈病，从病害发生初期开始喷药，10d 左右 1 次，与不同类型药剂交替使用，连喷 2～4 次。一般使用 250g/L 悬浮剂 1000～1200 倍液，或 50%水分散粒剂 2000～2500 倍液均匀喷雾。

（12）菜用大豆锈病、霜霉病，从病害发生初期开始喷药，10d 左右 1 次，连喷 1～2 次。一般每亩每次使用 250g/L 悬浮剂40～60mL，或 50%水分散粒剂 20～30g，兑水 45～60kg 均匀喷雾。

（13）马铃薯晚疫病、早疫病、黑痣病，防治晚疫病、早疫病时，从初见病斑时开始喷药，10d 左右 1 次，与不同类型药剂交替使用，连喷 4～7 次，一般每亩每次使用 250g/L 悬浮剂 60～80mL，或 50%水分散粒剂 30～40g，兑水 50～70kg 均匀喷雾。防治黑痣病时，在播种时于播种沟内喷药，每亩次使用 250g/L 悬浮剂 40～60mL，或 50%水分散粒剂 20～30g，兑水 30～45kg 喷雾。

（14）菜用花生叶斑病、锈病，从病害发生初期开始喷药，10d 左右 1 次，连喷 2 次左右。一般每亩每次使用 250g/L 悬浮剂 40～60mL，或 50%水分散粒剂 20～30g，兑水 30～45kg 均匀喷雾。

（15）防治苹果白粉病用10％醚菌酯悬浮剂600～1000倍液喷雾防治；防治斑点落叶病用50％醚菌酯水分散粒剂3000～4000倍液喷雾防治；防治苹果黑星病用50％醚菌酯水分散粒剂5000～7000倍液喷雾防治；防治梨黑星病用50％醚菌酯水分散粒剂3000～5000倍液喷雾防治。

注意事项

（1）本品不可与强碱、强酸性的农药等物质混合使用。

（2）产品安全间隔为4d，作物每季度最多喷施3～4次。

（3）苗期注意减少用量，以免对新叶产生危害。

（4）使用本产品时应穿戴防护服、口罩、手套和防护眼镜，施药期间不可进食和饮水，施药后应及时洗手和洗脸。

（5）孕妇及哺乳期妇女不宜接触药剂。

（6）干燥、通风远离火源储存。

嘧霉胺　pyrimethanil

$C_{12}H_{13}N_3$，199.25，53112-28-0

其他名称　嘧螨醚、施佳乐、甲基嘧菌胺、二甲基嘧菌胺、2-苯胺-4,6-二甲基嘧啶、2-苯氨基-4,6-二甲基嘧啶、4,6-二甲基-*N*-苯基-2-嘧啶胺、甲基嘧啶胺、二甲嘧啶胺。

主要剂型　20％、30％、37％、40％悬浮剂，20％、40％可湿性粉剂。

毒性　低毒。

作用机理　通过抑制病菌侵染酶的分泌从而阻止病菌侵染，并杀死病菌。具有保护和治疗作用，同时具有内吸和熏蒸作用。

产品特点　嘧霉胺为嘧啶胺类杀菌剂，具有叶片穿透及根部内吸活性，对葡萄、草莓、番茄、洋葱、菜豆、黄瓜、茄子及观赏植物的灰霉病有优异防治效果。对果树的苹果黑星病亦有较好的防效。

应用

（1）防治对象　对灰霉病有特效。可防治黄瓜、番茄、葡萄、草莓、豌豆、韭菜等作物灰霉病。还可用于防治梨黑星病、苹果黑星病和斑点落叶病。

（2）使用方法　嘧霉胺具有保护、叶片穿透及根部内吸活性，治疗活性较差，因此通常在发病前或发病初期施药。用药量通常为600～1000g（a.i.）/hm^2。在我国防治黄瓜、番茄病害时，每亩用40%悬浮剂25～95mL。喷液量一般人工每亩30～75L，黄瓜、番茄植株大用高药量和高水量，反之植株小用低药量和低水量。每隔10d用药1次，共施2～3次。一个生长季节防治灰霉病需施药4次以上时，应与其他杀菌剂轮换使用，避免产生抗性。露地黄瓜、番茄施药一般应选早晚风小、气温低时进行。晴天上午8时至下午5时、空气相对湿度低于65%、气温高于28℃时应停止施药。

（3）防治葡萄灰霉病用400g/L嘧霉胺悬浮剂1000～1500倍液喷雾防治。

注意事项

（1）密闭操作，局部排风。防止粉尘释放到车间空气中。

（2）倒空的容器可能残留有害物。废弃物用焚烧法或安全掩埋法处置。

（3）建议操作人员佩戴自吸过滤式防尘口罩，戴化学安全防护眼镜，穿防毒物渗透工作服，戴橡胶手套。远离火种、热源，工作场所严禁吸烟。

（4）避免与酸类、碱类物质接触。

（5）万一着火，消防人员须佩戴防毒面具，穿全身消防服，在上风向灭火。灭火剂：雾状水、泡沫、干粉、二氧化碳、沙土。

（6）配备相应品种和数量的消防器材及泄漏应急处理设备。若泄漏，建议应急处理人员戴防尘口罩，穿一般作业工作服。不要直接接触泄漏物。小量泄漏：小心扫起，置于袋中转移至安全场所。大量泄漏：收集回收或运至废物处理场所处置。

宁南霉素 ningnanmycin

$C_{16}H_{23}O_8N_7$，441

其他名称 菌克毒克、亮叶。

主要剂型 2%、4%、8%水剂。

毒性 低毒。

作用机理 是对植物病毒病害及一些真菌病害具有防治效果的农用抗生素。喷药后，病毒症状逐渐消失，并有明显促长作用。它能抑制病毒核酸的复制和外壳蛋白的合成。

产品特点 该抗生素是一种低毒、低残留、无“三致”和蓄积问题，不污染环境的新农药。对水稻白叶枯病相对防效为70%左右，高的可达90%，增产效果为10%～20%，高的可达35%，另外它对小麦、蔬菜、花卉等白粉病的防病、增产效果都很显著，对水稻小球菌核病、油橄榄孔雀斑病、疮痂病及烟草花叶病防效也很好。制剂外观为褐色液体，pH为3.0～5.0，无臭味，带酯香。对病害具有预防和治疗作用，耐雨水冲刷，适宜于防治病毒病（由烟草花叶病毒引起）和白粉病。

应用 （1）用2%水剂兑水稀释后喷雾。

① 用200～260倍液，防治菜豌豆的白粉病和病毒病。

② 用260倍液，防治番茄病毒病。

③ 用260～400倍液，防治黄瓜的白粉病。

④ 在甜（辣）椒、番茄、白菜等蔬菜幼苗定植前和定植缓苗后，用宁南霉素100mg/L浓度的药液（2%水剂200倍液）喷雾各1次，防治病毒病。

⑤ 用200倍液，防治温室番茄白粉病。

（2）防治苹果斑点落叶病用8%宁南霉素水剂2000～3000倍液喷雾防治。

注意事项

（1）不能与碱性物质混用，如有蚜虫发生则可与杀虫剂混用。

（2）存放于阴凉干燥处，密封保管，注意保质期。

农用链霉素　streptomycin

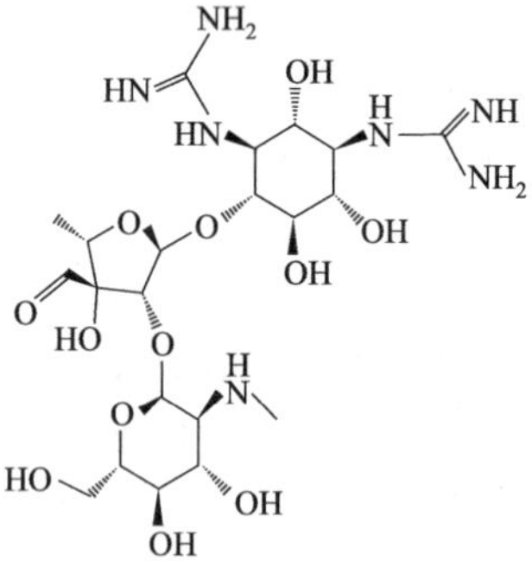

$C_{21}H_{39}N_7O_{12}$，581.59，57-92-1

其他名称　盐酸链霉素。

主要剂型　15%、20%可湿性粉剂。

毒性　低毒。

作用机理　具有内吸治疗和叶面保护双重作用，有利于延缓抗药性的产生。

产品特点　农用链霉素为放线菌所产生的代谢产物，杀菌谱广，特别是对多种细菌性病害效果较好（对真菌也有防治作用），具有内吸作用，能渗透到植物体内，并传导到其他部位。主要用于喷雾，也可作灌根和浸种消毒等。

应用

（1）防治大白菜软腐病，大白菜甘蓝黑腐病，黄瓜细菌性角斑病，甜椒疮痂病、软腐病，菜豆细菌性疫病、火烧病，用 200mg/L 农用链霉素药液喷雾，于发病初期开始，每隔 7～10d 喷 1 次，连喷 2～3 次。

（2）防治番茄、甜（辣）椒青枯病。用 100～150mg/L 农用链霉素药液，于发病初期灌根，每株灌药液 0.25kg，每隔 6～8d 灌一次，连灌 2 次。

（3）防治番茄溃疡病，按 1g 农用链霉素加水 15L，于移栽时，每株浇灌药液 150mL。

（4）防止黄瓜细菌性角斑病，用农用链霉素 220mg/L 浸种

30min，取出后催芽播种。

注意事项

（1）不能与生物药剂，如杀虫杆菌、青虫菌、7210等混合使用。

（2）使用浓度一般不超过220mg/L，以防产生药害。

（3）农用硫酸链霉素与抗生素农药混用，避免和碱性农药、污水混合，否则易失效。

氢氧化铜 copper dihydroxide

其他名称 铜大师、可杀得。

主要剂型 77%可湿性粉剂，37.5%悬浮剂，46%、53.8%、57.6%水分散粒剂。

毒性 低毒。

作用机理 它的杀菌作用主要靠铜离子，铜离子被萌发的孢子吸收，当达到一定浓度时，就可以杀死孢子细胞，从而起到杀菌作用，但此作用仅限于阻止孢子萌发，也即仅有保护作用。

应用

（1）防治柑橘溃疡病，在发病前或初期用57.6%水分散粒剂以1000～1300倍液喷雾。刚下过雨后不宜施药，适宜在下午4时后喷药；高温时请适当降低使用浓度。

（2）防治葡萄霜霉病，在发病前或初期用77%可湿性粉剂600～700倍液喷雾，不宜在早晨有露水或刚下过雨后施药，适宜在下午4时后喷药；高温时请适当降低使用浓度；与春雷霉素的混剂，苹果、葡萄、大豆和藕等作物的嫩叶对其敏感，一定要注意浓度。

注意事项

（1）柑橘上安全间隔期30d，每季最多使用5次，苹果、梨花期及幼果期禁用，并避免溅及桃、李等，对铜制剂敏感作物禁用。

（2）使用本品时应穿戴防护服和手套，佩戴防尘面具，避免吸入药液。施药期间不可吃东西和饮水。施药后应及时洗手和洗脸及其他裸露部位皮肤。

（3）对环境可能有危害，会对鸟类和啮齿动物造成严重的危害。使用后的空容器要妥善处理，不得留作他用，避免药液污染水源地。

（4）高温、高湿气候条件慎用。

（5）对白菜有药害。

（6）不可与强酸或强碱性农药混用，禁止和乙膦铝类农药混用。

（7）为延缓抗性产生，可与其他作用机制不同的杀菌剂轮换使用。过敏者禁用，使用中有任何不良反应请及时就医。

三唑酮 triadimefon

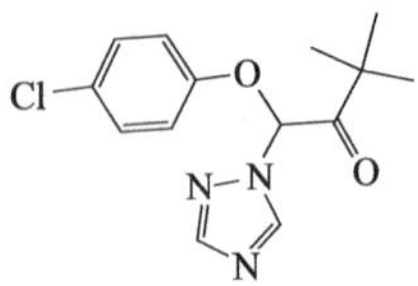

$C_{14}H_{16}ClN_3O_2$，293.75，43121-43-3

其他名称 百理通、粉锈宁、百菌酮。

主要剂型 5%、15%、25%可湿性粉剂，25%、20%、10%乳油，20%糊剂，25%胶悬剂，0.5%、1%、10%粉剂，15%烟雾剂。

毒性 低毒。

作用机理 主要是抑制菌体麦角固醇的生物合成，因而抑制或干扰菌体附着胞及吸器的发育、菌丝的生长和孢子的形成。

产品特点 三唑酮是一种高效、低毒、低残留、持效期长、内吸性强的三唑类杀菌剂。具有双向传导功能，并且具有预防、铲除、治疗和熏蒸作用。对鱼类及鸟类较安全，对蜜蜂和天敌无害。

应用 对锈病、白粉病和黑穗病有特效。

注意事项

（1）持效期长，叶菜类应在收获前15～20d停止使用。

（2）不能与强碱性药剂混用。可与酸性和微碱性药剂混用，以扩大防治效果。

（3）使用浓度不能随意增大，以免发生药害。出现药害后常表现植株生长缓慢、叶片变小、颜色深绿或生长停滞等，遇到药害要停止用药，并加强肥水管理。

（4）能够抑制茎叶芽的生长。

霜霉威　propamocarb

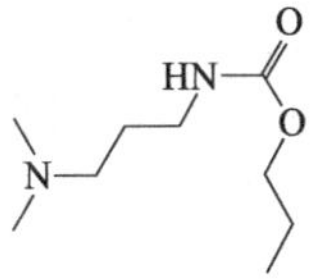

$C_9H_{20}N_2O_2$，188.2673，24579-73-5

其他名称　普力克、普而富、扑霉特、扑霉净、免劳露、疫霜净、破霜、蓝霜、挫霜、亮霜、霜敏、霜杰、霜灵、霜妥、双泰、普露、普润、普佳、普生、上宝、欣悦、惠佳、广喜、耘尔、病达、双达、疫格、劳恩、卡普多、拒霜侵、宝力克、霜霉普克、霜霉先灭、霜疫克星。

主要剂型　72.2%、66.5%水剂。

毒性　低毒。

作用机理　主要抑制病菌细胞膜成分的磷脂和脂肪酸的生物合成，抑制菌丝生长、孢子囊的形成和萌发。

产品特点　霜霉威是一种具有局部内吸作用的低毒杀菌剂，属氨基甲酸酯类。对卵菌纲真菌有特效。该药内吸传导性好，用作土壤处理时，能很快被根吸收并向上输送到整个植株；用作茎叶处理时，能很快被叶片吸收并分布在叶片中，在30min内就能起到保护作用。霜霉威安全，并对作物的根、茎、叶有明显的促进生长作用。该药还可用于无土栽培、浸泡块茎和球茎、制作种衣剂等。因其作用机理与其他杀菌剂不同，与其他药剂无交互抗性，用于防治对常用杀菌剂已产生抗药性的病菌有效。

应用

（1）适宜作物与安全性　适用于黄瓜、番茄、甜椒、莴苣、马铃薯等蔬菜以及烟草、草莓、草坪、花卉等。霜霉威在黄瓜等蔬菜作物上的安全间隔期为3d。在推荐剂量下，不论使用方法如何，在作物的任何生长期都十分安全，并且对作物根、茎、叶的生长有明显的促进作用。

（2）防治对象　是一种高效、安全的氨基甲酸酯类杀菌剂。对卵菌纲真菌有特效，可有效防治多种作物的种子、幼苗、根、茎叶部卵菌纲引起的病害，如霜霉病、猝倒病、疫病、晚疫病、黑胫病等病害。霜霉威不推荐用于防治葡萄霜霉病。

（3）防治苗期猝倒病和疫病　播种前或播种后、移栽前或移栽后均可施用，每平方米用72.2%水剂5～7.5mL加2～3L水稀释灌根。

（4）防治霜霉病、疫病等　在发病前或初期，每亩用72.2%水剂60～100mL加30～50L水喷雾，每隔7～10d喷药1次。为预防和治理抗药性，推荐每个生长季节使用霜霉威2～3次，与其他不同类型的药剂轮换使用。

注意事项

（1）为预防和延缓病菌抗药性，注意应与其他农药交替使用，每季喷洒次数最多3次。配药时，按推荐药量加水后要搅拌均匀，若用于喷施，要确保药液量，保持土壤湿润。

（2）在碱性条件下易分解，不可与呈强碱性的物质混用，以免失效。

（3）使用本品时应穿戴防护服和手套，避免吸入药液。施药期间不可吃东西和饮水。施药后应及时洗手和洗脸。

（4）孕妇及哺乳期妇女应避免接触。

（5）霜霉威与叶面肥及植物生长调节剂混用时需特别注意。建议在医师指导下进行。

戊唑醇　tebuconazole

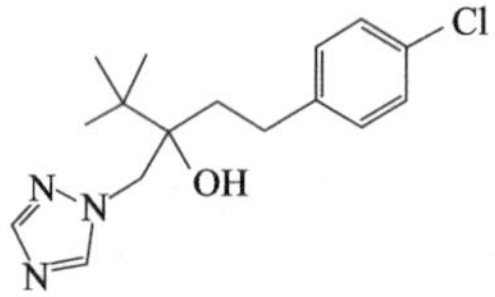

$C_{16}H_{22}ClN_3O$，307.82，107534-96-3

其他名称 立克秀。

主要剂型 25%水乳剂，430g/L悬浮剂，25%、40%可湿性粉剂，70%水分散粒剂。

毒性 低毒。

作用机理 抑制病菌细胞膜上麦角固醇的去甲基化，使得病菌无法形成细胞膜，从而杀死病菌。

产品特点 戊唑醇，一种高效、广谱、内吸性三唑类杀菌农药，具有保护、治疗、铲除三大功能。能迅速被植物有生长的部分吸收并向顶部转移。不仅具有杀菌活性，还可促进作物生长，使之根系发达、叶色浓绿、植株健壮、有效分蘖增加，从而提高产量。戊唑醇在全世界范围内用作种子处理剂和叶面喷雾，杀菌谱广，不仅活性高，而且持效期长。戊唑醇主要用于防治小麦、水稻、花生、蔬菜、香蕉、苹果、梨以及玉米、高粱等作物上的多种真菌病害，其在全球50多个国家的60多种作物上取得登记并广泛应用。

应用 防治苹果树褐斑病、斑点落叶病、轮纹病，应在发病前或发病初期开始用药，用43%戊唑醇乳油3000～4000倍液喷雾，间隔期约10d，在雨季应适当缩短用药间隔期，后期最好与其他药剂交替使用。大风天或预计1h内降雨，请勿施药。

注意事项

（1）在苹果树上使用的安全间隔期为21d，在大白菜上使用的安全间隔期为14d，每季作物最多使用2次。

（2）远离水产养殖区用药，禁止在河塘等水体中清洗施药器具；避免药液污染水源地。

（3）施药时，应穿戴口罩、防护镜、工作服、手套、胶靴，避免药剂吞入口中，吸入鼻中，接触皮肤，溅到眼睛；施药后，用清水彻洗施药器械，远离水源深埋残剩药剂和用空的装具，用大量清水和肥皂清洗手和身体其他接触到药剂的部位。

（4）不可与呈碱性的农药等物质混合使用。

（5）建议与其他作用机制不同的杀菌剂轮换使用，以延缓抗性产生。

（6）孕妇及哺乳期妇女避免接触。

（7）用过的容器应妥善处理，不可他用，也不可随意丢弃。

烯肟菌胺　fenaminstrobin

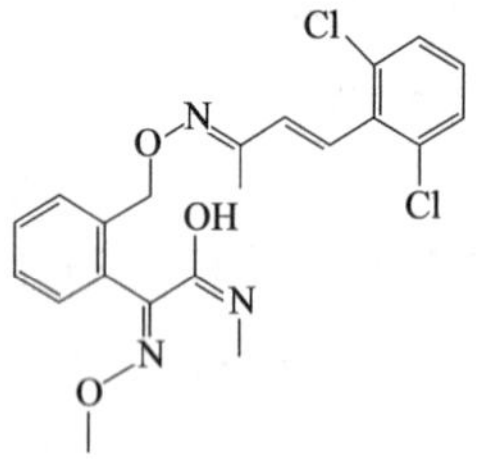

$C_{21}H_{21}Cl_2N_3O_3$，434.3，366815-39-6

其他名称　爱可、高扑。

主要剂型　5%乳油，20%悬浮剂。

毒性　低毒。

作用机理　烯肟菌胺作用于真菌的线粒体呼吸，药剂通过与线粒体电子传递链中复合物Ⅲ（Cyt bc_1 复合物）的结合，阻断电子由 Cyt bc_1 复合物流向 Cytc，破坏真菌的 ATP 合成，从而起到抑制或杀死真菌的作用。

产品特点　烯肟菌胺杀菌谱广、活性高，具有预防及治疗作用，与环境生物有良好的相容性，对由鞭毛菌、接合菌、子囊菌、担子菌及半知菌引起的多种植物病害有良好的防治效果，对白粉病、锈病防治效果卓越。

应用　可用于防治小麦锈病、小麦白粉病、水稻纹枯病、稻曲病、黄瓜白粉病、黄瓜霜霉病、葡萄霜霉病、苹果斑点落叶病、苹果白粉病、香蕉叶斑病、番茄早疫病、梨黑星病、草莓白粉病、向日葵锈病等多种植物病害。同时，对作物生长性状和品质有明显的改善作用，并能提高产量。

注意事项 在强酸、强碱条件下本品不稳定。

烯肟菌酯 enestroburin

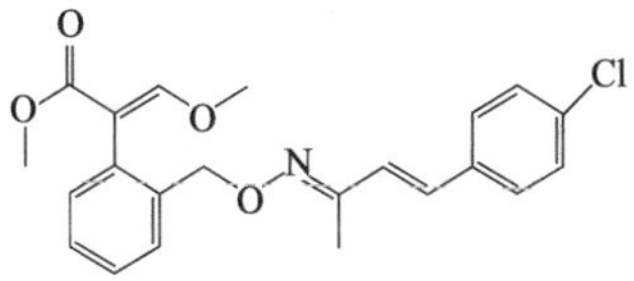

$C_{22}H_{22}ClNO_4$，399.86738，238410-11-2

其他名称 佳斯奇、奇露、巧适、菌巧。

主要剂型 25%乳油。

毒性 低毒。

作用机理 通过与细胞色素 bc_1 复合体的结合抑制线粒体的电子传递，进而破坏病菌能量合成，起到杀菌作用。

产品特点 该品种具有杀菌谱广、活性高、毒性低、与环境相容性好等特点。是第一类能同时防治白粉病和霜霉疫病的药剂。同时还对黑星病、炭疽病、斑点落叶病等具有非常好的防效。与现有的杀菌剂无交互抗性。具有显著的促进植物生长、提高产量、改善作物品质的作用。

应用 烯肟菌酯属甲氧基丙烯酸酯类杀菌剂，具有预防及治疗作用，对由鞭毛菌、结核菌、子囊菌、担子菌及半知菌引起的多种植物病害有良好的防治效果。该药为真菌线粒体的呼吸抑制剂，对黄瓜、葡萄霜霉病、小麦白粉病等有良好的防治效果。经田间药效试验表明，25%烯肟菌酯乳油对黄瓜霜霉病防治效果较好，每亩用有效成分 6.7～15g（折成 25%乳油制剂用量为 26.7～53g/亩），于发病前或发病初期喷雾，用药3～4 次，间隔 7d 左右喷 1 次药，对黄瓜生长无不良影响，无药害发生。

注意事项 使用时应远离鱼塘、河流、湖泊等地方。

烯酰吗啉 dimethomorph

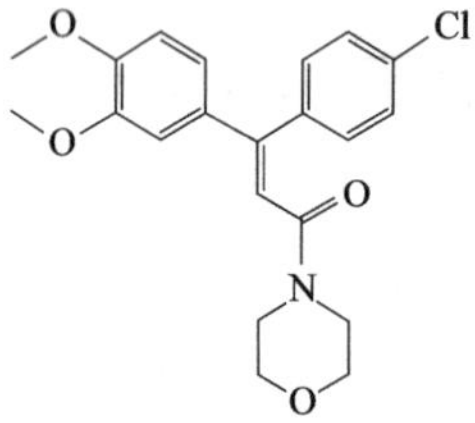

$C_{21}H_{22}ClNO_4$，387.8567，110488-70-5

其他名称 霜安、安克、专克、雄克、安玛、绿捷、破菌、瓜隆、上品、灵品、世耘、良霜、霜爽、霜电、雪疫、斗疫、拔萃、巨网、优润、洽益发、异瓜香。

主要剂型 50%烯酰吗啉可湿性粉剂，69%烯酰吗啉-锰锌可湿性粉剂，55%烯酰吗啉-福可湿性粉剂，50%水分散粒剂。

毒性 低毒。

作用机理 破坏细胞壁膜的形成，对卵菌生活史的各个阶段都有作用，在孢子囊梗和卵孢子的形成阶段尤为敏感，在极低浓度下（<0.25μg/mL）即受到抑制。与苯基酰胺类药剂无交互抗性。

产品特点 烯酰吗啉是一种新型内吸治疗性专用低毒杀菌剂，其作用机制是破坏病菌细胞壁膜的形成，引起孢子囊壁的分解，而使病菌死亡。除游动孢子形成及孢子游动期外，对卵菌生活史的各个阶段均有作用，尤其对孢子囊梗和卵孢子的形成阶段更敏感，若在孢子囊和卵孢子形成前用药，则可完全抑制孢子的产生。该药内吸性强，根部施药，可通过根部进入植株的各个部位；叶片喷药，可进入叶片内部。其与甲霜灵等苯酰胺类杀菌剂没有交互抗性。

应用 可应用于葡萄、荔枝、黄瓜、甜瓜、苦瓜、番茄、辣椒、马铃薯、十字花科蔬菜。

烯酰吗啉主要通过喷雾防治病害，根茎部受害的也可对根茎部及其周围土壤喷淋。防治葡萄、荔枝病害（包括根茎部病害）

时，一般使用50%可湿性粉剂或50%水分散粒剂1500～2000倍液，或80%水分散粒剂2000～3000倍液，或40%水分散粒剂1000～1500倍液，或25%可湿性粉剂800～1000倍液，或10%水乳剂300～400倍液，喷雾或喷淋；防治瓜类、茄果类、叶菜类及烟草等作物的病害时，一般每667m^2使用35～50g有效成分的药剂，兑水30～60L喷雾。在病害发生前或初见病斑时用药效果好。

注意事项

（1）当黄瓜、辣椒、十字花科蔬菜等幼小时，喷液量和药量用低量。喷药要使药液均匀覆盖叶片。

（2）施药时穿戴好防护衣物，避免药剂直接与身体各部位接触。

（3）如药剂沾染皮肤，用肥皂和清水冲洗。如溅入眼中，迅速用清水冲洗。如有误服，千万不要引吐，尽快送医院治疗。该药没有解毒剂对症治疗。

（4）该药应储存在阴凉、干燥和远离饲料、儿童的地方。

（5）每季作物使用不要超过4次，注意使用不同作用机制的其他杀菌剂与其轮换应用。

烯唑醇　diniconazol

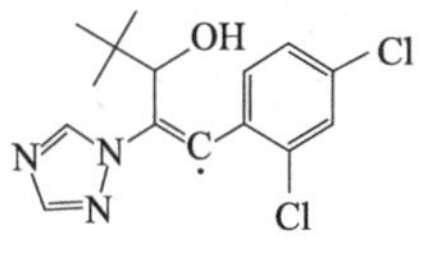

$C_{15}H_{17}Cl_2N_3O$，326.22，76714-88-0

其他名称　速保利。

主要剂型　12.5%可湿性粉剂。

毒性　低毒。

作用机理　在真菌的麦角固醇生物合成中抑制$C_{14}\alpha$-脱甲基化作用，引起麦角固醇缺乏，导致真菌细胞膜不正常，最终真菌死亡。

产品特点 既有保护、治疗、铲除作用，又有广谱、内吸、顶向传导抗真菌活性。对谷物、果树、蔬菜及重要的经济作物由子囊菌、担子菌和半知菌引起的病害，如锈病、白粉病、黑星病和尾孢病有良好的效果。

应用 应于侵染初期施药。防治柑橘树疮痂病以12.5%可湿性粉剂1500～2000倍液喷雾；防治梨黑星病以12.5%可湿性粉剂3000～4000倍液喷雾；防治苹果树斑点落叶病以12.5%可湿性粉剂1000～2500倍液喷雾；防治香蕉叶斑病以12.5%可湿性粉剂1000～2000倍液喷雾。注意喷雾均匀周到，视病害发生情况，视病情、天气分别可连续用药2次。

注意事项

(1) 在柑橘树、花生、梨树、芦笋、苹果、水稻、香蕉、小麦作物上使用的安全间隔期分别为14d、21d、3d、30d、14d、35d、21d，每个作物周期的最多使用次数分别为3次、2次、3次、3次、4次、3次、3次、2次。

(2) 禁与碱性农药等物质混用。

(3) 对鱼类等水生生物有毒，施药时应远离水产养殖区施药，应避免药液流入河塘等水体中，清洗喷药器械时切忌污染水源。使用过的施药器械，应清洗干净方可用于其他的农药。

(4) 使用本品时应穿戴防护服和手套，避免吸入药液。施药期间不可吃东西和饮水。施药后应及时冲洗手、脸及其他裸露部位。

(5) 丢弃的包装物等废弃物应避免污染水体，建议用控制焚烧法或安全掩埋法处置包装物或废弃物。

(6) 孕妇及哺乳期妇女禁止接触本品。

香菇多糖 lentinan

$C_{42}H_{72}O_{36}$, 1152.999, 37339-90-5

其他名称 难治能、天地欣、瘤停能、香菇菌多糖、香菇糖。

主要剂型 0.5%、1%、2%水剂。

毒性 低毒。

作用机理 直接在体外钝化TMV病毒粒子，使其丧失侵染能力，但是这种钝化作用是可逆的；抑制植物体内病毒RNA的增殖，降低病毒RNA的数量，抑制病毒RNA的复制和蛋白质的合成达到控制病毒作用；诱导植物体产生对病毒的抗性因子，作物的抗病性增强，治愈后不会再复发；对植物体的蛋白质的合成具有促进作用，使作物更加健壮，抗病性显著增强。

产品特点 香菇多糖是一种广谱性的治疗植物病毒病生物制剂，由蘑菇培养基中提取的抑制病毒病RNA复制的高效治疗病毒病的生物农药，在植物表面有良好的湿润和渗透性，能迅速被植物吸收、降解，对人、畜及环境安全，适于绿色无公害基地使用。

应用

(1) 防治烟草花叶病毒病、番茄花叶病毒病、水稻条纹叶枯病、黄瓜花叶病毒病、大豆花叶病毒病、玉米花叶病毒病、玉米粗缩病、芜菁花叶病毒病、辣椒病毒病、马铃薯病毒病以及其他作物的病毒病等。作物苗期、发病前期或发病期，兑水稀释500～600倍叶面喷雾（每袋25g兑12.5～15kg水），每5～7d喷一次，连续喷施2～3次，施药后2～4d即可见效。施药后4h若遇降雨需要重喷，加量和连续使用不会产生药害。

(2) 防治番茄病毒病，每亩用0.5%水剂，用量150～250mL，喷雾。

(3) 防治西瓜病毒病，每亩用0.5%水剂，用量150～250mL，喷雾。

(4) 防治辣椒病毒病，每亩用0.5%水剂，用量150～200mL，喷雾。

(5) 防治烟草病害。

① 防治烟草病毒病，每亩用0.5%水剂，用量150～200mL，喷雾。

② 防治烟草普通花叶病毒病，每亩用0.5%水剂，用量50～75mL，喷雾。

③ 防治烟草马铃薯Y病毒病，每亩用0.5%水剂，用量150～250mL，喷雾。

④ 防治烟草蚀纹病毒病，每亩用0.5%水剂，用量50～75mL，喷雾。

⑤ 防治烟草黄瓜花叶病毒病，每亩用0.5%水剂，用量150～250mL，喷雾。

⑥ 防治烟草甜菜曲顶病毒病，每亩用0.5%水剂，用量50～75mL，喷雾。

（6）防治马铃薯病害。

① 防治马铃薯病毒病，每亩用0.5%水剂，用量150～200mL，喷雾。

② 防治马铃薯花叶病毒病，每亩用0.5%水剂，用量150～200mL，喷雾。

（7）防治黄瓜病毒病，每亩用0.5%水剂，用量150～200mL，喷雾。

（8）防治茄子病毒病，每亩用0.5%水剂，用量150～200mL，喷雾。

（9）防治水稻病害。

① 防治水稻病毒病，每亩用0.5%水剂，用量150～250mL，喷雾。

② 防治水稻东格鲁病毒病，每亩用0.5%水剂，用量50～75mL，喷雾。

③ 防治水稻条纹叶枯，每亩用0.5%水剂，用量50～75mL，喷雾。

注意事项

（1）喷药适期为苗期至生长前期。

（2）施药前充分摇匀本品，现配现用，配好的药剂不可储存。

（3）喷药后遇雨需补喷。

（4）不可与强酸、碱性制剂混用。

（5）应储藏于凉爽、通风、干燥的地方。

盐酸吗啉胍　moroxydine hydrochlorid

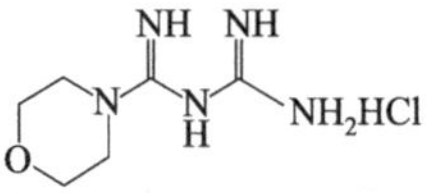

$C_6H_{14}ClN_5O$, 207.66, 3160-91-6

其他名称　攻毒、解毒、毒飞、毒枯、毒静、绿源、科克、战歌、舒好、安剑、花叶清、尼加胍、阡毒令、可卡宁、独行侠、土疙瘩、速退病毒宝。

主要剂型　5%、10%可溶性粉剂，20%可湿性粉剂，20%悬浮剂。

毒性　低毒。

作用机理　药剂可通过气孔进入植物体内，抑制或破坏核酸和脂蛋白的形成，阻止病毒的复制过程，起到防治病毒的作用。

产品特点　盐酸吗啉胍是一种广谱、低毒病毒防治剂。本品用于防治番茄、烟草病毒病具有较好的防治效果。

应用　对烟草、蔬菜、茶叶、苹果等作物的花叶病、蕨叶病、条斑病、赤星病等病毒病有良好的防治效果，对小麦丛矮病、玉米粗缩病也有明显的预防和治疗作用。

（1）防治番茄病毒病的专项产品。

（2）防治黄瓜细菌性角斑病、霜霉病，西瓜炭疽病。

（3）防治黄瓜苗期猝倒病、柑橘树溃疡病。

（4）防治番茄病毒病，每亩用5%可溶性粉剂，用量400～500g，喷雾。

（5）防治西瓜病毒病，每亩用5%可溶性粉剂，用量400～500g，喷雾。

（6）防治辣椒病毒病，每亩用5%可溶性粉剂，用量300～500g，喷雾。

（7）防治烟草病害

① 防治烟草病毒病，每亩用5%可溶性粉剂，用量400～500g，喷雾。

② 防治烟草普通花叶病毒病，每亩用5%可溶性粉剂，用量350～600g，喷雾。

③ 防治烟草马铃薯Y病毒病，每亩用5%可溶性粉剂，用量400～500g，喷雾。

④ 防治烟草蚀纹病毒病，每亩用5%可溶性粉剂，用量350～600g，喷雾。

⑤ 防治烟草黄瓜花叶病毒病，每亩用5%可溶性粉剂，用量400～500g，喷雾。

⑥ 防治烟草甜菜曲顶病毒病，每亩用5%可溶性粉剂，用量350～600g，喷雾。

（8）防治马铃薯病害。

① 防治马铃薯病毒病，每亩用5%可溶性粉剂，用量300～500g，喷雾。

② 防治马铃薯花叶病毒病，每亩用5%可溶性粉剂，用量300～500g，喷雾。

（9）防治黄瓜病毒病，每亩用5%可溶性粉剂，用量300～500g，喷雾。

（10）防治茄子病毒病，每亩用5%可溶性粉剂，用量300～500g，喷雾。

（11）防治水稻病害。

① 防治水稻病毒病，每亩用5%可溶性粉剂，用量400～500g，喷雾。

② 防治水稻东格鲁病毒病，每亩用5%可溶性粉剂，用量350～600g，喷雾。

注意事项

（1）在用药的同时要注意加强蚜虫的防治。

（2）用药时间以在早晨、傍晚最佳，避免在烈日和雨天施药，如用药后1d内遇雨，应补喷。

（3）不可与碱性农药混合使用。

（4）在番茄上安全间隔期为5d。

（5）建议与不同机制的抗病毒药轮换使用。

（6）使用本品时应穿戴防护服和手套，避免吸入药液。施药期间不可吃东西和饮水。施药后应及时洗手和洗脸。

异菌脲　iprodione

$C_{13}H_{13}Cl_2N_3O_3$，330.17，36734-19-7

其他名称　扑海因、1-异丙氨基甲酰基-3-(3,5-二氯苯基）乙内酰脲、3-(3,5-二氯苯基）-1-异丙基氨基甲酰基乙内酰脲、3-(3,5-二氯苯基)-*N*-异丙基-2,4-二氧代咪唑啉-1-羧酰胺、桑迪恩、依扑同、异菌咪。

主要剂型　50%可湿性粉剂，25%悬浮剂，3%、5%漂浮粉剂。

毒性　低毒。

作用机理　对孢子、菌丝体、菌核同时起作用，抑制病菌孢子萌发和菌丝生长。

产品特点　二甲酰亚胺类高效广谱、触杀型杀菌剂。对孢子、菌丝体、菌核同时起作用，抑制病菌孢子萌发和菌丝生长。在植物体内几乎不能渗透，属保护性杀菌剂。本药剂对灰葡萄孢属、核盘属、链孢霉属、小菌核属、丛梗孢属具有较好的杀菌作用。

应用　防治番茄早疫病在番茄移植后约10d开始喷药，用50%可湿性粉剂11.3～22.5g/100m^2，每隔2周喷药1次，共3～4次；防治灰霉病在病害发生前开始用药，用50%可湿性粉剂5g/100m^2，隔10～14d喷药1次（花期、结果期尤佳），共3～4次，能提高番茄产量和品质。如每100kg种子用100～200g原药进行种子处理，对由禾蠕孢和小麦网腥黑粉菌引起的黑穗病有防效。用50%可湿性粉剂配成4g/L浓度药液浸马铃薯种薯，对由立枯丝菌引起的黑痣病有防效。葱蒜球根处理可防治黑腐菌核病。用50%可湿性粉性11.3～15g/100m^2，在油菜初花期和盛花期各喷1次药，可防治油菜菌核病。应用本药剂宜与其他药剂交替使用或混用，以免产生耐药性。

苹果轮斑病、褐斑病及落叶病的防治，春梢生长期初发病时，喷 50%异菌脲可湿性粉剂 1000～1500 倍液，以后每隔 10～15d 喷 1 次。

注意事项

(1) 不能与腐霉利（速克灵）、乙烯菌核利（农利灵）等作用方式相同的杀菌剂混用或轮用。

(2) 不能与强碱性或强酸性的药剂混用。

(3) 为预防抗性菌株的产生，作物全生育期异菌脲的施用次数要控制在 3 次以内，在病害发生初期和高峰前使用，可获得最佳效果。

(4) 在蔬菜收获前 7d 停用。

(5) 配药液时，应先用少量水把药剂搅成糊状，再加水至所需的使用浓度，注意安全防护。

(6) 应在干燥通风处储存。与多菌灵、代森锰锌等有混配剂，与甲基硫菌灵、多菌灵等有混用。

乙蒜素 ethylicin

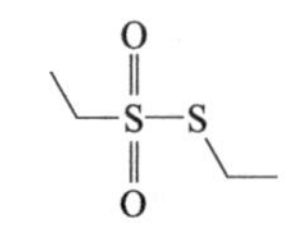

$C_4H_{10}O_2S_2$, 154.25, 682-91-7

其他名称 抗菌剂 402、净刹、亿为克、一支灵。

主要剂型 40.2%、70%、80%乳油，20%高渗乳油，90%乙蒜素原油，30%乙蒜素可湿性粉剂。

毒性 低毒。

作用机理 与菌体内含硫基的物质作用，从而抑制菌体的正常代谢。

产品特点 高效无公害广谱仿生杀菌剂，兼具植物生长调节作用，能促进萌芽，提高发芽率，增加产量，改善品质。速效性，温度在25℃以上，24h见效，72h控制病害。

应用 应于苹果树叶斑病发病前或初期用80%乳油800～1000倍液喷洒，每7d施药一次，可连续喷施2次。

注意事项

（1）苹果至少应间隔14d才能收获，每个作物周期的最多使用次数为2次。

（2）不能与碱性农药等物质混用。建议与其他作用机制不同的杀菌剂轮换使用，以延缓抗性产生。

（3）对水生生物、鸟类和赤眼蜂有毒，施药期间应远离水产养殖区施药，禁止在河塘等水体中清洗施药器具，避免在鸟类保护区及其觅食区使用，赤眼蜂等天敌放飞区域禁用。

（4）用清水配制药液，施药前后要彻底清洗喷药器械。

（5）施药时要穿戴必要的防护用具，并在上风处配药、施药。防止药液沾染眼睛。

（6）施药期间不可吃东西和饮水，施药后应及时洗手、洗脸。

（7）用过的容器应妥善处理，不可他用，也不可随意丢弃。

（8）经乙蒜素处理过的种子不能食用或作饲料，棉籽不能用于榨油。

（9）孕妇及哺乳期妇女禁止接触本品。

乙烯菌核利 vinclozolin

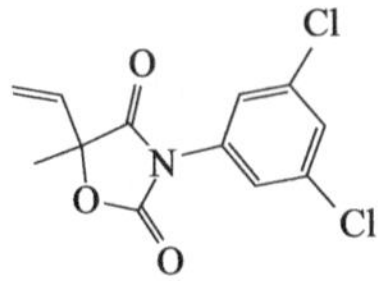

$C_{12}H_9Cl_2NO_3$，286.11，36734-19-7

其他名称 农利灵、Ronilan、灰霉利、烯菌酮、免克宁、代菌唑灵。

主要剂型 50%可湿性粉剂，50%水分散剂。

毒性 低毒。

作用机理 乙烯菌核利是二甲酰亚胺类触杀性杀菌剂，主要干扰细胞核功能，并对细胞膜和细胞壁有影响，改变膜的渗透性，使细胞破裂。

产品特点 内吸性杀菌剂，具有保护和治疗作用。可被植物根、茎、叶迅速吸收，并在植物体内运转到各个部位，因而耐雨水冲刷。

应用

（1）适宜作物 油菜、黄瓜、番茄、白菜、大豆、茄子、花卉。乙烯菌核利人体每日允许摄入量为 0.243mg/kg，在黄瓜和番茄上的最高残留量日本和德国规定为 0.05mg/kg，在水果上规定为 5mg/kg。在黄瓜和番茄上推荐的安全间隔期为 21～35d。

（2）防治对象 大豆、油菜菌核病，白菜黑斑病，茄子、黄瓜、番茄灰霉病。多用于防治果树、蔬菜类作物灰霉病、褐斑病等病害。

注意事项

（1）不慎溅入眼睛应迅速用大量清水冲洗，误服中毒应立即服用医用活性炭。

（2）可与多种杀虫、杀菌剂混用。

（3）施药植物要在 4～6 片叶以后，移栽苗要在缓苗以后才能使用。

（4）低湿、干旱时要慎用。

中生菌素 zhongshengmycin

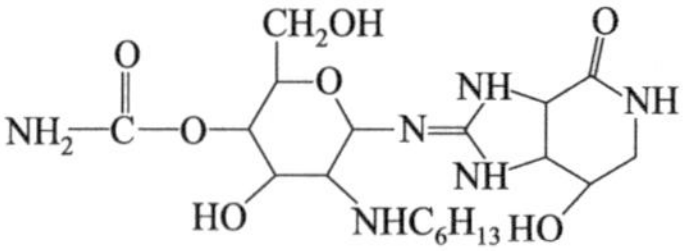

$C_{19}H_{34}N_6O_7$, 458.5, 861228-39-9

其他名称 克菌康。

主要剂型 3%可湿性粉剂，1%水剂。

毒性 低毒。

作用机理 对细菌是抑制菌体蛋白质的合成，导致菌体死亡；对真菌是使丝状菌丝变形，抑制孢子萌发并能直接杀死孢子。对农作物的细菌性病害及部分真菌性病害具有很高的活性，同时具有一定的增产作用。使用安全，可在苹果花期使用。

产品特点 该菌是一种杀菌谱较广的保护性杀菌剂，具有触杀、渗透作用。

应用

（1）防治蔬菜细菌性病害。对白菜软腐病、茄科青枯病于发病初期用1000～1200倍药液喷淋，共3～4次；对姜瘟病可用300～500倍药液浸种2h后播种，生长期用800～1000倍液灌根，每株0.25kg药液，共灌3～4次；对黄瓜细菌性角斑病、菜豆细菌性疫病、西瓜细菌性果腐病于发病初期用1000～1200倍药液喷雾。隔7～10d喷1次，共喷3～4次。

（2）防治水稻白叶枯病、恶苗病。用600倍液浸种5～7d，发病初期再用1000～1200倍药液喷雾1～2次。

（3）防治果树病害。对苹果轮纹病、炭疽病、斑点落叶病、霉心病，葡萄炭疽病、黑痘病等病害可于发病初期开始喷雾，稀释1000～1200倍，共使用3～4次。防治苹果病害时，可于花期开始施药。

注意事项

（1）本剂不可与碱性农药混用。

（2）预防和发病初期用药效果显著。施药应做到均匀、周到。如施药后遇雨应补喷。

（3）储存在阴凉、避光处。

（4）本品如误入眼睛，立即用清水冲洗15min，仍有不适应立即就医；如接触皮肤，立即用清水冲洗并换洗衣物；如误服不适，立即送医院对症治疗，无特殊解毒剂。

唑胺菌酯 pyrametostrobin

主要剂型 95％原药，20％悬浮剂。

毒性 低毒。

作用机理 对由担子菌、子囊菌、接合菌及半知菌引起的大多数植物病害均有很好的防治作用。

产品特点 药剂杀菌谱广，安全系数高，内吸性强，对多种病害兼具保护和治疗活性。

应用 它对多种作物病害具有良好的生物活性，对瓜类和小麦白粉病具有良好的防治效果。对黄瓜炭疽病、苹果腐烂病、番茄灰霉病、水稻纹枯病、油菜菌核病、小麦白粉病、黄瓜白粉病等抑制效果优异。

注意事项 避光保存。

第五章

果园常用植物生长调节剂

6-苄氨基嘌呤　6-benzylaminopurine

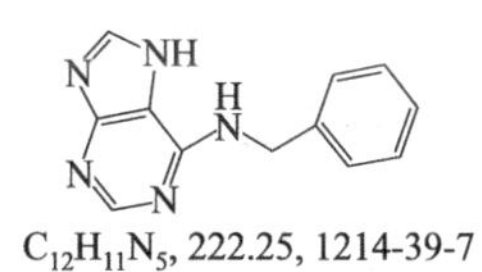

$C_{12}H_{11}N_5$, 222.25, 1214-39-7

其他名称　6-(*N*-苄基)氨基嘌呤、6-苄基氨基嘌呤、6-苯甲基腺嘌呤。

主要剂型　98%、95% 6-BA粉剂。

毒性　低毒。

作用机理　6-BA具有抑制植物叶内叶绿素、核酸、蛋白质的分解，保绿防老，以及将氨基酸、生长素、无机盐等向处理部位调运等多种效能。

产品特点　属广谱型植物生长调节剂，可促进植物细胞生长，抑制植物叶绿素的降解，提高氨基酸的含量，延缓叶片衰老等。可用于发绿豆芽和黄豆芽，最大使用量为0.01g/kg，残留量应小于0.2mg/kg。可诱导芽的分化，促进侧芽生长，促进细胞分裂，还能减少植物体内叶绿素的分解，具有抑制衰老、保绿作用。

应用　细胞分裂素6-BA可用于蔬菜保鲜，在组织培养工作中细胞分裂素是分化培养基中不可缺少的附加激素。细胞分裂素 6-BA 还可用于果树和蔬菜上，主要作用是促进细胞扩大，提高坐果率，延缓叶片衰老。细胞分裂素可以对茎尖、根尖、未成熟的种子、萌发的种子、生长着的果实等进行细胞分裂。

（1）促进侧芽萌发。春秋季使用促进蔷薇腋芽萌发时，在下位枝腋芽的上下方各 0.5cm 处划伤口，涂适量 0.5%膏剂。在苹果幼树整形中可以用在旺盛生长时处理，刺激侧芽萌发，使形成侧枝；富士苹果品种用 3%液剂稀释 75～100 倍喷洒。

（2）促进葡萄和瓜类的坐果，用 100mg/L 液在花前 2 周处理葡萄花序，防止落花落果；瓜类开花时用 10g/L 涂瓜柄，可以提高坐果率。

（3）促进花卉植物的开花和保鲜。莴苣、甘蓝、花茎甘蓝、花椰菜、芹菜、双孢蘑菇等蔬菜和石竹、玫瑰、菊花、紫罗兰、百子莲等花卉，在采收前或采收后都可用 100～500mg/L 液作喷洒或浸泡处理，能有效地保持它们的颜色、风味、香气等。

（4）在日本，用 10mg/L 在 1～1.5 叶期，处理水稻苗的茎叶，能抑制下部叶片变黄，且可保持根的活力，提高稻秧成活率。

注意事项

（1）避免药液沾染眼睛和皮肤。

（2）无专用解毒药，按出现症状对症治疗。

（3）储存于阴凉通风处。

赤霉酸　gibberellic acid

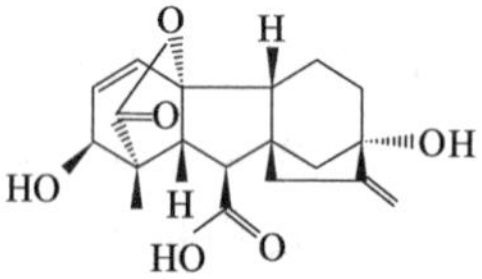

$C_{19}H_{22}O_6$, 346.38, 77-06-5

其他名称　九二 O、赤霉素、瑞德邦赤霉素、赤霉素 A、奇宝。

主要剂型 4%乳油，40%颗粒剂，20%可溶性片剂，40%可溶性粉剂，75%、90%结晶粉。

毒性 低毒。

作用机理 促进植物体的伸长生长；促进遗传矮性植物（缺乏合成GA能力）长高，但不影响遗传性状；打破种子的休眠期，促进种子萌发；诱导水解酶，促进储藏物质分解；促进花芽形成，促进开花；促进两性花的雄花形成，使单性结实；抑制植物的成熟与衰老；通过相关酶使植物细胞壁软化，与生长素协同作用，促进细胞伸长。

产品特点 是一个广谱型植物生长调节剂，可促进作物生长发育，使之提早成熟，提高产量，改进品质；能迅速打破种子、块茎和鳞茎等器官的休眠，促进发芽；可减少蕾、花、铃、果实的脱落，提高果实结果率或形成无籽果实；也能使某些2年生的植物在当年开花。

应用

（1）促进坐果或无籽果的形成。黄瓜开花期用50～100mg/kg药液喷花1次促进坐果、增产。葡萄开花后7～10d，玫瑰香葡萄用200～500mg/kg药液喷果穗1次，促进无核果形成。

（2）促进营养生长。芹菜收获前2周用50～100mg/kg药液喷叶1次；菠菜收获前3周喷叶1～2次，可使茎叶增大。

（3）打破休眠促进发芽。土豆播前用0.5～1mg/kg药液浸块茎30min；大麦播前用1mg/kg药液浸种，都可促进发芽。

（4）延缓衰老及保鲜作用。用50mg/kg药液浸蒜薹基部10～30min，柑橘绿果期用5～15mg/kg药液喷果1次，香蕉采收后用10mg/kg药液浸果，黄瓜、西瓜采收前用10～50mg/kg药液喷瓜，都可起到保鲜作用。

（5）调节开花。菊花春化阶段用1000mg/kg药液喷叶，仙客来蕾期用1～5mg/kg药液喷花蕾可促进开花。

（6）提高杂交水稻制种的结实率。一般在母本15%抽穗时开始，到25%抽穗结束用25～55mg/kg药液喷雾处理1～3次。先用低浓度，后用高浓度。

注意事项

(1) 赤霉酸水溶性小，用前先用少量酒精或白酒溶解，再加水稀释至所需浓度。

(2) 使用赤霉酸处理的作物不孕籽增加，故留种田不宜施药。

单氰胺 cyanamide

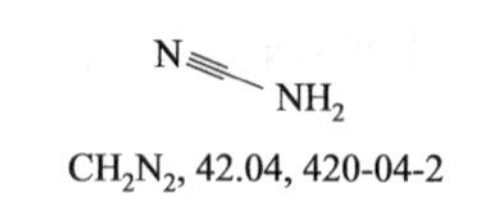

CH_2N_2, 42.04, 420-04-2

其他名称 氰胺、氨基氰、氨腈、氨基腈、九九叶绿。

主要剂型 50%水剂。

毒性 低毒。

作用机理 可有效地抑制植物体内过氧化氢酶的活性，加速植物体内氧化磷酸戊糖（PPP）循环，从而加速植物体内基础物质的生成，起到调节生长的作用。

产品特点 单氰胺，一种化学品，无色。

应用 单氰胺溶液在国外用作水果果树的落叶剂、无毒除虫剂。晶体单氰胺主要用于医药、保健产品、饲料添加剂的合成和农药中间体的合成，用途很广泛。

单氰胺是重要的农药中间体，可以制备杀菌剂多菌灵、苯菌灵、甲基嘧菌胺、嘧菌胺，杀虫剂抗蚜威、嘧啶氧磷，除草剂绿磺隆、甲磺隆、甲嘧磺隆、醚苯磺隆、苄嘧磺隆、吡嘧磺隆、环嗪酮等。

注意事项

(1) 远离酸或酸雾；存于玻璃容器并密封，不能用铁、钢、铜、黄铜容器，置于凉爽、通风处；严禁烟火；储存处应使用防爆电子装置。

(2) 切勿吸入粉尘。

(3) 穿戴适当的防护服、防化学液眼镜和手套。

(4) 若发生事故或感不适，立即就医（若可能，出示其标签）。

（5）工作场所禁止吸烟、进食和饮水，饭前要洗手。

（6）工作完毕，淋浴更衣。

（7）单独存放被毒物污染的衣服，洗后备用。

（8）保持良好的卫生习惯。

（9）避光保存。

多效唑　paclobutrazol

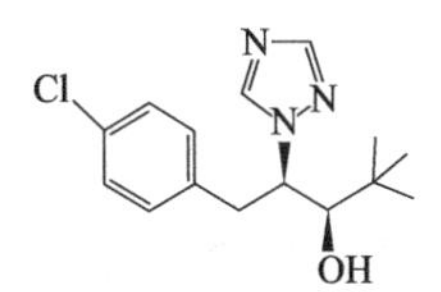

$C_{15}H_{20}ClN_3O$，293.79, 76738-62-0

其他名称　PP333、氯丁唑。

主要剂型　95％多效唑原药，50％、30％、15％、10％多效唑可湿性粉剂，30％、15％、25％多效唑悬浮剂。

毒性　低毒。

作用机理　具有延缓植物生长、抑制茎秆伸长、缩短节间、促进植物分蘖、促进花芽分化、增加植物抗逆性能、提高产量等效果。

产品特点　是新型、高效、低毒类植物生长调节剂，并兼具广谱的杀菌作用。多效唑的农业应用价值在于它对作物生长的控制效应。本品适用于水稻、麦类、花生、果树、烟草、油菜、大豆、花卉、草坪等作（植）物，使用效果显著。多效唑在土壤中残留时间较长，常温（20℃）储存稳定期在两年以上，如果多效唑使用或处理不当，即使来年在该基地上种植出口蔬菜也极易造成药物残留超标。

应用

（1）小麦玉米浸种宜浅播，播种前浸10～12h，每千克加1.5g药浸3～4h搅一次。

（2）麦苗一叶一心期，小麦起身至拔节前，20g药兑水15kg，喷施。

(3) 油菜培育短脚壮苗。苗床肥水水平高，播种早，密度大的，在3～4叶期，40g药兑水50kg喷施。

(4) 花生、棉花盛花期，亩用量50g药兑水50kg喷施。

(5) 水稻培育壮秧防止倒伏，秧龄在35d左右，单季中，晚稻秧田移栽前25d，亩用175～200g兑水100kg喷施。

(6) 局部旺长高秆易倒伏品种，抽穗前30～40d，亩用150～175g兑水100kg喷施。

(7) 苹果秋季枝展下，每株15～20g药土施。

(8) 梨新梢长至5～10cm兑500～700倍水液隔10d喷一次，共三次。

(9) 桃、山楂秋季或春季枝展下，每株10～15g药土施。

(10) 大豆、马铃薯花期　亩用量60g药兑水50kg喷施。

(11) 柑橘夏梢期，150倍兑水叶面喷施。

(12) 樱桃每株4～6g 150～300倍兑水液喷施。

(13) 芒果5月上旬，每株15～20药兑水15～20kg，开环形沟施。

(14) 烟草5～7叶期，亩用量60g兑水50kg喷施。

(15) 荔枝11月中旬，叶面喷施750倍兑水液。

注意事项

(1) 多效唑在土壤中残留时间较长，施药田块收获后，必须经过耕翻，以防对后作有抑制作用。

(2) 一般情况下，使用多效唑不易产生药害，若用量过高，秧苗抑制过度时，可增施氮肥或赤霉素解救。

(3) 不同品种的水稻因其内源赤霉素、吲哚乙酸水平不同，生长势也不相同，生长势较强的品种需多用药，生长势较弱的品种则少用。另外，温度高时多施药，反之少施。

(4) 本品不得与食物、饲料、种子混放。

(5) 本品应在阴凉干燥处保存。

(6) 严格按照使用说明用药，以免造成药害。

(7) 本品属低毒植物生长延缓剂，无专用解毒药剂，若误服引起中毒，应送医院对症治疗。

氯吡脲 forchlorfenuron

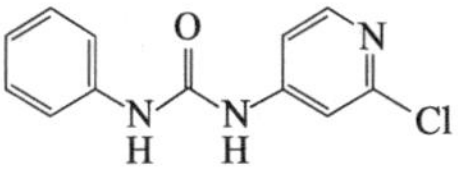

$C_{12}H_{10}ClN_3O$，247.68，68157-60-8

其他名称 调吡脲、施特优、膨果龙、调吡脲、氯吡苯脲、KT-30、吡效隆醇、吡效隆、1-(2-氯-4-吡啶基)-3-苯基脲、4PU-30、CPPU。

主要剂型 0.1%可溶液剂，2%粉剂，0.1%或0.5%乳油。

毒性 低毒。

作用机理 氯吡脲是通过调节作物内的各种内源激素水平来达到促进生长的作用的，它对内源激素的影响大大超过一般细胞分裂素类物质。

氯吡脲能促进细胞分裂、分化和扩大，促进器官形成、蛋白质合成；促进叶绿素合成，提高光合效率，防止植株衰老；打破顶端优势，促进侧芽生长。保绿效应比嘌呤型细胞分裂素好，时间长，可提高光合作用；诱导休眠芽的生长；增强抗逆性和延缓衰老效应，尤其对瓜果类植物处理后，可促进花芽分化，对防止生理落果极其显著，可提高坐果效果，使果实膨大的直观效果明显，诱导单行结实。

产品特点 是一种具有细胞分裂素活性的苯脲类植物生长调节剂，其生物活性较6-苄氨基嘌呤高10～100倍。广泛用于园艺和果树，促进细胞分裂，促进细胞扩大伸长，促进果实肥大，提高产量，保鲜等。

应用

（1）脐橙于生理落果期用2mg/L药液涂果梗密盘。

（2）猕猴桃谢花后20～25d用10～20mg/L药液浸渍幼果。

（3）葡萄于谢花后10～15d用10～20mg/L药液浸渍幼果，可提高坐果率，使果实膨大，增加单果重。

（4）草莓用10mg/L药液喷于采摘下的果实或浸果，稍干后装盒，可保持草莓果实新鲜，延长储存期。

（5）黄瓜在黄瓜花期遇低温阴雨光照不足时，用50mL液剂，兑水1kg（即为50mg/kg的药液）后，在黄瓜雌花开花当天或前1d，用药液涂抹瓜柄，可避免化瓜。

（6）苦瓜用50mg/kg的药液，在苦瓜开花前3d处理，可使形成无籽果实；在苦瓜开花当天处理，能提高坐果率。

注意事项

（1）严格按照使用时期、用量和方法操作。

（2）施药后6h遇雨需补喷。

（3）本品易挥发，用后盖好瓶盖。

（4）如果使用中不小心中毒，请不要催吐，立即送医院对症治疗。

（5）可与其他农药、肥料混用。

（6）使用时应现配现用。

（7）应密封后，在阴凉、干燥处储存。

萘乙酸 1-naphthaleneacetic acid

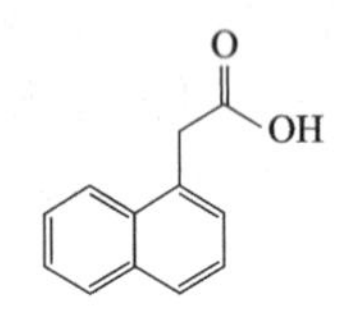

$C_{12}H_{10}O_2$, 185.1992，86-87-3

其他名称 1-萘乙酸、NAA、α-萘乙酸、2-(1-萘基）乙酸、1-萘基乙酸。

主要剂型 70％钠盐原粉。

毒性 低毒。

作用机理 萘乙酸具有促进细胞分裂与扩大，诱导形成不定根，增加坐果，防止落果，改变雌、雄花比率等作用。萘乙酸可经叶片、树枝的嫩表皮、种子进入到植物体内，随同营养流输导到作用部位。

产品特点 萘乙酸，是一种有机化合物，是一种易溶于有机溶剂的无色固体。它是一种植物生长激素，常用于商用的发根粉或发根剂中，在植物使用扦插法繁殖时使用。它也可用于植物组织培养。

应用 通常用于小麦、水稻、棉花、茶、桑、番茄、苹果、瓜类、马铃薯、林木等，是一种良好的植物生长激素。

(1) 在甘薯上用于浸秧，方法是将成捆薯秧基部 3cm 浸于药液中，浸秧浓度 10～20mg/kg，时间 6h。

(2) 水稻移栽时浸秧根，浓度 10mg/kg，时间 1～2h；在小麦上用于浸种，浓度为 20mg/kg，时间 6～12h。

(3) 在棉花上用于盛花期叶面喷洒，浓度 10～20mg/kg，生育期间共喷 2～3。如用于防落果时，使用浓度不宜太高，否则会引起相反的作用，因高浓度萘乙酸可促进植物体内乙烯的生成。

(4) 用于促根时，宜与吲哚乙酸或其他有促根作用的药剂混用，因单用萘乙酸，促根作用虽好，但苗生长不理想。对瓜果类进行喷洒时，以叶面均匀喷湿为宜，大田作物一般喷药液量 7.5kg/100m^2 左右，果树为 11.3～19kg/100m^2。处理浓度：瓜果类 10～30mg/L 喷雾。本品可与一般杀虫、杀菌剂及化肥混作，天晴无雨效果更好。

注意事项

(1) 施药后洗手洗脸，防止对皮肤损伤。

(2) 萘乙酸难溶于冷水，配制时可先用少量酒精溶解，再加水稀释；或先加少量水调成糊状再加适量水，然后加碳酸氢钠（小苏打）搅拌直至全部溶解。

(3) 早熟苹果品种用于疏花、疏果易产生药害，因此不宜使用萘乙酸。

S-诱抗素 (+)-*cis*,*trans*-abscisic acid

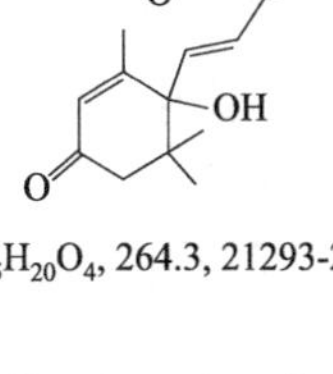

HO O OH O

$C_{15}H_{20}O_4$, 264.3, 21293-29-8

其他名称 脱落酸。

主要剂型 80%、90%、98%白色或淡黄色粉剂。

毒性 低毒。

作用机理 在逆境胁迫时，S-诱抗素在细胞间传递逆境信息，诱导植物机体产生各种应对的抵抗能力。在土壤干旱胁迫下，S-诱抗素启动叶片细胞质膜上的信号传导，诱导叶面气孔不均匀关闭，减少植物体内水分蒸腾散失，提高植物抗干旱能力。在寒冷胁迫下，S-诱抗素启动细胞抗冷基因，诱导植物产生抗寒蛋白质。一般而言，抗寒性强的植物品种，其内源S-诱抗素含量高于抗寒性弱的品种。在病虫害胁迫下，S-诱抗素诱导植物叶片细胞PIN基因活化，产生蛋白酶抑制物（pls）阻碍病原或虫害进一步侵害，使植物避免受害或减轻受害程度。在土壤盐渍胁迫下，S-诱抗素诱导植物增强细胞膜渗透调节能力，降低每千克物质中Na^+含量，提高PEP羧化酶活性，增强植株的耐盐能力。在药害肥害的胁迫下，S-诱抗素调节植物内源激素的平衡，使植物停止进一步吸收，有效解除药害肥害的不良影响。在正常生长条件下，S-诱抗素诱导植物增强光合作用和吸收营养物质，促进物质的转运和积累，提高产量、改善品质。

产品特点 S-诱抗素（S-ABA）又名脱落酸，是一种高效植物生长调节剂。它不仅可以提高植物的抗旱、抗寒、抗盐碱和抗病能力，而且可以显著提高作物的产量和品质，是活性最高、功能最强大的植物生长调节物质。

应用 适应于各种粮食作物、经济作物、蔬菜、果树、茶树、中药材、花卉及园艺作物等。

在出苗后，将本品用水稀释1500～2000倍，苗床喷施；在作物移栽2～3d，移栽后10～15d，将本品用水稀释1000～1500倍，对叶面各喷施一次；若在作物移栽前未施用，可在作物移栽后2d内喷施；在直播田初次定苗后，将本品用水稀释1000～1500倍，进行叶面喷施；作物整个生育期内，均可根据作物长势，将本品用水稀释1000～1500倍后进行叶面喷施，用药间隔期15～20d。

注意事项 勿与碱性物质混用；与非碱性杀菌剂、杀虫剂混用，药效将大大提高；植株弱小时，兑水量应取上限；喷施后6h遇雨补喷。

噻苯隆　thidiazuron

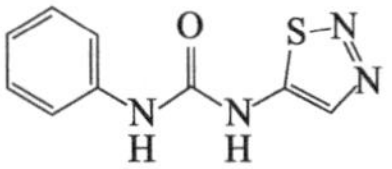

$C_9H_8N_4OS$, 220.25, 51707-55-2

其他名称　脱叶灵、脱叶脲、Dropp、塞苯隆、脱落宝、TDZ，*N*-苯基-*N*-1,2,3-噻二唑-5-脲。

主要剂型　50%可湿性粉剂。

毒性　低毒。

作用机理　噻苯隆会抑制植物体内生长素的传导，并且作用于植物体内促进植物生长的细胞分裂素。

产品特点　本品主要用作棉花脱叶剂，也可用于苹果树、葡萄树、木槿树脱叶及菜豆、大豆、花生等作物。有明显的抑制作用，用量为0.3～3kg/hm^2。如棉田用量为0.5kg/hm^2，在50%～60%棉桃打开时用药，将制剂稀释成500L/hm^2的水溶液，喷于植株上，脱叶效果98%。噻苯隆作为脲类植物生长调节剂，具有细胞激动素活性。还可用于防治稗草、狗牙草、马唐、看麦娘、匍匐冰草、猪殃殃等杂草，用量3kg/hm^2，防效近100%。

应用　当棉桃开裂70%，每亩用50%可湿性粉剂100g，兑水全株喷雾，10d开始落叶，吐絮增加，15d达到高峰。

在葡萄上以0.1%噻苯隆可溶性水剂150～250倍液喷雾调节生长。

注意事项

(1) 施药时期不宜早于棉桃开裂60%，以免影响产量和质量。

(2) 施药后两日内降雨会影响药效，因此施药前应注意天气预报。

(3) 本品被误服、吸入或沾染皮肤都会危害人体健康。操作时注意防护，避免吸入药雾和粉尘。药液溅到眼睛，需用水冲洗15min。皮肤沾染药液后，卸除工作服，用肥皂和清水洗涤。如发生误服，可先催吐，并送医院诊治。

(4) 清洗容器和处理废旧药液时，注意不要污染水源。

(5) 药品储藏在阴凉通风处。储存处应远离食品饲料和水源，且要在儿童接触不到的地方。

吲哚乙酸 indole acetic acid

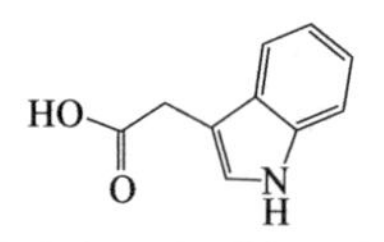

$C_{10}H_9NO_2$, 175.18396, 51707-55-2

其他名称 茁长素、生长素、异生长素、3-吲哚乙酸、吲哚-3-乙酸、IUPAC、β-吲哚乙酸、2-(3-吲哚基) 乙酸、1*H*-indole-3-acetic acid、氮茚基乙酸、杂茁长素。

主要剂型 0.11%水剂。

毒性 低毒。

作用机理 影响细胞分裂、细胞伸长和分化。影响营养器官和生殖器官的伸长、成熟和衰老。用于组织培养中，诱导愈伤组织和根的形成。

产品特点 一种植物体内普遍存在的内源生长素，属吲哚类化合物。在光和空气中易分解，不耐储存。主要用于蔬菜、苗木、果实、花卉等插条生根，还用于细胞分裂和细胞增生以及组织培养。

应用 早期用它诱导番茄单性结实和坐果，在盛花期以3000mg/L药液浸泡花，可使形成无籽番茄果，提高坐果率。促进插枝生根是它应用最早的一个方面。以100～1000mg/L药液浸泡插枝的基部，可促进茶树、胶树、柞树、水杉、胡椒等作物不定根的形成，加快营养繁殖速度。1～10mg/L吲哚乙酸和10mg/L恶霉灵混用，可促进水稻秧苗生根。25～400mg/L药液喷洒一次菊花（在9h光周期下），可抑制花芽的出现，使延迟开花。生长在长日照下秋海棠以10^{-5}mol/L浓度喷洒一次，可增加雌花。处理甜菜种子可促进发芽，增加块根产量和含糖量。

注意事项

（1）存放在阴凉、干燥、避光的位置，可储存在一个密封的容器中。应远离禁忌物、火源和未经训练的人。

（2）操作后彻底清洗。仅在通风良好的地方使用。避免与眼睛、皮肤和衣物接触。避免食入和吸入。店铺避光。

芸薹素内酯 brassinolide

$C_{29}H_{50}O_6$，494.7，72962-43-7

其他名称 28 高、408、硕丰 481、美多收、天丰素、芸天力、果宝、油菜素内酯、保靓、金云大、508、608、农梨利。

主要剂型 0.004%、0.01%乳油，0.01%粉剂，0.01%可溶性液剂，0.0075%水剂。

毒性 低毒。

作用机理 促进细胞分裂，促进果实膨大。对细胞的分裂有明显的促进作用，对器官的横向生长和纵向生长都有促进作用，从而起到膨大果实的作用。延缓叶片衰老，使保绿时间长，加强叶绿素合成，提高光合作用，促使叶色加深变绿。打破顶端优势，促进侧芽萌发，能够透导芽的分化，促进侧枝生成，增加枝数，增多花数，提高花粉受孕性，从而增加果实数量提高产量。改善作物品质，提高商品性。诱导单性结实，刺激子房膨大，防止落花落果，促进蛋白质合成，提高含糖量等。

产品特点 芸薹素内酯是一种新型绿色环保植物生长调节剂，通过适宜浓度芸薹素内酯浸种和茎叶喷施处理，可以促进蔬菜、瓜类、水果等作物生长，可改善品质，提高产量，使色泽艳丽，叶片更厚实。也能使茶叶的采叶时间提前，也可令瓜果含糖量更高，个体更大，产量更高，更耐储藏。在目前，农药市场上植物生长调节剂以人工合成的复硝酚钠和芸薹素两大类为主。

应用

（1）小麦　用0.05～0.5mg/kg药液浸种24h，对根系和株高有明显促进作用，分蘖期以此浓度进行叶面处理，能增加分蘖数。小麦孕期用0.01～0.05mg/kg的药液进行叶面喷雾，增产效果最显著，一般可增产7%～15%。

（2）玉米　抽雄前以0.01mg/kg的药液喷雾玉米整株，可增产20%，吐丝后处理也有增加千粒重的效果。

（3）荔枝、龙眼、橘、橙、苹果、梨、葡萄、桃、枇杷、李、杏、草莓、香蕉在始花期、幼果期、果实膨大期各喷1次0.01～0.1mg/L浓度药液可明显增加坐果率，还有增甜作用。

注意事项

（1）先用少量水化开，再按所需浓度兑水。

（2）喷药可在上午8～10时或午后3～6时，6h内不能遇雨。

（3）可与中性或弱酸性农药、化肥混合使用；喷洒注意防护，溅到皮肤和眼内，应用水冲洗。

（4）本品放阴凉干燥处，可保存2年。

（5）适宜在晴朗的天气下喷施，喷施6h后不需补喷，本品渗透力，黏着力很强。芸薹素内酯可与部分杀虫杀菌剂混用，相互增加效果可达50%以上，初次使用，请留空白对照，以验证使用效果。

第六章

果园常用除草剂

百草枯　paraquat

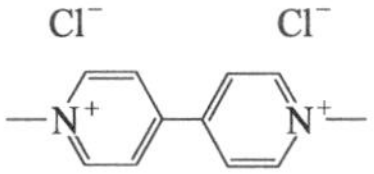

$C_{12}H_{14}Cl_2N_2$, 257.16, 1910-42-5

其他名称　克芜踪、对草快、野火、百朵、巴拉刈（台湾省叫法）、离子对草快、泊拉夸。

主要剂型　20%、25%水剂。

毒性　中等。

作用机理　有效成分对叶绿体膜破坏力极强，使光合作用和叶绿素合成很快中止。

产品特点　百草枯，是一种快速灭生性除草剂，具有触杀作用和一定内吸作用。能迅速被植物绿色组织吸收，使其枯死，对非绿色组织没有作用。在土壤中迅速与土壤结合而钝化，对植物根部及多年生地下茎及宿根无效。百草枯对人毒性极大，且无特效解毒药，经口摄入中毒死亡率可达90%以上，目前已被20多个国家禁止或者严格限制使用。我国自2014年7月1日起，撤销百草枯水剂登记和生产许可并停止生产；但保留母药生产企业水剂出口境外使用登记，允许专供出口生产，2016 年 7 月 1 日停止水剂在国内销售和使用。

应用

(1) 果园、桑园、茶园、胶园、林带使用　在杂草出齐，处于生长旺盛期，每亩用 20%水剂 100～200mL，兑水 25kg，均匀喷雾杂草茎叶，当杂草长到 30cm 以上时，用药量要加倍。

(2) 玉米、甘蔗、大豆等宽行作物田使用　可播前处理或播后苗前处理，也可在作物生长中后期，采用保护性定向喷雾防除行间杂草。播前或播后苗前处理，每亩用 20%水剂 75～200mL，兑水 25kg 喷雾防除已出土杂草。作物生长期，每亩用 20%水剂 100～200mL，兑水 25kg，作行间保护性定向喷雾。

(3) 实际经验表明，百草枯对地黄无明显效果。

注意事项

(1) 百草枯为灭生性除草剂，在园林及作物生长期使用，切忌污染作物，以免产生药害。

(2) 配药、喷药时要有防护措施，戴橡胶手套、口罩，穿工作服。如药液溅入眼睛或溅到皮肤上，要马上进行冲洗。

(3) 使用时不要使药液飘移到果树或其他作物上，菜田一定要在没有蔬菜时使用。

(4) 喷洒要均匀周到，可在药液中加入 0.1%洗衣粉以提高药液的附着力。施药后 30min 遇雨时基本能保证药效。

草甘膦　glyphosate

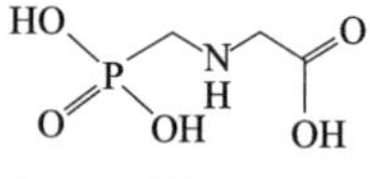

$C_3H_8NO_5P$, 169.07, 1071-83-6

其他名称　镇草宁、农达 (Roundup)、草干膦、膦甘酸。

主要剂型　30%、46%水剂，30%、50%、65%、70%可溶粉剂，74.7%、88.8%草甘膦铵盐可溶粒剂，98%、95%草甘膦原药。

毒性　低毒。

作用机理　主要抑制植物体内的烯醇丙酮基莽草素磷酸合成

酶，从而抑制莽草素向苯丙氨酸、酪氨酸及色氨酸的转化，使蛋白质合成受到干扰，导致植物死亡。

产品特点　是一种非选择性、无残留灭生性除草剂，对多年生根杂草非常有效，广泛用于橡胶园、桑园、茶园、果园及甘蔗地。草甘膦是通过茎叶吸收后传导到植物各部位的，可防除单子叶和双子叶、一年生和多年生、草本和灌木等40多科的植物。草甘膦入土后很快与铁、铝等金属离子结合而失去活性，对土壤中潜藏的种子和土壤微生物无不良影响。

应用　防除苹果园、桃园、葡萄园、梨园、茶园、桑园和农田休闲地杂草，对稗、狗尾草、看麦娘、牛筋草、马唐、苍耳、藜、繁缕、猪殃殃等一年生杂草，每亩用10%草甘膦水剂400～700g；对车前草、小飞蓬、鸭跖草、双穗雀稗草，每亩用10%水剂750～1000g；对白茅、芦苇、香附子、水蓼、狗牙根、蛇莓、刺儿菜等，每亩用10%水剂1200～2000g。一般阔叶杂草在萌芽早期或开花期，禾本科在拔节晚期或抽穗早期每亩用药量兑水20～30kg喷雾。已割除茎叶的植株应待杂草生长至有足够的新生叶片时再施药。防除多年生杂草时一次药量分2次，间隔5d施用能提高防效。

(1) 果园、桑园等除草。防除1年生杂草每亩用10%水剂0.5～1kg，防除多年生杂草每亩用10%水剂1～1.5kg。兑水20～30kg，对杂草茎叶定向喷雾。

(2) 农田除草。农田倒茬播种前防除田间已生长杂草，用药量可参照果园除草。棉花生长期用药，需采用带罩喷雾定向喷雾。每亩用10%水剂0.5～0.75kg，兑水20～30kg。

(3) 休闲地、田边、路边除草。于杂草4～6叶期，每亩用10%水剂0.5～1kg，加柴油100mL，兑水20～30kg，对杂草喷雾。

(4) 对于一些恶性杂草，如香附子、芦苇等，可每亩地按照200g加入助剂，除草效果好。

注意事项

(1) 草甘膦为灭生性除草剂，施药时切忌污染作物，以免造成药害。

(2) 对多年生恶性杂草，如白茅、香附子等，在第一次用药后

1个月再施1次药，才能达到理想防治效果。

（3）在药液中加适量柴油或洗衣粉，可提高药效。

（4）在晴天，高温时用药效果好，喷药后4～6h内遇雨应补喷。

（5）草甘膦具有酸性，储存与使用时应尽量用塑料容器。

（6）喷药器具要反复清洗干净。

（7）包装破损时，高湿度下可能会返潮结块，低温储存时也会有结晶析出，用时应充分摇动容器，使结晶溶解，以保证药效。

（8）为内吸传导性灭生性除草剂，施药时注意防止药雾飘移到非目标植物上造成药害。

（9）易与钙、镁、铝等离子络合失去活性，稀释农药时应使用清洁的软水，兑入泥水或脏水时会降低药效。

（10）施药后3d内请勿割草、放牧和翻地。

草甘膦异丙胺盐　N-（phosphonomethyl）glycine

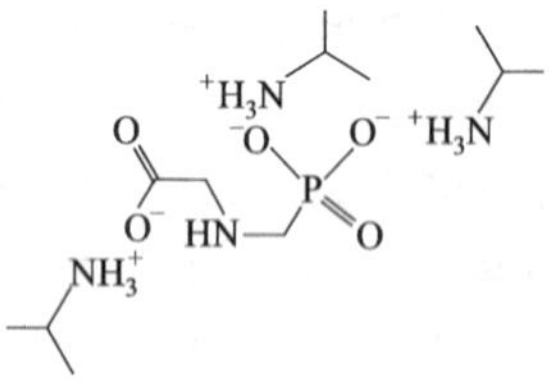

$C_6H_{17}N_2O_5P$, 228.183341, 38641-94-0

其他名称　农达。

主要剂型　41%草甘膦异丙胺盐水剂。

毒性　微毒。

作用机理　草甘膦异丙胺盐水剂，是一种广谱性内吸灭生性除草剂，传导性极强，通过杂草的绿色部位吸收，传导至全株，阻碍植株的光合作用导致死亡。

产品特点　草甘膦异丙胺盐水剂，是一种广谱性内吸灭生性除草剂。可有效防治一、二年生的单子叶禾本科杂草，对多年生深根杂草非常有效，能达到一般农业机械无法达到的深度，在农、林、牧、园艺方面应用广泛。草甘膦异丙胺盐入土后很快与铁、铝离子结合而失去活性。

应用

可用于果园、桑园、茶园、橡胶园、甘蔗园、菜园、棉田、田埂、公路、铁路、排灌沟渠、机场、油库及空地除草，可防除几乎所有的一年生或多年生杂草。

（1）果园及胶园。对一年生杂草，如稗、狗尾草、看麦娘、牛筋草、卷耳、马唐、藜、繁缕、猪殃殃等，亩用有效成分40～70g；对车前草、小飞蓬、鸭跖草、双穗雀稗等，亩用有效成分75～100g；对白茅、硬骨草、芦苇、香附子、水蓼、狗牙根、蛇莓、刺儿菜、野葱、紫菀等，需120～200g。一般在杂草生长旺期，每亩兑水20～30kg，对杂草茎叶进行均匀定向喷雾，避免使果树等叶子受药。

（2）农田。对稻麦、水稻和油菜轮作的地块，在收割后倒茬期间，可参照上述草情和剂量用草甘膦进行处理，一般在喷雾后第2天，即可不经翻耕土壤而直接进行播种或移栽。作物和蔬菜免耕田播种前除草（800～1200g/亩），玉米、高粱、甘蔗等高秆作物（苗高40～60cm）行间定向喷雾（600～800g/亩）

（3）林业。草甘膦异丙胺盐适用于休闲地、荒山荒地造林前除草灭灌、维护森林防火线、种子园除草及飞机播种前灭草。适用的树种为：水曲柳、黄菠萝、椴树、云杉、冷杉、红松、樟子松，还可用于杨树幼林抚育。防治大叶章、苔草、白芒、车前、毛茛、艾蒿、茅草、芦苇、香薷等杂草时，每亩用量为0.2kg（有效成分）。防治丛桦、接骨木、榛材、野薇每亩为0.17kg。防治山楂、山梨、山梅花、柳叶锈线菊为3.8kg/亩。而忍冬、胡枝子、白丁香、山槐的防治剂量为每亩0.33kg。一般采用叶面喷雾处理，每亩兑水15～30kg。也可根据需要，用喷枪进行穴施或用涂抹棒对高大杂草和灌木进行涂抹，用树木注射器向非目的树种体内注射草甘膦，都可取得理想效果。

注意事项

（1）草甘膦异丙胺盐是灭生性除草剂，喷药时要用低压喷雾器或喷头带防护罩，避免药液飘移到作物茎叶上，以免产生药害。

（2）草甘膦异丙胺盐是茎叶除草剂，遇土壤易产生“钝化”，失去活性，配制时不能用浑浊水和渠水。田间杂草叶面灰尘较多，用药量适当加大。

（3）施用草甘膦异丙胺盐 3d 内勿割草、放牧和翻地。

（4）施药要遵守安全操作规程，穿好防护服，用过的器械应立即清洗干净，清洗污水要妥善处理，不可污染环境。

（5）本品低温储存时会有结晶析出，使用前充分摇动容器。

（6）本品每季最多使用 2 次。

西玛津　simazine

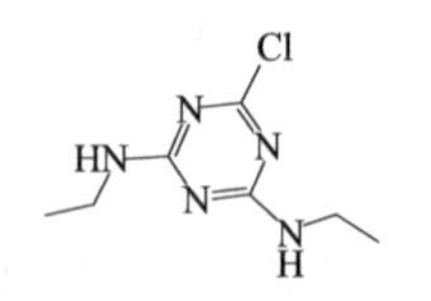

$C_7H_{12}ClN_5$, 201.66, 122-34-9

其他名称　Aquazina、Bitemol、CAT、gasatop、Simater、Weedex。

主要剂型　40%悬浮剂，50%、80%可湿性粉剂。

毒性　低毒。

产品特点　难溶于水和大多数有机溶剂的固体，性质稳定。是内吸选择性除草剂，能被植物根部吸收并传导。对玉米安全，可防除 1 年生阔叶杂草和部分禾本科杂草。持效期长。适用于玉米、高粱、甘蔗、茶园、橡胶及果园、苗圃防除狗尾草、画眉草、虎尾草、莎草、苍耳、鳢肠、野苋菜、青葙、马齿苋、灰菜、野西瓜苗、罗布麻、马唐、蟋蟀草、稗草、三棱草、荆三棱、苋菜、地锦草、铁苋菜、藜等 1 年生阔叶杂草和禾本科杂草。

应用

（1）玉米、高粱、甘蔗地使用。于播种后出苗前每亩用 40%西马津胶悬剂 200～500mL，兑水 40kg，均匀喷雾土表。

（2）茶园、果园使用。一般在 4～5 月份，田间杂草处于萌发盛期出土前，进行土壤处理，每亩用 40%胶悬剂 185～310mL，或 50%可湿性粉剂 150～250g，兑水 40kg 左右，均匀喷雾土表。

注意事项

(1) 西玛津残效期长，可持续 12 个月左右。

(2) 对后茬敏感作物有不良影响，对小麦、大麦、棉花、大豆、水稻、十字花科蔬菜等有药害，不得使用。

(3) 西玛津的用药量受土壤质地、有机质含量、气温高低影响很大。一般气温高有机质含量低、沙质土用量少，药效好，但也易产生药害。反之用量要高。

(4) 喷雾器具用后要反复清洗干净。

(5) 施用西玛津的地块，不宜套种豆类、瓜类等敏感作物，以免发生药害。

(6) 西玛津不可用于落叶松的新播或换床苗圃。

乙氧氟草醚 oxyfluorfen

$C_{15}H_{11}ClF_3NO_4$，361.7，42874-03-3

其他名称 果尔、草枯特、割地草、杀草狂。

主要剂型 23.5%、24%乳油。

毒性 微毒。

作用机理 主要通过胚芽鞘、中胚轴进入植物体内，经根部吸收较少，并有极微量通过根部向上运输进入叶部。

产品特点 低毒、触杀型除草剂。在有光的情况下发挥其除草活性。在芽前和芽后早期施用效果最佳，对种子萌发的杂草杀草谱广，能防除阔叶杂草、莎草及稗，对多年生杂草具有抑制作用。防治对象：可防除移栽稻、大豆、玉米、棉花、花生、甘蔗、葡萄园及其他果园、蔬菜田和森林苗圃的单子叶和阔叶杂草。

应用 用于棉花、洋葱、花生、大豆、甜菜、果树和蔬菜田芽前、芽后防除稗草、田菁、旱雀麦、狗尾草、曼陀罗、匍匐冰草、豚草、刺黄花、苘麻、田芥菜单子叶和阔叶杂草。其非常抗淋溶。

可制成乳油使用。

陆稻施药可与丁草胺混用；在大豆、花生、棉花田等施药，可与甲草胺、氟乐灵等混用；在果园等处施药，可与百草枯、草甘膦混用。

防除阔叶杂草及某些禾本科杂草，如鸭跖草、稗草、莎草、田菁、雀麦、曼陀罗等，用量为1～2g有效成分/100m^2。如水稻移栽后4～6d，稗草芽期至1.5叶期，用24%乳油1.5～2.3mL/100m^2，制成毒土均匀撒施。也可用0.5%颗粒剂撒施。用于大豆、棉花等作物在播后苗前施药，用24%乳油7.5mL/100m^2，兑水均匀喷雾土表。

注意事项

(1) 花生出土后不可使用。

(2) 大葱、洋葱用药后于葱管上会出现细小的白斑，但不影响生长和最终产量。

(3) 大蒜、生姜播种后出苗以前使用；若在大蒜出苗后使用，须在3叶期以后，杂草4叶期以前使用。生姜亦可在苗高40cm后行间定向喷雾，使药后不可翻动土壤。

(4) 地膜覆盖移栽作物（蔬菜、瓜类、烟草、草莓、豆科作物等）定植以后不能施药。

(5) 葡萄园等果园切勿喷施于果树上。

(6) 割地草与春多多混用须现配现用。

(7) 新播针叶树苗圃、新播阔叶树苗圃、苗床、换床针叶树苗圃无风或微风天施药。阔叶树杆插苗圃芽苞开放后切不可喷施。

莠去津 atrazine

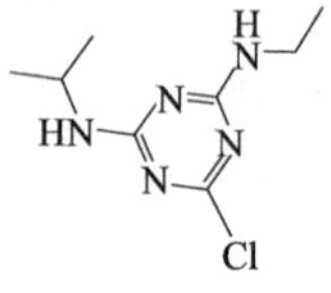

HN N N N N H Cl

$C_8H_{14}ClN_5$, 215.72, 102029-43-6

其他名称 阿特拉津、Aatrex、Primatola、gesaprim、g-30027。

主要剂型 40%悬浮剂，50%可湿性粉剂。

毒性 低毒。

作用机理 主要通过植物根部吸收并向上传导，抑制杂草（如苍耳属植物、狐尾草、豚草属植物和野生黄瓜等）的光合作用，使其枯死。

产品特点 是内吸选择性苗前、苗后封闭除草剂。以根吸收为主，茎叶吸收很少。杀草作用和选择性同西玛津，易被雨水淋洗至土壤较深层，对某些深根草亦有效，但易产生药害。持效期也较长。它的杀草谱较广，可防除多种一年生禾本科和阔叶杂草。适用于玉米、高粱、甘蔗、果树、苗圃、林地等旱田作物防除马唐、稗草、狗尾草、莎草、看麦娘、蓼、藜、十字花科、豆科杂草，尤其对玉米有较好的选择性（因玉米体内有解毒机制），对某些多年生杂草也有一定抑制作用。

应用

（1）玉米田的使用。夏玉米在播种后出苗前用药。土壤有机质质量在1%～2%的华北、山东等地，每亩用50%可湿性粉剂150～200g，或40%悬浮剂175～200mL；土壤有机质含量大于3%～6%的东北地区，每亩用50%可湿性粉剂200～250g，或40%的悬浮剂200～250g。沙质土壤用下限，黏质土壤用上限。播种后1～3d，兑水30kg均匀喷雾土表。玉米出苗后用药，适期为玉米4叶期，杂草2～3叶期。有机质含量低的沙质土壤，每亩用50%可湿性粉剂或40%悬浮剂200～250g；兑水30～50kg喷雾。春玉米每亩用40%悬浮剂200～250mL，加水30～50kg，播后苗前土表喷雾，春旱药后混土，或适量灌溉。或在玉米4叶期作茎叶处理。玉米和冬小麦连作区，为减轻或消除莠去津对小麦的药害，可用莠去津减量与草净津、拉索、都尔、2,4-D丁酯、伴地农、绿麦隆等除草剂混用。

（2）甘蔗田使用。甘蔗下种后5～7d，杂草部分出土，每亩用50%可湿性粉剂或40%悬浮剂200～250g，加水30kg，对地表均匀喷雾。

（3）茶园、果园使用。4～5月份田间杂草萌发高峰期，先将已出土大草和越冬杂草铲除，然后每亩用40%悬浮剂250～300g，兑水40kg均匀喷布土表。

莠去津是芽前土壤处理除草剂，也可芽后茎叶处理。使用中干旱对药效发挥影响较大，主要作用于双子叶植物，侧重封闭，对大草效果比较不理想。

注意事项

（1）莠去津持效期长，对后茬敏感作物小麦、大豆、水稻等有害，持效期达2～3个月，可通过减少用药量，与其他除草剂如烟嘧磺隆或甲基磺草酮等混用解决。

（2）桃树对莠去津敏感，不宜在桃园使用。玉米套种豆类不能使用。

（3）土表处理时，要求施药前，地要整平整细。

（4）施药后，各种工具要认真清洗。

参 考 文 献

[1] 费显伟等．园艺植物病虫害防治．北京：高等教育出版社，2015.

[2] 王润珍等．果树病虫害防治．北京：化学工业出版社，2010.

[3] 王润珍等．蔬菜病虫害防治．北京：化学工业出版社，2010.

[4] 王润珍等．园艺植物病虫害防治．北京：化学工业出版社，2012.

[5] 何庆奎等．药械与施药技术．北京：中国农业大学出版社，2013.

[6] 邱立新等．林业药剂使用技术．北京：中国林业出版社，2011.

[7] 郐国良等．植保机械与施药技术简明教程．西安：西北农林科技大学出版社，2008.

[8] 刘燕等．植保机械巧用速修一点通．北京：中国农业出版社，2011.

[9] 农业部农药检定所．农药安全使用知识．北京：中国农业出版社，2010.

[10] 徐映明等．农药问答．北京：化学工业出版社，2011.

[11] 时春喜等．农药使用技术手册．北京：金盾出版社，2009.

[12] 刘铁斌等．农药经销商手册．北京：中国农业出版社，2008.

[13] 共青团中央青农部．怎样识别假种子假化肥假农药．北京：中国农业出版社，2012.

[14] 罗汉钢等．果树农药使用手册．武汉：湖北科学技术出版社，2010.

[15] 高文胜等．无公害果园首选农药100种．北京：中国农业出版社，2008.

化工版农药、植保类科技图书

分类	书号	书　　名	定价
农药手册性工具图书	122-22028	农药手册(原著第16版)	480.0
	122-22115	新编农药品种手册	288.0
	122-22393	FAO/WHO农药产品标准手册	180.0
	122-18051	植物生长调节剂应用手册	128.0
	122-15528	农药品种手册精编	128.0
	122-13248	世界农药大全——杀虫剂卷	380.0
	122-11319	世界农药大全——植物生长调节剂卷	80.0
	122-11396	抗菌防霉技术手册	80.0
	122-00818	中国农药大辞典	198.0
农药分析与合成专业图书	122-15415	农药分析手册	298.0
	122-11206	现代农药合成技术	268.0
	122-21298	农药合成与分析技术	168.0
	122-16780	农药化学合成基础(第二版)	58.0
	122-21908	农药残留风险评估与毒理学应用基础	78.0
	122-09825	农药质量与残留实用检测技术	48.0
	122-17305	新农药创制与合成	128.0
	122-10705	农药残留分析原理与方法	88.0
农药剂型加工专业图书	122-15164	现代农药剂型加工技术	380.0
	122-23912	农药干悬浮剂	98.0
	122-20103	农药制剂加工实验(第二版)	48.0
	122-22433	农药新剂型加工与应用	88.0
农药专利、贸易与管理专业图书	122-18414	世界重要农药品种与专利分析	198.0
	122-24028	农资经营实用手册	98.0
	122-26958	农药生物活性测试标准操作规范——杀菌剂卷	60.0
	122-26957	农药生物活性测试标准操作规范——除草剂卷	60.0
	122-26959	农药生物活性测试标准操作规范——杀虫剂卷	60.0
	122-20582	农药国际贸易与质量管理	80.0

续表

分类	书号	书　　名	定价
农药专利、贸易与管理专业图书	122-19029	国际农药管理与应用丛书——哥伦比亚农药手册	60.0
	122-21445	专利过期重要农药品种手册(2012-2016)	128.0
	122-21715	吡啶类化合物及其应用	80.0
	122-09494	农药出口登记实用指南	80.0
农药研发、进展与专著	122-16497	现代农药化学	198.0
	122-26220	农药立体化学	88.0
	122-19573	药用植物九里香研究与利用	68.0
	122-21381	环境友好型烃基膦酸酯类除草剂	280.0
	122-09867	植物杀虫剂苦皮藤素研究与应用	80.0
	122-10467	新杂环农药——除草剂	99.0
	122-03824	新杂环农药——杀菌剂	88.0
	122-06802	新杂环农药——杀虫剂	98.0
	122-09521	螨类控制剂	68.0
	122-18588	世界农药新进展(三)	118.0
	122-08195	世界农药新进展(二)	68.0
	122-04413	农药专业英语	32.0
	122-05509	农药学实验技术与指导	39.0
农药使用类实用图书	122-10134	农药问答(第五版)	68.0
	122-25396	生物农药使用与营销	49.0
	122-26988	新编简明农药使用手册	60.0
	122-26312	绿色蔬菜科学使用农药指南	39.0
	122-24041	植物生长调节剂科学使用指南(第三版)	48.0
	122-25700	果树病虫草害管控优质农药158种	28.0
	122-24281	有机蔬菜科学用药与施肥技术	28.0
	122-17119	农药科学使用技术	19.8
	122-17227	简明农药问答	39.0
	122-19531	现代农药应用技术丛书——除草剂卷	29.0
	122-18779	现代农药应用技术丛书——植物生长调节剂与杀鼠剂卷	28.0
	122-18891	现代农药应用技术丛书——杀菌剂卷	29.0
	122-19071	现代农药应用技术丛书——杀虫剂卷	28.0

续表

分类	书号	书　　名	定价
农药使用类实用图书	122-11678	农药施用技术指南(第二版)	75.0
	122-21262	农民安全科学使用农药必读(第三版)	18.0
	122-11849	新农药科学使用问答	19.0
	122-21548	蔬菜常用农药 100 种	28.0
	122-19639	除草剂安全使用与药害鉴定技术	38.0
	122-15797	稻田杂草原色图谱与全程防除技术	36.0
	122-14661	南方果园农药应用技术	29.0
	122-13875	冬季瓜菜安全用药技术	23.0
	122-13695	城市绿化病虫害防治	35.0
	122-09034	常用植物生长调节剂应用指南(第二版)	24.0
	122-08873	植物生长调节剂在农作物上的应用(第二版)	29.0
	122-08589	植物生长调节剂在蔬菜上的应用(第二版)	26.0
	122-08496	植物生长调节剂在观赏植物上的应用(第二版)	29.0
	122-08280	植物生长调节剂在植物组织培养中的应用(第二版)	29.0
	122-12403	植物生长调节剂在果树上的应用(第二版)	29.0
	122-09568	生物农药及其使用技术	29.0
	122-08497	热带果树常见病虫害防治	24.0
	122-10636	南方水稻黑条矮缩病防控技术	60.0
	122-07898	无公害果园农药使用指南	19.0
	122-07615	卫生害虫防治技术	28.0
	122-07217	农民安全科学使用农药必读(第二版)	14.5
	122-09671	堤坝白蚁防治技术	28.0
	122-18387	杂草化学防除实用技术(第二版)	38.0
	122-05506	农药施用技术问答	19.0
	122-04812	生物农药问答	28.0
	122-03474	城乡白蚁防治实用技术	42.0
	122-03200	无公害农药手册	32.0
	122-02585	常见作物病虫害防治	29.0
	122-01987	新编植物医生手册	128.0